空天科学技术系列教材

U0202052

空间环境基础

马志强　刘正雄　编著

西北工业大学出版社

西安

【内容简介】本书分为9章,主要内容包括太阳系概述、太阳辐射与真空环境、地球电磁场、地球引力场、地球磁层、地球中性环境、等离子体环境以及空间辐射作用等。本书内容以理论研究为主,案例分析为辅,结合国内外最新研究成果,介绍了空间环境和航天器相互作用效应及其对飞行任务的影响,包括了认识、了解并开展航天器设计及研制所必须掌握的空间环境基础知识。

本书可供普通高等学校航空航天相关专业的高年级本科生、研究生及科研人员阅读、参考。

图书在版编目(CIP)数据

空间环境基础 / 马志强,刘正雄编著. —西安 :
西北工业大学出版社,2022.12
ISBN 978 - 7 - 5612 - 8572 - 5

Ⅰ. ①空… Ⅱ. ①马… ②刘… Ⅲ. ①航天器环境
Ⅳ. ①X21

中国版本图书馆 CIP 数据核字(2022)第 240628 号

KONGJIAN HUANJING JICHU
空 间 环 境 基 础
马志强 刘正雄 编著

责任编辑:华一瑾 刘 茜		策划编辑:刘 茜	
责任校对:张 潼		装帧设计:董晓伟	

出版发行 西北工业大学出版社
通信地址 西安市友谊西路 127 号　　　　　邮编:710072
电　话 (029)88493844,88491757
网　址 www.nwpup.com
印刷者 西安五星印刷有限公司
开　本 787 mm×1 092 mm　　　1/16
印　张 13.125
字　数 328 千字
版　次 2022 年 12 月第 1 版　　　2022 年 12 月第 1 次印刷
书　号 ISBN 978 - 7 - 5612 - 8572 - 5
定　价 68.00 元

前　言

本书是一部介绍空间环境基础知识以及空间环境与航天器相互作用效应的著作,主要用于航空航天专业的本科生学习航天器设计及工程应用相关知识。因此,本书内容整体较为宽泛,不包含特别艰深的理论,以便于初步接触航空航天知识的读者能够快速掌握这部分知识,为后续的深入研究奠定必要的基础。对于希望深入探究空间环境及其与航天器相互作用问题的读者,可以查阅本书所列的部分参考文献。学习完本书需要 32 个学时,学习第 1 章和第 9 章各需要 2 个学时,学习其他章节各需要 4 个学时。

第 1 章主要介绍空间环境的背景、航天器受空间环境影响后产生的主要问题以及空间环境工程研究的意义。

第 2 章主要介绍太阳系内恒星、行星、小行星、彗星以及流星雨,对其成因、效应以及其对航天器的影响及部分案例进行细致的探讨和分析。

第 3 章主要介绍太阳辐射和真空效应,详细介绍太阳的结构以及辐射环境,并探讨其引发的紫外线效应、分子污染等问题。

第 4 章主要介绍地球电磁场,包括地球磁场早期的利用、地球磁场假说发展、电磁场原理、地球磁场模型、地球磁场对航天器的影响以及地球电场等内容。

第 5 章主要介绍地球引力场,包括万有引力、地球引力场、高阶引力位、地球引力场模型、潮汐引力以及其对探测器运动摄动的影响等内容。

第 6 章主要介绍地球磁层,包括地球磁层的结构及其辐射环境等内容。

第 7 章主要介绍地球中性环境,包括气体定律、气体的分子运动定律、隙透效应、地球大气、行星大气、大气传播效应、原子氧以及氧气对人类的影响等内容。

第 8 章主要介绍等离子体环境,包括等离子体特性、行星与地球电离层、地球等离子体环境及其对航天器的充电效应等内容。

第9章主要介绍空间辐射作用,包括航天器核装置、自然空间环境、光子作用、中子作用、带电粒子衰减、辐射效应及放射生物学等内容。

在编写本书的过程中,曾参阅了相关文献资料,在此谨向其作者表示诚挚的感谢!

由于笔者水平有限,书中难免存在不足之处,敬请广大读者批评指正。

编著者

2022 年 10 月

目　　录

第1章 绪 论

1.1 背景知识

在人类发展的历史长河中，如果一定有什么共同之处，可以把当代人和他们的原始祖先紧密地联系在一起，那么一定有一个答案是人们在夜深人静时，躺在柔软的床榻上仰望清冷的星空，沉思宇宙的起源及其真实的模样。

回溯人类发展的历史，人类对宇宙中的恒星、行星及其卫星等天体的观测从未停止，并一直梦想着开展穿梭于宇宙中的自由旅行。牛顿在 1684 年刊出的《物体在轨道中之运动》中，总结了在地球轨道上运行的天体表现出的运动规律。直到《物体在轨道中之运动》出现的 260 多年后，人造航天器离开地球并进入地球轨道的技术才得以应用，这标志着人类正式开启了探索太阳系的旅程。为了进行宇宙旅行，人类需要克服的技术难题有很多，例如，如何准确地控制航天器准时进入预定的轨道，更为重要的是，如何使航天器在复杂严苛并且与地球表面条件迥异的空间环境中正常运行。通常情况下，航天器指的是基本依照天体力学的规律运动，同时根据人类的要求，在复杂空间环境中执行指定任务的飞行器，因此，航天器常被称为空间飞行器。

随着人类技术的快速发展，地球轨道资源的潜在利用价值已经被充分挖掘。航天器作为运行在地球轨道上的重要资产平台，能够十分便利地开展人类预定的各类任务。根据各种任务类型的不同，人类利用各种类型的轨道资产平台的方式也大相径庭。其原因在于，地球轨道的高度不同，导致运行在对应轨道高度的航天器具有的优势差异化显著。根据近代航天工业发展的经验，人类已经能够利用不同轨道的高度资源和优势开展面向各种需求的应用任务，或者根据不同用户需求，主动调动在轨资产平台完成相应的任务。除了在地球轨道上运行的航天器，还有一类摆脱地球的束缚，携带着人类设计的重要的载荷，奔赴浩瀚的宇宙空间进行探索的空间飞行器，由于这类飞行器的寿命动辄数十年并且对自身能源、质量和结构要求极高，通常是无人在飞行器上的，因此也常被称为无人航天器或空间探测器。基于此，按照航天器在轨状态可以将其分为在地球轨道运行的人造地球卫星及用于科学考察、奔赴深邃宇宙的空间探测器。根据用途的不同，空间探测器和在轨人造卫星可以进一步进行分类：①应用卫星，为地面人类提供具体业务支持的在轨人造卫星；②科学卫星，一类面向科学探测和研究的在轨人造卫星；③技术试验卫星，应用卫星的前站，用于各项科学试验，包括在轨技术验证试验，为应用卫星顺利在轨而预先研制的新技术验证型卫星。在上述几种类型的人造卫星中,应用卫星是能够直接为人类的社会经济生产、商业贸易和军事支持提供服务的卫星,是当前世界上存量最多的一类在轨人造卫星。进一步根据提供业务的类型,卫星还能够细分为通信广播卫星、对地观测卫星和导航定位卫星,其具体功用通过其名称就能够获悉,三者均属于军民两用型卫星,可以根据平时及战时的要求进行业务调整,特别是后两类卫星,军事价值很高。不同于应用卫星,科学卫星在轨期间并非始终处于工作状态,通常根据科学载荷任务情况,调整科学卫星的整体状态,以满足科学考察(简称科考)要求。技术试验卫星用于新型科学技术的探索以及创新型技术试验,人们更加关注在新型科学技术验证阶段的实施效果,因此这一类人造在轨卫星的寿命与其任务实施周期并不一致,有的技术试验卫星的任务实施周期可能仅仅为几个月甚至几周。一颗成熟的应用卫星通常都需要通过一颗甚至多颗技术试验卫星对新型技术进行验证试验,以确保相应在轨技术的成熟度。

近年来,科学技术飞速发展,很多航天技术领域的瓶颈问题被接连突破,空间飞行器的设计规模显著扩大、应用技术水平显著提升,适用的任务场景不断拓展,航天器在国民生产生活中的角色越来越重要,在通信及导航领域,已经成为人们生活中不可或缺的重要空间条件保障。航天器的发展离不开国际上几代航天人的辛勤耕耘与奉献,航天器的研制是一个复杂的工程化问题,如何解决好航天器研制过程中的一系列问题,是航天器工程领域几十年来关注的重点。相比稳定且适宜的地面环境,空间环境是航天器研制过程中必须要考虑的关键因素,为了能够预先在地面熟悉空间环境对航天器在轨运行或者进行深空探测过程的影响,航天器空间环境工程应运而生,并且随着航天器系统工程整体技术的进步逐步成长为一个新型工程技术领域。具体而言,航天器空间环境工程是航天器系统工程的重要组成部分。航天器空间环境工程是总体设计、总装、综合测试、环境试验等总体技术的重要支撑,完整贯穿了航天器开始论证、组织研制、开展试验、转运发射以及在轨运行的全寿命周期。

1.1.1 面向航天器的环境工程

环境工程的出现大约是在第二次世界大战时期,主要为了测试环境变化对研制的武器装备作战性能的影响,伴随着战后科技的发展,环境工程逐渐成为了一门独立的科学技术学科。环境工程首次被提出是为了解决产品质量受环境变化的影响机理不明的问题,人们利用环境试验探索产品质量响应环境变化的规律,其动机是人们认识到产品的各项功能指标会随着环境变化产生不稳定的情况。当产品的部件增多、复杂性提高时,更多对环境敏感的指标导致环境工程应用需求的增长。随着环境工程技术的进步,人们当前达成的基本共识是环境的变化能够很大程度上影响产品或者产品的关键部组件的可靠程度,基于此,单纯地对最终产品进行环境试验测试显然是不充分的,而且容易引发难以归零的情况,因此有必要从产品的研制初期就开始运用环境试验手段,分阶段地确认环境设计正确与否。除此之外,诸多技术细节问题散布在整个产品研制的过程中,均需要开展相应的系列性环境设计以及试验,以确定相关的问题,及时开展相应研究,并解决这一问题,由此,环境工程的学科发展始终保持着旺盛的生命力。

环境工程的官方定义是由美国军方在 1968 年颁布的环境术语标准《MIL-STD-1165》中首次给出的。环境工程的具体定义为,在所有涉及应用时所处的环境条件下,保障相关仪器或装备的结构设计、系统研制和相关试验都能够平稳运行、以及保障相关仪器或装备在贮存期间内能够可靠工作的系统性科学。

从任务时间角度划分,航天器环境包括了航天器从开始研制到发射之前所经历的所有过程中所处的环境状态,具体为航天器从总装车间测试、出厂部署,到发射后在轨工作,直至终止所经受的各类环境条件。典型的航天器环境有地面装运、升空发射、空间在轨和返回再入环境。根据航天器所处环境的形成是否人为形成进行划分,航天器环境可以细分为自然环境和人工诱导环境。其中,自然环境是客观存在的,不以人的意志为转移;人工诱导环境是航天器和运载器与客观存在的环境交互而产生的,属于部分人为形成的环境。

地面环境是航天器在地面经受的各种类型环境的总称,包括影响地面环境的气候因素(如温度、湿度等)、航天器操作、装运以及贮存的环境因素等。装运环境除了自然环境因素,如温度、湿度等,还具体指产品在装运的过程中受到过程实施造成质量下降的因素,典型的因素包括振动、冲击、碰撞和跌落等。贮存环境包括了产品在发射前的贮存过程经历的所有环境因素。相比装运与贮存环境,发射环境所受影响因素更复杂,具体指航天器从起飞开始到入轨结束所经历的各类环境,最为典型的是在运载火箭的动力飞行过程中所处的各种力学环境,必须要考虑的因素包括稳态加速度、正弦振动、声振以及冲击等,常常还伴有气动加热等因素。此外,在运载火箭的动力飞行阶段,航天器位于运载火箭的整流罩内,还需要面临泄压的严峻挑战,泄压过程中整流罩内的气压会发生急剧下降,直接导致航天器的舱内外气压差过大,进一步造成作用在固定热控多层隔热组件的销钉上测量到的拉拔力瞬时能够超过 100 N。

在航天器工业还没有发展成熟的时候,航天器的装运条件以及贮存条件都比较差,装配厂房、运输工具及发射场都是非标准化的,过于简陋的条件导致当时的航天器及航天器上关键部组件常常需要经受 $-20\sim50℃$ 的极端温差,以及接近 100% 的相对湿度。因此,为了能够确保航天器在地面装运和贮存过程中不受损,上述的环境耐受指标曾经作为航天产品出厂的必备项。然而,随着技术迭代以及科技的发展,通过地面辅助设置建设、改进装运方式、建立良好的贮存场所条件等手段,航天器所处的地面环境条件大为改善,例如关键部组件的包装箱可以采取自动调温技术及"三防"(防水、防潮、防尘)措施来保障装运过程中产品的可靠性,以及采取正确的主动隔振技术和先进的运输手段也能够主动避免或大幅降低地面的力学环境对产品质量的影响。

在环境洁净方面,航天器在地面厂房中进行总装、集成和测试过程中需要严格防尘,环境的洁净度通常要求较高,10 万级的洁净度是当前航天器研制中对场所的基本要求之一。在一些精度更高、复杂度更大、敏感性更强的部组件装调现场,洁净度的要求可能会更为严格,以保证环境因素对产品质量一致性的影响。

1.1.2 面向航天器飞行任务的空间环境

空间指的是距离地球表面数十千米及以外的广袤宇宙区域。空间环境指的是空间中航天器在地球轨道或者进行宇宙探测过程中经历的环境的总称。充分掌握空间环境的知识,对航天器设计及开展宇宙探测活动具有极大的帮助,是其研究的基础,更是提高航天器环境适应性、延长使用寿命、保障任务顺利实施的前提条件。

空间环境科学涉及的要素包括空间中的真空环境、热环境、电磁辐射作用、粒子辐射作用、微流星影响、磁场作用、微重力作用等诸多客观物理因素,是一门综合的学科,也是面向航天器在轨应用与开展宇宙探测的一门空间物理基础科学。

根据尺度范围进行划分,空间环境包括:①太阳系空间环境,指太阳风影响到的空间环境;②恒星空间环境,指受恒星影响的空间环境;③恒星际空间环境,指在广袤的宇宙中,不受任何恒星影响的空间环境。

在靠近地球的区域,空间环境可以分为太阳风与地球磁场相互作用形成的磁层空间环境、电离层空间环境以及中性的中层大气环境。

根据当前世界各国的航天器发展水平,人类活动和开展科学考察探索的空间环境主要在地球的电离层到地球磁层边界附近,活动的目的在于利用在轨人造航天器提升人类在地球表面生产以及生活的能力。少部分无人航天器携带着先进的科学载荷向着茫茫宇宙深处飞去,有望给未来的人类带来惊喜。

伴随着人们对于航天器功能需求的日益增长,相关学者对航宇科学进行了细致的划分。其中,动力与能源技术的突破性发展,使人类掌握了使航天器的部分舱段离轨重新进入大气层,并抵达地球表面的能力。类似航天器需要经受的发射环境,再入的航天器也要经历包括加速度过载、声振、气动热、着陆冲击等在内的再入环境,或称返回环境。虽然所经受环境的因素类似,但是返回环境对航天器的力学环境耐受要求更高,例如在落地开伞之前,航天器的外层结构始终承受高温,这一问题有别于其他空间环境影响因素,需要在返回式航天器设计之初就予以考虑。

太阳系是太阳磁场和太阳风能够影响的空间范围,通常定义太阳风层顶距离太阳大约100 AU(Astronomical Unit,代表天文单位,是太阳到地球的近似平均距离,1 AU=1.496×10^8 km)。行星空间指行星的引力、大气以及磁场等物理因素影响的空间。行星际空间是太阳系空间的一部分,指地球空间以及行星空间之外的太阳系空间。

太阳系内的行星系统演化过程以及行星的运动都依赖太阳系内唯一的恒星——太阳。太阳对于太阳系内行星(包括行星上的生命与自然现象)的影响需要能量传递,主要利用引力、电磁辐射以及粒子辐射等形式实施。太阳能量辐射主要以光和热的形式与行星进行交互,根据各个行星的特点,建立极具特征的辐射环境,影响行星表面以及大气的成分。太阳辐射通常是不稳定的,其特征与太阳活动周期密切相关。太阳辐射经过日地空间的各层次传输到地球,通过复杂的物理、化学过程影响地球系统能量、质量及动量耦合,常伴随着显著的地球系统的物理相关效应。除了辐射,来自太阳的太阳风、高能粒子以及伴随磁场都会对磁层及日地空间产生影响,电离层以及中性大气主要受电磁辐射的影响。

地球空间指地球引力以及磁场能够影响的大气层以外的区域,通常地球引力作用的距离是9.3×10^5 km,超过这个距离,太阳引力作用效果大于地球引力作用效果,属于太阳引力影响主导的区域。磁层是地球磁场和太阳风相互作用下形成的,太阳风是磁层形成的主要原因,受其压迫导致形变的磁场构建了一个封闭的、将太阳风紧紧隔离在外部的有限空间。磁层空间的范围随太阳风和地球磁场特征变化而变化,磁层是地球生命能够存续的一个重要保障。电离层是靠近地球的空间环境,高度通常在60~1 000 km。根据电离层的电子密度与高度之间的分布特征关系,电离层可以划分为 D、E 和 F 层。其中,E、F 层的电子密度比 D 层更高,但是中性分子因为高度关系,密度很低。在 E 层和 F 层中,电波衰减效应较轻微。D 层是电离层的最底层区域,该层的中性分子密度在电离层中是最高的,所以导致无线电波在 D 层中的衰减是整个电离层中最严重的。电离层具有对不同波段的电磁波施加特异性影响的作用,该作用的应用彻底改变了人类的生产和生活。电离层支撑着人类的无线电通信、广播、无线电导航等业务中信号的远距离传播。受到电离层影响的波段范围广,包括极低频(Extremely Low Frequency,ELF)以及甚高频(Very High Frequency,VHF),此外,受到影响最大的当属中波段以及短波段。电离层作为优质的传播介质,能够有效地为电磁波提供折射、反射和散射条件,代价就是电磁波部分能量会被电磁层吸收而造成损失。3~30 kHz 的电磁波属于短波,借助电磁层提供的传播条件,短波处于适宜实现远距离的通信以及广播的短波段。当电离层处于稳定的正常状态时,短波段刚好处于可用的最低和最高频率之间。然而,由于传播过程中存在多径效应,电磁波信号的能量衰减较大。电离层状态非常不稳定,经常有电离层暴和非平稳扰动出现,会产生电离层通信及广播干扰,甚至造成通信中断的情况。除了短波,广泛应用于通信和广播的还有中波段,频率特征为300~3 000 kHz。

空间环境的污染很多情况是人为因素造成的,人们通常将其称为人为诱导空间环境,包括空间碎片、航天器机动对自身造成的微冲击以及微振动等环境,其中,空间碎片对于航天器的在轨运行影响较大,容易和在轨航天器发生意外碰撞,导致航天器故障甚至失效。

地球轨道的空间碎片除了一部分是在轨航天器遭受天体撞击破损所致,大部分是由于人类开展非常规的在轨试验导致的。例如,2019 年 3 月 27 日,为了验证反卫星方案的可行性,印度军方成功发射了反卫星导弹,目标是对己方的在轨卫星进行拦截。拦截试验的武器是 PDV-2 型导弹,拦截的卫星是 2019 年 1 月在轨运行的“微星”——R 卫星,实施拦截的高度为 280 km,公开的试验代号为“沙克提任务”,具体任务由印度国防研究与发展组织负责,整个拦截过程从发射到命中 R 卫星耗时仅 3 min。

为了探究“沙克提任务”制造了多少空间碎片,AGI(Analytical Graphice Inc.)公司通过模拟近地轨道空间环境,利用计算机技术复现了这次任务,表明拦截任务实施后,轨道空间增加了大约 6 500 个体积大于橡皮擦的空间碎片,而且碎片的状态并不稳定,有一些碎片在向更高的轨道移动。AGI 公司负责该项工程的工程师表示,模拟过程的假设较为保守,仅考虑了产生碎片最少的向下撞击的情况。然而即使如此,质量为 740 kg 的 R 卫星在282 km 的轨道上被以 10 km/s 速度飞行的导弹直接击中,产生的小型碎片也超过了 6 000个,对于那些无法跟踪监测的微小碎片,数量甚至更多。

一般地,航天器解体的位置轨道越低,越接近地球表面,那么产生的碎片速度就越快,也越容易被地球引力捕获,并在下坠过程中进入大气层最终烧毁。R 卫星被摧毁时的高度低于 400 km 在轨高度(国际空间站和天宫二号的轨道与此接近),这次验证试验相比美国2008 年摧毁己方失效卫星的轨道高 64 km,“沙克提任务”的模拟结果表明有相当多数量的碎片被推到更高的地球轨道上。进一步地,AGI 公司通过研究发现,产生的空间碎片至少有 12 块的在轨位置已经超过了 1 000 km,而且留轨时间将超过印度军方的估计,作为长期在轨的空间碎片严重威胁着高轨航天器的运行安全。根据 AGI 公司在第 35 届美国航天大会上的相关任务进展报告,“沙克提任务”产生的一块碎片在轨高度已经上升到 2 222 km,高出当时实施试验验证轨道高度的 7 倍,并且这块碎片以及更高轨道的碎片将长期在轨,而非印度军方给出的估计——"沙克提任务"遗留的很多碎片的确在任务结束两天内完成了再入,也有数量可观的碎片在任务结束后两个月内完成再入,但是剩余的部分碎片将会在轨留存相当长的一段时间(印度军方预测的留轨时间不超过 45 天)。

"沙克提任务"验证试验结束两天后,美国空军披露了其中 250 块受关注的空间碎片。任务结束 1 周后,当时的美国国家航空航天局(National Aeronautics and Space Administration,NASA)局长布莱登斯坦公开对"沙克提任务"进行了谴责,称试验产生的空间碎片直接增加了国际空间站在轨运行的安全风险,依据是 NASA 发现了 60 块能够对国际空间站安全造成威胁的碎片,而且其中的 24 块已经同国际空间站有潜在的交会风险,这类安全事故一旦发生,将给在站的航天员和航天站造成不可挽回的损失。

根据 AGI 公司提供的数据分析,与"沙克提任务"产生的碎片发生交会风险最高的在轨航天器有 25 颗,包括俄罗斯的"老人星"遥感卫星、商业运营的"天鸽"卫星以及欧洲空间局(European Space Agency,ESA)的"风神"卫星等。AGI 公司的项目负责人称,AGI 给出的清单基于的是"生成的空间碎片正面撞击卫星质心"的风险评估原则,这一评估原则与同卫星相撞的风险评估原则不完全相同,评估卫星相撞概率还同卫星和碎片的尺寸大小密切相关。AGI 公司还得出轨道高度大概在 410 km 的国际空间站也有很高的撞击风险,位列 60 个高风险航天器名单上。"沙克提任务"产生的远地点碎片正在经历穿越其上方航天器的过程,穿越的这些航天器就包括国际空间站,虽然这次任务产生的空间碎片数量并不是很多,但这些碎片的长期在轨将会使其他航天器处于险境。

1.2 航天器受空间环境的影响

空间环境的真实情况和人们通常认为的空间环境是近似真空的有所不同,实际的空间环境蕴含着丰富的物质,这些物质与在轨道航天器会形成相互作用,共同形成航天器的空间环境。空间环境是由各种粒子混合构成的,主要的粒子类型有中性粒子和带电粒子,此外还包括空间碎片、电磁辐射等。每一种环境因素由于其独特的物理特征,在与航天器表面或其分系统产生相互作用时,造成的相互作用结果不尽相同。在诸多的相互作用效果中,有的会对航天器造成严重的影响,如果不能有效地对影响进行预测,将有很大概率造成航天器执行任务失败的结果。国家地球物理数据中心综合了 1971—1989 年中出现的航天器和空间环境相互作用效果导致的 2 779 次故障数据,进行编辑并形成了数据库。根据该数据库,人们对 NASA 和美国空军现有的航天器运行受空间环境的影响展开研究,20%~25%的故障源自航天器与空间环境的相互作用。因此,研究空间环境对于在轨航天器运行的影响将为优化航天器设计提供必要的支撑,也是航天器任务顺利实施的必要保障。在 1981 年于罗马举行的国际宇航联合会第 32 届年会上,空间环境继陆地、海洋和大气之后,被划分为人类的第四环境(陆地是第一环境,海洋是第二环境,大气是第三环境)。航天器是人类在第四环境开展科考研究甚至未来生活的关键工具,研究空间环境对其的影响能够显著促进航天器研制技术的发展,通过降低这部分影响,可以提升航天器在轨运行及各系统稳定性,避免因设计不完备导致的在轨故障发生。

在人类历史上,空间环境的定义及内涵随着考察对象的性质或定义者的用途及目的发生着变化。为了探究航天器运行所处环境的基本特性以及对航天器的影响效果,根据空间环境对航天器作用效应可以将其划分为真空环境、中性粒子环境、等离子体环境、辐射环境以及微流星体环境五大类。

　　利用现有的地面试验条件对航天器进行全面的在轨空间环境测试是一项巨大的挑战,因此,现有的在轨航天器的故障分析手段是基于工程数据、地面测试数据和已知的空间环境信息进行研究判断的。基于上述事实,航天器故障数据库的构建显得异常重要,既能帮助行业相关人员从中获取经验,避免相同或者类似的故障出现,同时也便于快速定位已经出现的故障原因,并为故障分析与排除提供有力支撑。接下来的内容就以"克莱门汀"探测器在轨故障的分析为案例进行数据库重要性的说明。

　　"克莱门汀"探测器飞行过程中出现了一系列的典型故障,基于数据库的分析,相关工程人员定位到探测器的中央处理器存在运行问题。经过分析与研究,这些问题基本得到了妥善处置。然而,在航天器开始点火时,中央处理器突然发生了一次严重故障,表现出的现象同数值溢出故障一致。这一问题直接导致航天器上计算机软件系统崩溃,即使用于异步终止推进器连续启动的"看门狗"程序也无法正常工作,最终造成推进剂耗尽,任务被迫中止。进行近地小行星交会(Near Earth Asteroid Rendezvous,NEAR)探测器研制的工程师们特别在意类似克莱门汀探测器出现的故障,根据收集的数据进行了广泛而深入的研究,他们发现"克莱门汀"探测器在系统设计时,没有将"看门狗"的触发机制同探测器上的主板进行硬件连接,所以难以有效防止计算机故障导致的关机,也不具备强制触发程序启动的能力。NEAR 探测器在后续的飞行任务中,同样发生了和克莱门汀探测器类似的故障。由于工程师们预先针对该问题进行了特殊处置方案设计,NEAR 探测器在故障发生后的 27 h 中推进器反复进行了数千次的重新启动,有赖于"看门狗"触发机制仍然奏效,计算机系统能够维持正常工作状态,强制控制推进器每次启动后只保持非常短暂的工作状态(不超过 1 s),为 NEAR 探测器任务继续进行提供了有力保障。在故障效果被有效抑制的前提下,NEAR 探测器最终消耗了 29 kg 推进剂后稳定到了要求的安装状态,顺利完成了既定的任务。

　　由于航天器起飞条件的限制,航天器上的关键部组件质量、体积以及功耗都要和航天器的整体设计相匹配。航天器各系统的功耗也受到航天器整体携带能量与在轨能量转化效率的约束,因此,为了保障自身功能在功耗约束下也能够最低限度地保障正常工作,多数航天器上的电力及电子设备均采用降额技术。该技术能够使设备在额定最大值的功耗下运行,兼顾外壳、机体温度、环境温度以及所采用的冷却机制等诸多因素,达到整体额度匹配最优。降额还能够增加零件设计极限与外部施加的应力之间的安全裕度,为零件在遭受严苛的力学环境时提供必要的保护。除此之外,电力及电子设备主动降额能够降低电气或电子元件的退化速率,对于延长使用寿命、提高元件使用中的可靠性均有积极作用。一般而言,如果一个元件或系统的运行状态始终处于其设计的下限条件,那么,同运行条件高于应力或设计极限要求的情形相比,可靠性更高。从理论上讲,航天器降额技术的应用益处可以运用负载强度干涉理论进行解释,这一部分内容不在本书中展开叙述。

1.2.1　航天器与高能粒子环境的相互作用

　　除了航天器上装置本身设计的缺陷,复杂的空间环境也会对航天器上的电力及电子装置的正常运行造成影响,严重的甚至会导致任务失败。典型的电力及电子装置故障多数表现为单粒子效应,具体包括单粒子翻转、单粒子锁定、单粒子烧毁以及单粒子栅穿。单粒子翻转现象常表现为,单个高能粒子与半导体器件相互作用过程中引起器件的逻辑表达状态异常变化。单粒子翻转是单粒子效应中出现频率最高,也是最为典型的空间辐射导致的数据存储器件故障。单粒子翻转不会造成器件的永久性损伤,通过系统复位、重置上电或者重写寄存器等手段,人们能够主动修复这类故障。对于这类暂时性的软错误,随着数字信号处理技术的发展,人们已经能够通过设计校验纠错编码手段进行主动避免,而且校验纠错编码能够采用软件或者硬件方式实施,可靠性较高。此外,面向单粒子翻转的软件检测手段也日益丰富,利用软件管理的方式及早发现单粒子翻转现象能够有效避免故障恶化,保证任务顺利进行。

不同于单粒子翻转,单粒子锁定现象是由粒子入射导致瞬态电流破坏半导体功能的结果。单粒子锁定现象主要出现在 CMOS(Complementary Metal Oxide Semiconductor)器件中,其 PN-PN(P 是 Positive 首字母,N 是 negative 首字母)四层结构形成了寄生可控硅结构,该结构能够保证正常情况下可控硅是高阻态关闭的。当单个带电高能粒子接触到寄生可控硅结构时,粒子入射形成的瞬态电流有一定概率触发可控硅结构,并改变其状态使其导通,借助可控硅的正反馈特性,导通电流会不断增大,激发大电流再生状态,形成锁定。通常,单粒子锁定现象出现时都伴随着重离子入射事件。对于航天器上电力或电子典型器件,单粒子入射导致的锁定电流可达到安培量级,如此大的电流直接造成器件局部升温发热,严重的会导致器件功能的永久性损坏。及时重新断电、上电能够通过释放电流清除单粒子锁定现象,但是如果断电措施实施得不及时,快速的升温加热将会给器件功能带来不可逆的永久伤害。对于航天器上某些非常敏感的设备,如传感器元件,质子也容易导致单粒子锁定现象发生。在航天器设计过程中,有效防范单粒子锁定的措施包括增加限流电阻,设计限流电路,或者系统主动检测单粒子锁定现象,及时采取重新断电、上电等措施。

单粒子烧毁发生在场效应管的漏极-源极区域,这一区域的局部烧毁属于破坏性故障。当单个高能粒子入射时,粒子产生的瞬态电流过大,造成敏感的寄生双极结晶体管直接导通,借助双极结晶体管的再生反馈机制,进一步放大电流,直至出现二次击穿现象,造成漏极-源极间的永久性短路,严重的甚至会烧毁整个电路。单粒子烧毁主要对 CMOS、MOSFET(Metal-Oxide-Semiconductor Field-Effect Transistor)、BJT(Bipolar Junction Transistor)等器件产生不可逆的影响。单粒子栅穿常发生在功率 MOSFET 器件中,单粒子入射造成栅氧化物中导电路径形成引发的破坏性烧毁。

单粒子现象是空间环境中入射到航天器内部的高能粒子同航天器的电力或电子装置相互作用产生的,当人们把视野从航天器的电力或电子装置向航天器表面转移时,会发现空间环境在同航天器表面相互作用时,也同样存在非常有趣的物理效应。

1.2.2 航天器与等离子体环境的相互作用

同其他处于空间环境中的孤立物体一样,航天器可被视为一个同等性质的孤立物体。

当航天器运行于等离子体环境中时,航天器表面会吸附相当数量的电荷以保证航天器表面的电位符合麦克斯韦方程要求。航天器从所处的等离子体环境中吸引电荷的过程,被形象地称为"航天器表面充电"。从电位是否相等的角度分析,航天器表面设计可以分为等电位设计和不等电位设计。航天器表面等电位设计要求整个表面表现为相同的电位,对应地,这类航天器表面充电常被称为航天器绝对充电。当航天器的表面构成材料相异或出于结构设计的原因,造成与空间环境相互作用时,航天器表面的电位表达出一定的差异,对应地,这种类型的表面充电被称为航天器不等电位充电。

航天器在复杂的空间环境中运行时,不可避免会接触到周围的等离子体,还要经受高能带电粒子的轰击,并受到太阳电磁辐射引发的光电子发射影响,这些因素导致航天器表面会依附一定量的电荷,因此,相对周围的空间或自身表面形成一定的电位。航天器表面存在互相绝缘的部分,当各部分上依附的电荷量不相等时就会形成一定的电位差。在空间环境条件下,航天器表面充电的程度受到光照、等离子体环境及自身表面材料的影响。若航天器运行在距地面几千到几万千米的轨道上,则受到阳光照射时,航天器的表面通常会依附大量的正电荷,因此,处于低正电位;当航天器运行在地球的阴影区或背向太阳时,航天器的表面通常会依附大量负电荷,处于低负电位。

1.2.3 航天器与空间碎片环境的相互作用

近年来,空间碎片对在轨航天器的影响已经逐步走进公众视野。电影《地心引力》讲述的是在轨航天员维修哈勃望远镜时,意外遭受空间碎片碰撞,继而造成严重次生事故后,航天员如何开展处置的故事。空间碎片对于在轨航天器的破坏力及次生影响,实际中要比电影里艺术呈现的内容严重得多。法国的"樱桃"卫星于 1996 年 7 月 24 日被"阿里安 1"火箭的上面级碎片撞击,随即出现了严重的卫星失控事故,该事件是迄今唯一得到国际宇航领域公认的由空间碎片击中在轨航天器导致严重事故的案例。2006 年 3 月 29 日,俄罗斯的"快车 AM11"通信卫星被披露因不明原因导致流体管路泄漏,整星的机动功能面临着失效风险,不得不在尚存主动机动能力时进入坟墓轨道,而该星正常在轨服务时间还未超过两年。俄罗斯专家经过数据分析,认为"快车 AM11"很大概率受到了空间碎片的撞击。

1.3 空间环境工程对于航天器工程的意义

航天器空间环境工程能够从系统的角度研究航天器全寿命周期中经受的各类空间环境因素,根据现有的检测数据及相关案例,分析各类空间环境因素对航天器性能、可靠性和寿命的影响机理,在此基础上,开展试验评估以及质量保障工程。评估及质量保障是航天器研制过程中的重要环节,在航天器空间环境工程中占据首要位置,能够提前识别产品的设计缺陷及不足,降低航天器执行任务早期的失效率,对于验证产品的功能、性能并确保在轨可靠运行具有重大的工程意义。根据现有的统计数据,空间环境工程中环境试验验证约占航天器整体验证工作的七成以上,经费占比方面不低于三成。在工程实践方面,航天器在设计之初就需要进行经受的空间环境分析,以确定航天器任务的空间环境条件、航天器全寿命周期剖面和航天器相应寿命期间内的环境剖面,继而提出航天器设计的空间环境工程要求以及应对各种空间环境效应的防护设计要求。

1.4 小 结

空间环境是航天器开展在轨活动,或探测器进行深空飞行必须经历的环境,其与地面环境迥异,是航天器及探测器顺利开展任务必须面临的重要挑战。本章先介绍了面向航天器的环境工程、空间环境以及航天器受空间环境的影响,后介绍了空间环境工程对于航天器工程的重要意义。

开展航天器环境工程的空间环境研究能够为航天器在轨运行和探测器深空飞行提供总体与载荷设计的注意事项以及故障规避方案,使任务过程安全、可靠、稳定、高效。此外,随着未来空间任务的复杂化,面向航天器飞行任务的空间环境研究将面临更多的困难和挑战。

思考题

1. 中华人民共和国成立以来,我国在空间环境工程方面取得了举世瞩目的成就,请通过文献调研方式,了解我国面向深空探测及载人航天的空间环境工程研究的最新进展。

2. 地面验证系统是空间环境工程的重要组成,请围绕特定的空间环境特征,了解我国地面验证系统的研制情况、代表性成果及先进研究团队情况。

3. 结合自身专业,谈一谈空间环境工程与自身未来发展的潜在结合情况。

4. 围绕某一空间任务,以案例分析的形式,谈一谈我国在空间环境工程方面取得的典型成就。

第2章 太阳系概述

2.1 引　言

随着航天器技术的发展,人类的家园已经从地球发展到地月空间;随着火星等诸多行星探测活动的开展,在不久的将来,人类活动的痕迹有望遍布整个太阳系。对于人类而言,太阳系的全貌仍然充满了神秘感。当前人类对于太阳系的构成共识为太阳系可以划分为3个区域:第一个区域为类地行星运行的区域,类地行星也是岩石质天体,包括水星、地球、金星和火星;第二个区域是类木行星运行的区域,类木行星是气态及液态巨行星的别称,在太阳系中为木星、土星、天王星和海王星,类地行星与类木行星的边界为小行星带;第三个区域是海王星运行轨道外侧区域,包括柯依伯带、离散盘以及奥尔特云,曾经的九大行星之一的冥王星是已知的柯依伯带中最大的天体。太阳系中的重要天体为太阳、8颗行星(曾经的行星之一冥王星现已划为矮行星)、130多颗运行于行星周围的卫星,此外,还有数量众多的小行星、彗星以及流星体。

2.2　太阳系中的恒星

太阳是位于太阳系中心的天体,也是太阳系中最重要的天体,太阳的质量是整个太阳系总体的99.86%,因此,在太阳引力的作用下,太阳系中的其他天体,包括八大行星、小行星、流星、彗星以及星际尘埃等都围绕着太阳进行公转。太阳系地处银河系外缘,太阳围绕着银心公转,银心位于人马座方向。近距离观测太阳对于工程实施是一项超高难度的挑战,在进行理论分析时,通常对其进行一定的约简。太阳是位于太阳系中心的一颗燃烧的恒星,通常人们将太阳视为一颗热等离子体与磁场交织着的理想球形天体。根据测算,太阳直径近似为 1.392×10^6 km,接近地球平均直径的109倍;太阳的体积巨大,近似是地球的130万倍;太阳的质量同样很大,约为 2×10^{30} kg,是地球的整整330 000倍之多。在未来相当长的一段时间里,太阳将持续保持熊熊燃烧的状态。太阳向宇宙空间释放光和热的形式源自自身的核聚变,支持太阳持续燃烧的是它的化学组分,当前太阳的氢元素含量大约占质量的3/4,氦几乎占了剩余的全部组分,氧、碳、氖、铁等其他重元素的含量占比较低,均不大于2%。科学上认为,在大约45.7亿年前的一个氢分子云的塌缩过程中,太阳出现了。

宇宙中星系间存在星云,其组成主要为氢离子。星云孕育了所有的恒星,而星云是由宇宙大爆炸产生的。星云内的氢离子间存在万有引力作用,继而会发生聚集效应,该过程促进氢离子的引力势能转化为动能,星云内能增大,温度升高,同时伴随着星云密度增大。该过程不断重复发生,直至达到足够高的温度以及足够大的质量时,氢离子之间的核反应就能发生,这标志着一个恒星的壮年开始了。

壮年的恒星存续时间很长,占据恒星主序的大部分生命历程。随着氢气的消耗,恒星会逐渐退出主序。离开主序后的恒星,存在着两种演化的可能:大质量的恒星将首先变成红巨星,然后成为以氦的核反应为主的超巨星,继而成为多层核反应的超巨星,之后超巨星发生超新星爆炸,爆炸残留物最终会形成一个中子星或成为一个黑洞(见图2-1);对于小质量的壮年恒星,其演化路径为,壮年之后成为一个红巨星,经过相当的时间后也会发生爆炸,成为行星际星云,此时白矮星就产生了,白矮星就是红巨星爆炸后留下的核。根据科学计算,小质量恒星的质量一般不超过太阳质量的1/4(见图2-2)。

图 2-1　第一演化路径

图 2-2　第二演化路径

科学家们估计,当前太阳的演化处于主序的中年期阶段,能够高效率地通过核聚变在核心中将氢元素聚变成氦。根据计算,在核心区域,太阳正以超过 4×10^6 t/s 的速度将物质通过核聚变的方式转化成能量,反应效果是太阳发射出中微子和辐射。根据太阳当前的情况分析,按照物质转化能量的速度,太阳已经完成了约 100 个地球质量总和的物质到能量的转化。太阳大约需要经过 100 亿年的时间,可以完成自身在主序带上的能量消耗过程(见图2-3)。

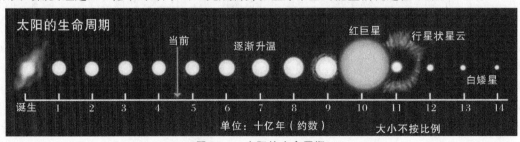

图 2-3　太阳的生命周期

当前的太阳处于主序的壮年恒星状态,从质量角度看,其属于低质量恒星。根据上述介绍的演化路径,太阳在离开主序的壮年期之后变为红巨星,行星状星云爆炸后,太阳本身的质量会下降,导致质量小于钱德拉塞卡极限。根据这一系列分析,太阳未来的终结不是黑洞,而是一颗白矮星。

2.3　太阳系中的八大行星

太阳系中,除了太阳,还有围绕太阳公转的其他行星,它们是水星、金星、地球、火星、木星、土星、天王星和海王星,而冥王星现在已经被分类为矮行星,不在太阳系的行星之列。在这些行星中,木星是体积最大的行星,水星是体积最小的行星,除此之外,太阳系中还存在很多小行星。

2.3.1　灵巧的水星

水星是太阳系中体积最小的行星,水星的天体直径只有 4 880 km,比木星的卫星木卫三和土星的卫星土卫六的体积都要小。在太阳系的所有行星中,距离太阳最近的行星是水星,水星围绕太阳旋转的公转轨道 0.39 AU,水星的近日点距离为 0.47 AU。基于开普勒行星三大定律可以计算得出,水星是太阳系行星中公转速度最快的,速度约为 47.89 km/s。水星是一颗固态行星,由约七成的金属和三成的硅酸盐构成。水星的平均密度比较大,可达 5.427 g/cm^3。水星的英文名是 Mercury,译为"水银",然而根据其组分分析,水星的构成与水银无关。Mercury 除了有"水银"的意思,还是希腊神话中神使——赫尔墨斯;而在罗马神话中,他的名字是墨丘利。赫尔墨斯在神话中是宙斯的信使,以传信速度快见长,这也同水星离太阳最近,在太阳系中行星运行公转速度最快的特征符合。水星基本属性见表 2-1。

表 2-1　水星基本属性

中文名	水星	反照率	0.088	远日点距离	0.31 AU
外文名	Mercury	自转周期	58.646 d	近日点距离	0.47 AU
别名	辰星	距地距离	1.5×10^8 km	转轴倾角	0.034°
分类	类地行星	半长轴长度	0.39 AU	近日点辐角	29.124°
直径	4 880 km	离心率	0.206	表面积	7.48×10^7 km^2
质量	3.30×10^{23} kg	公转周期	87.97 d	体积	6.1×10^{10} km^3
平均密度	5.427×10^3 kg/m^3	会合周期	115.88 d	升交点经度	48.331°
轨道倾角	7.005°	平近点角	174.796°	表面温度	$-190\sim430$ ℃

在考察行星的特征时,一个常见的属性为视星等,其为天文学的专业术语,可以理解为通过人们在地球肉眼观测到的天体亮度。视星等的概念被天文学家提出并用其区别天体明亮程度。在地球上,通过人类的肉眼可以看到布满天穹的约 6 000 颗恒星。根据亮度,肉眼可见的天体亮度可以划分为 6 个等级。从定义出发,如果天体的亮度在人类肉眼刚好能够

看到的程度,便将这颗星定为视星等 6 等星。在亮度上比 6 等亮一些的天体为 5 等星,依次类推,亮度很高的亮星为 1 等,比亮星更亮的天体为 0 等甚至负星等。例如,人们熟知的牛郎星的视星等为 0.77,织女星的视星等为 0.03。通常情况下,除太阳外,最亮的恒星是天狼星,其视星等为 -1.45,太阳的视星等为 -26.7,满月的视星等为 -12.8,金星最亮时的视星等为 -4.89。望远镜是人们常常使用的便捷地基观测工具,利用现有地面望远镜能够观察到 24 等星,通过天基望远镜,如哈勃望远镜能够观测到 30 等星。再度考察视星等的定义,因为视星等是人们在地球上对天体亮度观测的度量,其实际上和光学中的照度物理概念相关。此外,由于不同恒星与地球上观测者的实际距离有所不同,视星等并不能作为恒星本身发光强度的指标使用。

将物体表面反射的电磁辐射总量与入射总量之比定义为反照率。反照率是天体的重要属性之一,就太阳系中的行星而言,其表示的是被天体表面反射的能量比重,这部分能量主要是太阳能。表面是暗黑的物体比表面是白色的物体的反照率更低。根据反照率的定义,当一个物体的反照率为 1 时,该物体可以将入射到表面的全部能量反射,则称这个物体是纯白的;反之,如果一个物体的反照率为 0,那么称这个物体是纯黑的。不难发现,反照率是定量描述覆盖在天体(如行星)表面物质特性的物理量之一。

从距离上看,地球和水星的绝对距离比较近,然而,由于水星距离太阳过近,受到太阳引力的影响,针对绕飞水星任务,选用常规的霍曼转移方式设计水星探测器轨道,并要求探测器按照轨道飞行,比冥王星探测器的发射和飞行还要困难。直到 2004 年 8 月 3 日,NASA 使用德尔塔 Ⅱ 型火箭才将探索水星的"信使号"(见图 2-4)发射升空,开始实施探索水星的计划。"信使号"的最大挑战在于如何在太阳巨大引力的影响下,顺利降速进入水星轨道,为此,"信使号"不仅大半质量都是用来进行深空机动变轨的燃料(总质量为 1 092 kg,其中燃料为 607 kg),还使用了极其复杂的轨道设计。图 2-5 所示为"信使号"的征程。

图 2-4 "信使号"探测器

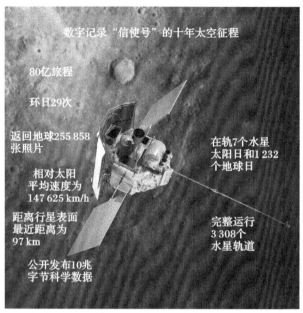

数字记录"信使号"的十年太空征程

80亿旅程

环日29次

返回地球255 858
张照片

相对太阳
平均速度为
147 625 km/h

距离行星表面
最近距离为
97 km

公开发布10兆
字节科学数据

在轨7个水星
太阳日和1 232
个地球日

完整运行
3 308个
水星轨道

图 2-5 "信使号"的征程

根据既定的轨道设计,"信使号"历时 6 年半飞行了约 79 亿千米,主动进行了 5 次重要的深空轨道修正,并且 6 次飞掠太阳系内行星,利用引力弹弓效应对自身减速并调整轨道。主要的深空轨道调整包括 2005 年 8 月 2 日飞掠地球,2006 年 10 月 24 日和 2007 年 6 月 5 日两次飞掠金星,以及 2008 年 1 月 14 日、10 月 6 日和 2009 年 9 月 29 日 3 次飞掠水星。最后,在 2011 年 3 月 18 日,"信使号"在目的地水星轨道附近,利用发动机点火减速至 868 m/s,成功进入了环绕水星的既定轨道。

"信使号"探测器在进入水星轨道前,多次飞掠太阳系内其他行星,目的在于利用引力弹弓对自身进行减速,主动抵消太阳引力引起的过高速度,建立抵达水星——太阳系最内侧的行星的捕获条件,最终实现对它的环绕探测。除了"信使号"探测器的轨道设计问题,更大的障碍来自高温防热问题以及由此牵连而出的其他问题。由于水星距离太阳过近,公转轨道平均距离只有 5 800 万千米,其表面遭受的太阳辐射远高于地球附近空间,且不说"信使号"最终要维持环绕水星运行的轨道时,直接遭受高强度太阳辐射的考验,即便是水星表面反射的强烈辐射,也是对探测器系统耐受能力的巨大挑战。

一个可供参考的典型案例是印度的"月船一号"探测器,因为对月球表面反射的太阳辐射考虑不足,最终导致探测器过热而提前中止任务。以此为鉴,我国的"嫦娥二号"探测器为了满足在环月轨道上安全工作的条件,特别在系统的温度控制分系统上进行了专门改进。相比月球反射的辐射,水星在太阳系中遭受辐射强度更大,"信使号"探测器所面临的苛刻热环境也就不难想象了。

水星轨道附近空间温度接近 400 ℃,为了抵御如此严苛的高温条件,航天工程师们为

"信使号"探测器设计了特别巨大的遮阳板,保证探测器即使在高温辐射条件下本体的温度也不会过高(保持在 20 ℃左右),为探测器装载的各种精密科学仪器可靠地工作提供必要条件。为了在轨运行过程中能够持续遮阳,"信使号"探测器需要不断调整自身姿态,因此,高性能的探测器姿态控制也是系统设计的难点之一。

"信使号"探测器的两块太阳帆尺寸均为 1.5 m×1.65 m,不同于一般的空间环境,水星轨道上太阳辐射的能量密度更高,而且变化并不平稳。这两块特制的太阳帆具体需要考虑的问题并不是追求更高的光电转换效率,而是怎样在如此高动态的强辐射条件下可靠地进行能量转化。

此外,"信使号"探测器还面临着通信难题,经历了数十亿千米的长途跋涉,探测器距离地球最近的直线距离也超过一亿千米,为了保障大量探测数据顺利回传,探测器必须装备高增益天线。"信使号"探测器特别在遮阳板上装配了高增益相控阵天线,以保障数据传输。

"信使号"探测器旨在探索水星的密度之谜,探明水星表面的组分和地质构造,分析大气、磁场以及两极沉积物质的成分。通过对水星的 3 次飞掠和 4 年多的环绕探测,"信使号"探测器通过自身携带的双成像系统和激光高度计绘制了精确的水星全球地图和水星地形图,并根据卡路里盆地内部局部抬升和不同的岩石成分等观测结果,推断水星曾经在非常长的一段时间内存在着活跃的地质和火山活动。

根据"信使号"探测器获取的数据,科学家们发现了水星的内部结构特征,水星具有不同于其他太阳系行星的内部结构——在铁硫化物固体薄壳下,水星内部是巨大的液态铁核,核的直径不小于水星直径的 85%,远超以往的任何预测值。这个探测结果支持了对于水星磁场存在的解释,在获得该结果之前,科学家们一直对如此小的行星拥有类似地球的双极磁场感到疑惑。

更进一步,"信使号"探测器使用中子谱仪和激光高度计反复对水星进行探测,证实在水星的两极区域,水冰物质极有可能存在于永久阴影之中的陨坑深处。水星上存在水的事实尚未被证实,毕竟只有水星着陆器对水星表面及两极区域进行直接探测方可给出定论。

2.3.2 炙热的金星

目光从太阳向太阳系外围移动,水星以外的第一个行星便是金星,金星到太阳的距离是 0.725 AU,是离地球最近的行星之一,因为有的时候,火星距离地球会更近。根据测算,金星的公转周期是 224.701 个地球日,比地球公转周期短接近一半。金星的质量是 $4.869×10^{24}$ kg;密度是 5.24 g/cm³,与水星接近。此外,金星是太阳系内温度最高的行星。金星与太阳的距离比水星远了接近一倍,金星表面的大气层极其浓厚,并且大气层的主要组成物质是二氧化碳,能够将能量紧紧束缚在大气内部,造成热量无法逸散,导致行星的表面温度高达 500 ℃。除了恶劣的高温环境,由于金星大气层中二氧化碳含量过高,行星的地表常常会下酸雨,并伴以频繁的雷暴现象,可以说这种气候条件对于生物的生存而言简直就是地狱。金星的基本属性见表 2-2。

表 2-2　金星基本属性

中文名	金星	反照率	0.76	远日点距离	0.73 AU
外文名	Venus	自转周期	243 d	近日点距离	0.72 AU
别名	太白星	表面温度	464 ℃	升交点经度	76.68°
	启明星	逃逸速度	10.36 km/s	表面引力	8.87 m/s²
	长庚星	视星等	−4.92～−2.98	轨道倾角	3.394 58°
分类	类地行星	半长轴长度	0.72 AU	平近点角	50.115°
质量	4.867 5×10²⁴ kg	公转周期	224.701 d	表面积	4.602 3×10⁸ km²

　　金星是类地行星,其质量与地球相近,所以也常被人们称为地球的"姐妹星"。金星磁场十分微弱,相比于地球的磁场几乎可以忽略,准确而言,金星磁场不及地球的十万分之一。科学家们猜测,可能的原因是金星自转速度低,行星地核的液态铁质切割磁感线产生的磁场较弱。缺乏磁场的保护,太阳风可以直接吹到金星的大气,造成金星大气层的电离,继而电解水分产生氢元素和氧元素,最终形成一个由太阳风诱发的次级磁场。太阳风能够轻易地吹走氢等轻元素,但是并不能把较重的元素吹走,随着时间的推移,金星上的水也就不复存在了。

2.3.3　蔚蓝的地球

　　地球是太阳系行星中直径、质量和密度最大的类地行星。地球和太阳的距离是 1.5 亿千米。地球自转的方向自西向东,在进行自转的同时还围绕太阳公转。月球是地球的天然卫星,地球和月球共同组成一个天体系统,称为地月系统。

　　46 亿年前,地球诞生于原始太阳星云中,是太阳系内密度最大的行星,平均密度可达 5 507.85 kg/m³。毫无疑问,根据观测数据,地球是太阳系乃至当前宇宙中最适合人类生存的星球。地球的基本属性见表 2-3。

表 2-3　地球基本属性

中文名	地球	反照率	0.367	远日点距离	152 097 701 km
别名	蓝星、第三行星	自转周期	23 h 56 min 4 s	近日点距离	147 098 074 km
外文名	Earth	轨道周长	924 375 700 km	赤纬	90°
	Gaia	近日点辐角	114.207 83°	半长轴长度	149 598 023 km
	Terra	公转速度	29.783 km/s	表面积	5.1×10⁸ km²
分类	类地行星	质量	5.972 37×10²⁴ kg	公转周期	356.256 363 d
最小公转速度	29.291 km/s	平均密度	5 507.85 kg/m³	平近点角	358.617°
宇宙速度	11.186 km/s	直径	12 756 km	轨道倾角	7.155°
赤道圆周长	40 075.017 km	表面温度	14 ℃	升交点经度	−11.260 64°
扁率	0.003 352 8	逃逸速度	11.186 km/s	体积	1.083 3×10¹² km³

　　类地行星是一类以硅酸盐为主要成分组成的行星。类地行星同类木行星的区别在于组分的不同,类木行星通常为气体行星,这类行星主要由氢、氦和水等组成,并且不一定具有固

态表面。根据目前掌握的数据,太阳系内类地行星的结构大体组成上是接近的,通常,类地行星拥有一个以铁为主要元素的金属核心,在核心的外部是硅酸盐物质构成的地幔。类地行星的表面通常会表现为峡谷、陨石坑、盆地、丘陵、山地以及火山等不同的地貌。

根据测算的数据,地球的表面积约为 $5.1 \times 10^8 \ km^2$,其中地球表面的 71% 被海洋所覆盖,剩下的 29% 是人类开展各类生产生活活动的陆地。随着航天技术的发展,人类可以在太空中俯瞰地球,根据影像数据记录,在太空上看到的地球通体表现为蓝色。地球的大气层主要由氮气、氧气、少量二氧化碳、氩气以及微量气体构成。地球的地质结构包括地核、地幔以及地壳结构,地表的外部覆盖着水圈,外层包围着大气圈以及地外磁场。人类是否是宇宙中唯一的智慧生物的探究始终没有停歇,无论是地基探测,还是深空探测,都希望能够找到地球以外的新的生命,然而,当前的科考结果表明,在人类有限的探索条件下,地球仍是已知的目前宇宙中仅有存在生命的天体,这颗行星也是包括人类在内,上百万种生物赖以生存的家园。

人类在宇宙中是孤独的,地球在宇宙中是渺小的。在 1990 年 2 月 14 日,"旅行者 1 号"探测器当时已经飞过了冥王星轨道,在和地球相距 64 亿千米的地方,拍下它传回地球的最后一组照片,这些照片中就包含著名的"暗淡蓝点"——地球。

在 1990 年 2 月 14 日,正值"旅行者 1 号"探测器完成首要既定任务之际,NASA 发出指令要求探测器向后看,将其探访过的行星进行拍照。NASA 最终从探测器采集的一组数据中编译出 60 帧照片,通过拼接技术合成了一幅太阳系全家福。这组照片中有一张恰好拍摄到了地球。在距离地球 64 亿千米处由探测器拍摄的照片里,地球是粒状照片里一个非常渺小的"暗淡蓝点"(见图 2-6)。为了保证能够完整拍摄太阳系全貌,探测器使用了一台窄角度的相机,并主动机动于黄道之上 32° 进行拍摄。为了进一步避免光照影响,使用了蓝色、绿色和紫色的滤光镜来突出目标。相对阔角度相机,窄角度相机能增强拍摄地关注位置的具体细微特征。即便如此,在这张照片中,地球所占的大小仅仅有 0.12 个像素。

图 2-6 "暗淡蓝点"——"旅行者 1 号"拍摄地球的著名照片之一

2.3.4　神秘的火星

如果你有静望夜空的习惯,会发现在夜空中有一颗闪烁着红色光芒、亮度跳动的天体,这颗星星慢慢地移动,有时正向运行,有时逆向运行,这颗星星就是让人们心驰神往的火星。由于缺乏有效的观测手段,火星的这些特征让古代中国人对这颗行星疑窦频生,评价它"荧荧火光,离离乱惑",因此,国人有时会称火星为"荧惑"。根据《史记》记载,"荧惑守心"是中国古人认为不吉的天象,他们认为火星运行至心宿二附近,特别是发生"留"的现象时,则预示着将有灾难发生。"留"的现象出现是地球和火星的相对速度不同而导致的。根据测算和数据记录,每经过 26 个月左右,火星便接近地球一次,同地球的运行轨道相比,火星的运行轨道更为扁平。在这些接近现象中,每 15～17 年会发生一次大接近,一个世纪以来,最大的一次接近发生在 2003 年。在 2021 年 4 月 17 日晚,在中国境内可以观察到"月掩火星"这一罕见的天文现象。火星是距离地球最近的行星,有时金星更近,在运行期间,地球、月球与火星有可能会排成一条直线,那么在地球上观测火星,会发现月球将其遮挡起来,形成"月掩火星"的天象,类似的还有"月掩金星"的天象。"火星冲日"则是另一种罕见天象,"火星冲日"发生时,从地球上观测,火星和太阳的位置刚好相差 180°,太阳刚一落下,火星便立刻升起。火星的基本属性见表 2-4。

表 2-4　火星的基本属性

中文名	火星	反照率	0.25	远日点距离	1.382 AU
外文名	Mars	自转周期	24 h 37 min 23 s	近日点距离	1.666 AU
别名	荧惑	距地距离	0.38～2.67 AU	赤道半径	3 396.2 km
分类	类地行星	视星等	-2.94 ～ 1.86	会合周期	779.96 d
极半径	3 376 km	半长轴长度	1.523 679 AU	平均公转速度	24.007 km/s
离心率	0.093 41	最大公转速度	30.287 km/s	质量	6.412×10^{23} kg
公转周期	687 d	赤道自转速度	868.22 km/h	平均密度	3.933 5 g/cm³
平近点角	19.412°	转轴倾角	25.19°	直径	6 779 km
轨道倾角	1.85°	表面重力	0.379 4g	表面温度	-63 ℃
升交点经度	49.558°	逃逸速度	5.027 km/s		

或许是围绕火星的罕见天象较多,在人们眼里,火星代表着一种神秘的力量。在西方神话故事中,无论是北欧神话,还是罗马神话,抑或是希腊神话中,闪烁着微微红光的火星是战争与灾难的象征,也被西方称为战神星。因此,从中西方文化对待火星的态度来看,人们对于这颗红色星球的普遍印象是恐惧与不安。带着这份不安,人们踏上了科学研究天文的征途,随着科学技术发展,一直到地基观测手段出现,人类对于火星的原始恐惧才逐渐消散。

1543 年,哥白尼通过地基进行了对火星的观测,提出火星绕太阳运行,而非绕地球运行的重要论断。半个多世纪后,开普勒宣布,火星公转轨道的形状不是正圆,而是一个椭圆。时间来到 1610 年,即望远镜被发明的第二年,伽利略首次将地基观测装备对准了火星,开展了围绕火星的系统性观测。

随着对火星观测工作的推进,时间来到 1659 年,惠更斯首次绘制了火星地图。1877

年,人们发现在火星地图上出现了一些比较工整的直线,便怀疑火星上存在"人工运河",一时间,火星上存在生命的猜想开始盛行,并由此引发了持续一个多世纪的火星探索热潮。在这段时间里,科学家们通过观测火星的两颗卫星,测算出了火星的自转周期;科学家们发现火星的南北极地区存在极冠;科学家们绘制了更多的火星地图。然而,受到技术条件的制约,人们在地球表面直接使用望远镜对火星进行观测看到的图像分辨率普遍较低,很多行星表面的细节无法具体展现,在当时造成了非常多的误解。

火星和太阳的平均距离为 1.52 AU,是典型的类地行星。火星的直径大约是地球的53%,而质量仅是地球的 11%,火星的表面重力大约是地球的 2/5。人们对于火星的高度关注,还因为其运行规律和地球类似,例如火星的自转轴倾角、自转周期均与地球相近,平均的火星日时间为 24 h 39 min 35.244 s,火星围绕太阳公转一周的时间近似为地球公转周的两倍。火星的天然卫星有两个,分别是火卫一和火卫二,它们的形状不规则,科学家们猜测其可能是火星捕获的小行星。表 2-5 为 2021 年 8 月前的火星探测任务列表。

表 2-5 2021 年 8 月前的火星探测任务列表

发射时间	任务名称	国家或地区	方式	结果	当前状态
1960.10.10	火星 1960A(Mars-1960A)	苏联	飞掠	失败	失效
1960.10.14	火星 1960B(Mars-1960B)	苏联	飞掠	失败	失效
1962.10.24	火星 1962A(Mars-1962A)	苏联	飞掠	失败	失效
1962.11.01	火星 1 号(Mars-1)	苏联	飞掠	失败	失效
1962.11.04	火星 1962B(Mars-1962B)	苏联	着陆	失败	失效
1964.11.05	水手 3 号(Mariner-3)	美国	飞掠	失败	失效
1964.11.28	水手 4 号(Mariner-4)	美国	飞掠	成功	失效
1964.11.30	探针 2 号(Zond-2)	苏联	飞掠	失败	失效
1969.02.25	水手 6 号(Mariner-6)	美国	飞掠	成功	失效
1969.03.27	火星 1969A(Mars-1969A)	苏联	环绕	失败	失效
1969.03.27	水手 7 号(Mariner-7)	美国	飞掠	成功	失效
1969.04.02	火星 1969B(Mars-1969B)	苏联	环绕	失败	失效
1971.05.09	水手 8 号(Mariner-8)	美国	环绕	失败	失效
1971.05.10	宇宙 419(Kosmos-419)	苏联	环绕	失败	失效
1971.05.19	火星 2 号(Mars-2)	苏联	环绕+着陆+巡视	部分成功	失效
1971.05.28	火星 3 号(Mars-3)	苏联	环绕+着陆+巡视	部分成功	失效
1971.05.30	水手 9 号(Mariner-9)	美国	环绕	成功	失效
1973.07.21	火星 4 号(Mars-4)	苏联	环绕	失败	失效
1973.07.25	火星 5 号(Mars-5)	苏联	环绕	部分成功	失效
1973.08.05	火星 6 号(Mars-6)	苏联	着陆	部分成功	失效
1975.08.20	海盗 1 号(Viking-1)	美国	环绕+着陆	成功	失效
1975.09.09	海盗 2 号(Viking-2)	美国	环绕+着陆	成功	失效

续　表

发射时间	任务名称	国家	方式	结果	当前状态
1988.07.07	福布斯 1 号 (Phobos - 1，又称火卫一)	苏联	环绕＋着陆	失败	失效
1988.07.12	福布斯 2 号 (Phobos - 2，又称火卫二)	苏联	环绕＋着陆	部分成功	失效
1992.09.25	火星观测者(Mars Observer)	美国	环绕	失败	失效
1996.11.07	火星全球勘测者(MGS)	美国	环绕	成功	失效
1996.11.16	火星 96(Mars - 96)， 又称火星 8 号(Mars - 8)	俄罗斯	环绕＋着陆	失败	失效
1996.12.04	火星探路者(Mars Pathfinder)	美国	着陆＋巡视	成功	失效
1998.07.03	希望号(Nozomi)， 又称行星 B(Planet - B)	日本	环绕	失败	失效
1998.12.11	火星气候轨道器(MCO)	美国	环绕	失败	失效
1999.01.03	深空 2 号(Deep Space - 2)	美国	着陆	失败	失效
2001.04.07	火星奥德赛(Mars Odyssey)	美国	环绕	成功	在轨
2003.06.02	火星快车号(Mars Express)	欧洲	环绕＋着陆	部分成功	在轨
2003.06.10	火星探测漫游者-A， 又称勇气号(Spirit)	美国	巡视	成功	失效
2003.07.08	火星探测漫游者-B， 又称机遇号(Opportunity)	美国	巡视	成功	失效
2005.08.12	火星勘察轨道器(MRO)	美国	环绕	成功	在轨
2007.08.04	凤凰号(Phoenix)	美国	着陆	成功	失效
2011.11.08	火卫一-土壤号/萤火一号 (Phobos - Grunt/Yinghuo - 1)	俄罗斯/ 中国	环绕＋火卫一 采样返回	失败	失效
2011.11.26	火星科学实验室， 又称好奇号(Curiosity)	美国	巡视	成功	在轨
2013.11.05	火星轨道器任务， 又称曼加里安号(Mangalyaan)	印度	环绕	成功	在轨
2013.11.18	火星大气与挥发物演变 (MAVEN)	美国	环绕	成功	在轨
2016.03.14	火星生物学 2016 (ExoMars 2016)	欧洲/ 俄罗斯	环绕＋着陆	部分成功	在轨
2018.05.05	洞察号(InSight)	美国	着陆	成功	在轨
2020.07.20	阿联酋火星任务(EMM)， 又称希望号(Al - Amal)	阿联酋	环绕	成功	在轨
2020.07.23	天问一号(Tianwen - 1)	中国	环绕＋着陆＋巡视	成功	执行中
2020.07.30	火星 2020(Mars 2020)， 又称毅力号火星车	美国	巡视	成功	执行中

1957年,第一颗人造地球卫星的升空,标志着人类进入了航天时代,探测器技术随着人们日益旺盛的对地外天体的探索欲的增长蓬勃发展。苏联率先开展了火星探测活动,在1960年发射了人类第一颗面向火星科学考察的人造探测器,以此为标志拉开了人类探测火星奥秘的大幕。截至2021年8月,根据数据记录,人类共实施了47次有效的火星探测任务。

1.早期的火星探测

成功完成火星探测任务是冷战时期美苏争霸的战略焦点战。在进行火星探测方面,苏联率先发射了"火星1960A"探测器,然而探测器没有顺利进入地球轨道,直接宣告了人类首次进行火星探测尝试失败。在人类第一次针对火星探测伟大尝试失败后的第5天,搭载"火星1960B"探测器的运载火箭发射升空,但是A型探测器的命运再一次降临。苏联在随后的10年中发射的"斯普特尼克22号"探测器、"斯普特尼克23号"探测器、"斯普特尼克24号"探测器、"探针2号"探测器、"火星1969A"探测器和"火星1969B"探测器都没有成功实施预定的火星探测任务。1971年5月,苏联发射了"火星2号"探测器,终于成功实现了探测器在火星轨道运行,然而,当探测器进行火星着陆时,着陆装置从探测器上分离后失去了控制,直接撞到火星表面,导致任务失败,至此,"火星2号"探测器也没能过多获取火星的信息。

苏联的"火星3号"探测器充分借鉴了前述航天任务失败的经验,最终圆满完成了首次在火星表面的软着陆,但令人遗憾的是"火星3号"着陆后,探测器仅仅在前20 s内工作正常,随即就中断了和地球的联络。利用这不到半分钟的时间,"火星3号"探测器向地球发送了人类历史上第一张火星表面照片。"火星3号"探测器外形图及其拍摄的火星表面照片如图2-7所示。

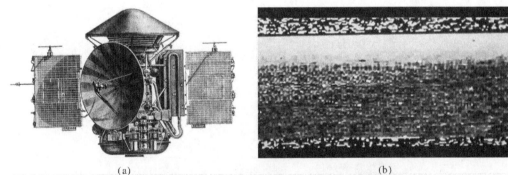

(a)   (b)

图2-7 "火星3号"探测器外形图及其拍摄的火星表面照片

在冷战期间,美国和苏联在空间科考探测方面不免带有很强的政治因素。在火星探测方面,苏联在冷战期间实施的17次探测任务的科考贡献十分有限。相对地,美国在火星探测方面的工作开展比苏联晚了接近4年,然而其在深空探测数据的收集和火星空间环境理解及分析方面的贡献更为突出。

和苏联首个火星探测器的命运类似,美国在1964年发射的首个火星探测器——"水手3号",同样在进入轨道阶段遇到了挑战,随即宣告任务失败。在同一年,美国发射的"水手4

号"火星探测器成功完成了飞掠火星的任务。从这次任务过程中获取的数据发现,在超过
30 多亿年的时间里,火星上没有发生大规模的地质活动。火星是一颗没有全球性磁场保护
的行星,从银河系进入的宇宙射线和来自太阳的大部分能量物质能够不受阻拦地直达火星
的表面。通过"水手 4 号"科考数据得出的两项发现彻底抹杀了人们对于火星之上存在着生
命的美好期许。自从人们在地面利用望远镜观察发现火星上似乎存在整齐的线条开始,人
们就对火星之上存在生命,甚至是具有高等智慧的生物,抱有重大的期望。然而,"水手 4
号"探测器传回的火星表面照片(见图 2-8),完全粉碎了人们对于火星之上存在地外文明
的幻想。即使这样,仍有学者不甘于此,当时不少地外生命领域的精英学者调整自己的研究
方向,开始探究火星上能否存在可以耐受恶劣环境的微生物。

图 2-8　"水手 4 号"的探测照片

在 1971 年 5 月,美国的"水手 9 号"探测器成功发射,随着后续探测任务的顺利实施,
"水手 9 号"成为了人类历史上第一颗成功环绕火星飞行的人造探测器。根据材料记载,"水
星 9 号"探测器在抵达火星时,恰巧遇到了火星全球性沙尘暴天气,为学者们曾提出的火星
上存在"超级沙尘暴"的猜测提供了丰富的佐证。直到 1972 年,这场沙尘暴才逐渐平息,使
得人类通过探测器获取的数据看清了火星表面的丰富地貌,主要包括历经了反复冲刷的河
床、经历了多次撞击的陨坑、规模巨大的死火山、断裂的峡谷(见图 2-9)、地处极地的沉积
物以及冰晶云,还有皑皑的晨雾。人们从"水手 9 号"探测器发回的照片中发现了疑似水流
的痕迹,继而重新燃起火星上存在生命体的强烈兴趣,并期盼能够从更新的数据中发现生命
体存在的蛛丝马迹。

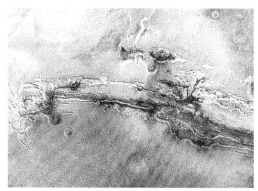

图 2-9　火星的水手大峡谷——"水手 9 号"探测器拍摄

"水手"系列探测器之后,美国又研制并发射了"海盗"系列火星探测器,项目立项的主要目的在于发现火星上的生物。不同于"水手"只负责瞭望火星,"海盗"系列探测器增加了降落火星表面,并开展表面探测的任务,因此,"海盗"系列探测器由轨道器和着陆器构成。作为整个系列的第一颗探测器,"海盗1号"的着陆器于1976年7月顺利登陆火星,首次在火星表面拍摄并传回了照片(见图2-10)。通过传回的照片,人们得以近距离地观察火星表面,并发现火星实际上是一个空旷、贫瘠、乱石遍布的世界,由于土壤中铁元素被充分氧化,火星的大地是一片橙红色。值得一提的是,"海盗1号"当时拍摄并传回了一张照片,照片中有一块区域和人类的脸庞十分接近,这一发现引起了世界范围内的轰动,当时的人们误以为人类利用火星探测器拍摄到了火星人的容貌。然而根据细致的数据分析,照片中疑似的火星"人脸"最后被证实是火星表面上的一座丘陵造成的光影错觉。

 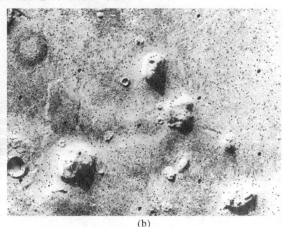

(a)   (b)

图2-10 "海盗1号"拍摄的火星表面照片

继"海盗1号"之后,同款的"海盗2号"于1975年9月9日在美国发射升空,并于1976年9月3日在火星的乌托邦平原着陆,我们国家"天问一号"的着陆器"祝融号"火星车登陆火星也选择在这一平原。"海盗2号"装备了用于探测火星的温度、磁场、风速、风向、X射线光谱等科学参数的测量载荷,携带的地震检波器在任务执行期间成功观测到了难得一遇的火星地震,为人类探索火星内部的地质结构提供了新的发展增长点。

2.火星探测的发展期

冷战结束后,人类进入21世纪,当时世界范围内已经累计实施了14次火星探测任务。随着支撑深空探测发展的相关科学技术水平的提升,加之各国面向火星科考态度逐渐端正,21世纪的火星探测任务成功率相比以往有了大幅的提升,诸多任务中失败的一次事故出现在俄罗斯的"火卫一-土壤"号探测器上,其余探测任务均圆满成功或者基本成功。除了火星探测任务成功率提升,额外值得关注的是,与冷战时期只有美国和苏联开展火星探测研究不同,进入21世纪后,世界上越来越多的国家进入了火星探测的研究领域,任务的主要牵引目标仍为找寻火星上的地外水系及生命体。

2000年,一块编号为ALH84001的碳酸盐陨石在南极洲被发现。NASA声称,这块陨石上出现了一些类似微生物体化石结构,进而有专家推断这可能是地外生命存在的证据,也有专家认为所谓的微生物体化石仅是自然生成的矿物晶体。争论一直持续到 2004 年,各执己见的双方仍然没有任何一方占据上风。

"海盗"系列探测器曾在火星表面实施相关实验来检测火星土壤中是否可能存在微生物。实验过程中,首先在"维京号"着陆点处给出了微生物存在的阳性结果,但随即被许多科学家否定。火星上是否存在生物,这仍是一个具有争议的话题。火星大气中存在微量甲烷,这一事实也是人们认为火星上存在生物活动的重要凭依,然而严谨的科学分析表明,由这些微量气体的存在很难得出生物存在的结论。如果将来人类开展地外殖民,考虑到火星的友好条件(和太阳系内其他行星相比,火星的各项指标和地球最为接近),火星极有可能是首选目的地。

21 世纪之后,美国在火星探测方面倾注了大量的精力,先后发射了"奥德赛号"火星轨道探测器、"机遇号"和"勇气号"等火星探测车、"火星勘测轨道器""凤凰号"火星着陆器、"好奇号"火星车以及"毅力号"火星车,这些任务均取得了不同程度的成功。美中不足的是,于 2018 年 11 月成功着陆火星的"洞察号"探测器虽然装备了地震仪,并且顺利记录到了火星的地震现象,然而,在其钻探任务执行过程中,装置"鼹鼠"工作状态异常,导致在火星表面钻探的深度只停留在 0.35 m。美国在火星探测方面的成果为世界其他各国的火星探测任务提供了重要的参考。

趁着 2020 年的火星探测器发射的窗口期,美国、阿联酋、印度和中国都发射了面向火星科考的探测器。2020 年 2 月 19 日,"毅力号"探测器以大约 5 km/s 的速度进入了火星大气,在超声速飞行状态下,张开了减速降落伞,抛弃隔热罩后采用空中吊车的方式释放火星车至火星表面。美国凭借火星探测器在轨探测、着陆器登陆详勘以及表面探索等一系列任务的顺利开展,取得了丰硕的火星科学研究成果,具体包括发现了火星表面的液态水及远古水系遗迹,粗略估算了火星土壤中的水分含量,并且探测到了火星极光现象。图 2-11 所示为"凤凰号""洞察号"和"毅力号"探测器。

图 2-11　"凤凰号""洞察号"和"毅力号"探测器

综上所述,自 20 世纪 70 年代至今,人类已经逐步完成了从火星的外部大气探测到火星着陆后的表面巡查,再到火星内部的地质结构勘探等一系列全方位、立体式、多角度的火星科考任务,初步建立了面向火星探测的主要数据库,获得了丰富的火星探测、着陆及勘探任务实施经验,这些研究工作为寻找地外生命存在的线索提供了非常重要的理论依据。

3. 欧盟多国在火星探测方面的进展

相比美国,欧盟多国的火星探测研究工作起步较晚,但是凭借自身雄厚的深空探测技术,至今也积累了相当丰富的探测任务经验。

早在 2003 年,欧洲空间局就发射了"火星快车号"探测器。该探测器顺利完成了火星轨道的在轨运行以及火星表面的遥感探测任务,发现了火星上留存的海岸线遗迹、火星极光,并且在火星的北极附近区域探测到一块罕见的水冰。

"猎兔犬 2 号"是欧盟研制的火星探测器,不幸的是,探测器在着陆时与地球的联络中断了。国际航天领域已经就此事件给出定论,专家们普遍认为该探测器已经在火星表面坠毁。然而,在 2015 年"火星勘测轨道器"的在轨遥感探测中发现了"猎兔犬 2 号",并确认"猎兔犬 2 号"当时已经成功完成了火星着陆,不过太阳能帆板没有正常展开,导致能量供应问题从而失联。失踪了十余年的地外探测器"猎兔犬 2 号"能够被重新发现,可以算作人类深空探测历史上的一段奇谈。

欧盟与俄罗斯合作研制的"火星生物学 2016"探测器携带了"微量气体轨道器"和"斯基亚帕雷利号"着陆器,探测器在 2016 年 10 月成功进入火星轨道,然而不幸的是,该探测器在着陆阶段出现异常,最终任务以失败告终。

4. 世界各国竞相登陆火星

2010 年之后,世界上各个航天强国也纷纷开启了自己的火星探测之旅。

2013 年,印度成功发射了"曼加里安号"探测器,成为了继美国、俄罗斯及欧盟后,第四个成功发射火星探测器的国家或地区,该探测任务是亚洲第一个成功的火星探测任务。值得一提的是,"曼加里安号"探测器的任务总开销仅仅为 7 500 万美元,这使其成为史上成本最低的火星探测计划,随之而来的代价便是其自身的探测能力十分有限。

中国国家航天局也曾与俄罗斯联邦航天局展开合作,联合攻关火星探测任务。早在2011 年,中国的"萤火一号"火星探测器便搭载于俄罗斯的火箭发射,准备开启中国的火星任务。然而,由于火箭发射任务失败,中国的"萤火一号"和俄罗斯的"火卫一-土壤号"探测器一同坠入了冰冷的太平洋。

阿联酋率先于 2020 年 7 月 20 日发射了阿拉伯国家的首枚面向深空探测任务的飞行器——"希望号"火星探测器。该探测器搭乘日本 H-2A 火箭发射升空,携带的科学考察及测量载荷由美国提供技术支持。阿联酋开展的此次火星探测任务目的是十分明确的,先扮演好学生的角色,经历完整的探测任务过程,学好关键技术后,继续发展阿联酋本国的深空探测研究。

除了上述各国开展的火星探测任务,大家熟知的由马斯克主导的太空探索技术公司,提出了更为恢弘庞大的火星探测计划,并正在着力开展用于探测的星舰相关研究,人们希望其有朝一日能够用于支持飞向火星的旅行。

5. "祝融号"探测器任务

我国的火星探测工程是行星探测系列计划的第一枪,早在 2016 年 1 月 11 日便正式立项,并于 2020 年 4 月 24 日中国航天日被正式命名为"天问一号"。在该项目中,我国提出通过一次发射任务,直接完成火星的环绕、火星的着陆和火星表面巡视 3 项具体任务。对于火星探测而言,该方案属于"一举三得"的探测方式,项目本身的起点高、挑战大,从试验而言,我国作为世界上第二个成功登陆火星并开展火星表面探测的国家,充分证明了我国的深空探测能力和水平近年来有了显著的提升。

2020 年 7 月 23 日中午,我国自主研制的"长征五号"运载火箭托举着"天问一号"探测器从海南文昌航天发射场起飞,成功进入太空,完成几次既定的变轨任务,于 2021 年 2 月 10 日顺利抵达火星轨道,成为了环绕火星进行在轨运行的人造卫星。在入轨后的 3 个月里,"天问一号"探测器通过遥感探测,进一步确定了火星着陆点的地形和气象条件,为火星着陆做好了充分的准备。2021 年 5 月 15 日的早晨,与"天问一号"轨道器分离后的着陆巡视组合体,穿过火星大气层,完成预定的减速动作后,成功在火星表面着陆。"天问一号"组合体进入火星大气层后经历了 9 min 的减速,在末端实现了地速为零。组合体如果减速能力不足,大概率会在降落过程中发生火星表面坠毁的事故,在之前的多次任务中,俄罗斯探测器数次火星登陆失败,以及欧盟的两次落火任务失败,都发生在降落阶段。

"天问一号"组合体首先通过火星的大气摩擦进行减速;接着打开降落伞,利用稀薄大气进一步减速;接着抛掉隔热罩,测量地表高程;当速度降低到 342 km/h 时,7 500 N 变推力发动机点火工作,实现组合体在火星空中悬停;最后通过着陆垫和伸缩杆缓冲从高处落下的势能,组合体得以稳稳地着陆在火星的表面。至此,中国成为世界上第二个成功登陆火星的国家,这一成就值得我们每一个中国人骄傲和自豪。"天问一号"完成火星着陆全程只用了 9 min,但地球到火星的距离达 3 亿多千米,地面发出的遥控指令要经过 17 min 才能抵达火星上的探测器。这意味着,"天问一号"只能自主判断,闯过重重难关,完成降落火星这一伟大壮举。

2021 年 5 月 22 日,"祝融号"火星车驶离"天问一号"着陆平台,终于在火星的表面刻下了中国的印记,实现了中国人千年来的夙愿。"祝融号"登陆的地方,位于火星上最大的盆地——乌托邦平原,该盆地的直径达 3 300 km。"祝融号"携带了 6 种开展火星科考的测量仪器,开展地形地貌、表面物质成分、地下水冰、磁场和气象探测任务,"祝融号"火星车拍摄的着陆点全景展开图见图 2 - 12。

图 2 - 12　"祝融号"火星车拍摄的着陆点全景展开图

2.3.5 庞大的木星

太阳系中体积最大的行星是木星,而且木星的自转速度也是太阳系行星中最快的。木星是典型的气态巨行星,在考虑其自转速度时,一般以其赤道自转速度为准,木星的赤道自转周期不到 10 h。作为一个气态巨行星,木星占所有太阳系行星质量总和的七成。木星的直径约为 $1.43×10^5$ km,是地球直径的 11.2 倍。木星的质量是地球质量的 318 倍,也是太阳系内除太阳以外所有天体质量总和的 2.5 倍。木星主要由氢组成,氢元素质量约占木星总质量的 3/4,其次为氦元素,约占总质量的 1/4。除了外层气体结构,木星的岩核含有其他较重的元素。木星最为出名的特征是其表面的大红斑,实际上大红斑是太阳系最恐怖的风暴形成的效果,大红斑的东西跨度可达 50 000 km,这一尺寸足够容纳并排放下的 4 个地球。大红斑自从被发现以来,已经肆虐了 350 多年,不曾停止过,而且有愈演愈烈的趋势。木星基本属性见表 2-6。

表 2-6 木星基本属性

中文名	木 星	半长轴长度	5.204 4 AU	扁率	0.064 87
外文名	Jupiter	离心率	0.048 9	表面积	$6.141\ 9×10^{10}$ km²
别名	岁星	公转周期	11.862 a	体积	$1.431\ 3×10^{15}$ km³
分类	类木行星	平近点角	20.020°	表面重力	24.79 m/s²
质量	$1.898\ 2×10^{27}$ kg	轨道倾角	1.303°	表面气压	20~200 kPa
平均密度	1.326 g/cm³	升交点经度	100.464°	卫星数量	79
直径	$1.43×10^5$ km	远日点距离	5.458 8 AU	卫星发现者	伽利略、甘德等
表面温度	−108 ℃	近日点距离	4.950 1 AU	直径	6 779 km
逃逸速度	59.5 km/s	平均公转速度	47 051 km/h	转轴倾角	3.13°
反照率	0.503	会合周期	398.88 d		
视星等	−2.94~−1.66	平均半径	71 492 km		

气态巨行星又称类木行星,是不以岩石或其他固体为主要成分构成的大行星。木星和土星都属于典型的气态巨行星,它们的主要特征是体积巨大,质量也大,但是密度相对比较小,主要由氢、氦、氖等轻元素组成。

《流浪地球》电影中,编剧安排了地球逃离太阳系的过程,期间还设计了地球和木星相撞的剧情,险些令人类灭绝。可能有不少人会发出疑问,为什么选择木星和地球相撞而不是火星,这是有原因的。

早在 1993 年,人类首次观测到一颗被命名为"苏梅克-列维九号"的彗星,这是一颗小行星。当人们观测到这颗彗星的时候,它已经被木星的引力所捕获,并且由于距离低于木星的洛希刚体极限,而被木星彻底肢解为 21 块碎片。通过对这些碎片运行轨道的精确计算,天文学家们认为它们会在 1994 年 7 月 6 日左右和木星发生大规模撞击。根据科学测算,小行星被肢解后的碎片直径大部分都不小于 2 km,其中最大的碎片直径甚至达到了 35 km。科学家们纷纷讨论这些碎片撞上木星之后,会给木星的环境带来怎样的影响,但当撞击的观测结果公布后,所有人都震惊了。在木星连续遭受的 21 波小行星碎片的撞击中,任意一次撞击的对象如果从木星换成地球,撞击效果都足以让人类彻底从地球上消失。这次事件是人类首次对太阳系内行星天体撞击的天文观测。整个事件从 1994 年 7 月 16 日 20 时 15 分开始,解体后的 21 块小行星碎片以每小时 21 万千米的速度撞向木星的南半球,每一次接触后的撞击都在木星表面掀起了巨大的尘埃云。观测结果表明,各个撞击的创面直径均远大于 1 万千米,其中最大的撞击创面直径在 3 万千米左右,而我们赖以生存的地球直径仅仅只有 1.3 万千米。

类似的事件还发生在 2009 年 7 月 20 日,在凌晨 1 点左右,澳大利亚一位业余天文爱好者安东尼·卫斯理利用自备的 14.5 in① 反射式望远镜观测到木星被彗星或者小行星撞击的现象。这场撞击在木星表面留下地球尺寸大小的撞击痕迹。美国国家航空航天局喷气推进实验室在 20 日晚上 9 点,对卫斯理的发现予以了肯定,在 21 日证实木星在过去很短的一段时间内又遭遇其他天体的撞击,并在木星的南极附近区域留下了黑色疤斑,并且在撞击处上空观察到木星大气层出现了一个和地球规模大小接近的空洞。

人类历史上的 7 次飞掠木星并完成对木星的科考观测的探测器均由美国国家航空航天局研制并发射,这些探测器分别是"先驱者 10 号"(Pioneer 10),"先驱者 11 号"(Pioneer 11),"旅行者 1 号"(Voyager 1),"旅行者 2 号"(Voyager 2),"尤利西斯"(Ulysses),"卡西尼"(Cassini)和"新视野号"(New Horizons)。

"先驱者 10 号"探测器是美国的"先驱者"计划的第 16 个成员,该探测器设计和研制旨在进行深空探测。"先驱者 10 号"探测器完成了首次穿越火星和木星之间小行星带的任务,同时也是首个近距离对木星进行观测的探测器。"先驱者 10 号"探测器在 1983 年 6 月飞掠海王星轨道后,依靠自身携带的核反应发动机朝着距离地球 68 l.y. 的毕宿 5 恒星飞行,根据当前的速度进行计算,"先驱者 10 号"探测器到达毕宿 5 预计需要耗时 200 万年。

"先驱者 11 号"探测器是继"先驱者 10 号"探测器后第二个执行深空探测任务的探测器,它同时也担负着探测木星的艰巨任务。"先驱者 11 号"探测器在 1974 年 12 月 4 日抵达了木星的最近点,利用光学相机在木星上空 34 000 km 的位置对大红斑进行了数据采集,同时利用自身的红外辐射计测量了木星表面的温度,得到了大气从赤道到极地方向的温差不超过 10 K 的结论。

"旅行者 1 号"探测器和"旅行者 2 号"探测器是先前的"先驱者"系列探测器的加强版本,先进性主要体现在基于"先驱者"系列的经验,在探测器携带的仪器性能方面的改进。目前,这两个探测器均已经飞离太阳超过 120 AU 以上。1979 年 3 月,"旅行者 1 号"探测器趁着飞掠木星的机会,拍摄了大量的木星照片,根据这些宝贵的资料,科学家们确认了木星上不断移动的反气旋是形成木星大红斑的主要诱导因素。"旅行者 2 号"探测器除了观测木星大红斑之外,还观测了木星之上不同的云带、木星阴面的闪电,同时还发现了木星的 3 颗卫星。

"卡西尼号"探测器的任务周期从 1997—2017 年持续了将近 10 年,探测器任务目标是

---

① 1 in＝2.54 cm。

开展土星探测研究,并最终以人为坠入土星大气完成了全部使命。同样执行了飞掠木星任务的"卡西尼号"探测器主要针对木星大气的细微气流结构进行观测。图 2-13 所示为"卡西尼号"探测器拍摄的木星照片,从图中能够观察到清晰的木星大红斑,此外,还能发现很多气旋性的漩涡和带状急流的细节。科学家们结合获取的数据分析,图片中比较亮的区域是木星之上的上升运动气流,相对较暗的区域是下沉运动气流。进一步结合水云和氨云为无色的特性,科学家们猜测图中表现出云的差异性颜色,极有可能是硫化物混合后作用的效果。

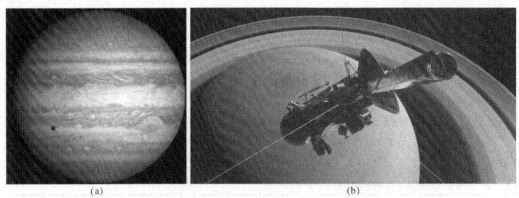

(a)   (b)

图 2-13   "卡西尼号"探测器拍摄的木星照片及"卡西尼号"探测器概念图

图 2-14 所示为人类对木星的探索以及发现。

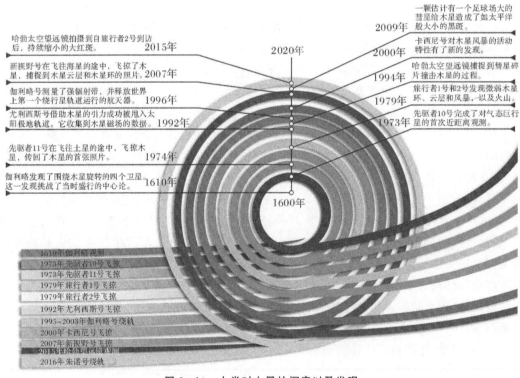

图 2-14   人类对木星的探索以及发现

表 2-7 给出了人类历史上进行的 7 次飞掠木星并进行观测的探测器名称、距离木星最近位置的时间，以及距离木星最近的距离。

表 2-7　飞掠木星的探测器的探测情况

探测器名称	名称	抵达最近点的时间	与木星的最近距离/km
先驱者 10 号	Pioneer 10	1973 年 12 月 3 日	130 000
先驱者 11 号	Pioneer 11	1974 年 12 月 4 日	34 000
旅行者 1 号	Voyager 1	1979 年 3 月 5 日	349 000
旅行者 2 号	Voyager 2	1979 年 7 月 9 日	570 000
尤利西斯号	Ulysses	1992 年 2 月 8 日	408 894
卡西尼号	Cassini	2000 年 12 月 30 日	10 000 000
新视野号	New Horizons	2007 年 2 月 28 日	2 304 535

针对木星探测，我国也已经开始了相关计划安排，我国木星探索计划部署在 2030 年左右启动，木星探测器发射、探测任务及回收方面的工程技术、科学目标论证等工作在前期已经完成。

NASA 和 ESA 自 20 世纪后半叶开始进行木星探测的相关工作，在过去的半个世纪时间里，西方国家实施了多次面向木星探测的深空探测器研制、发射及探测项目，收集了大量的木星大气探测数据。截至目前，人类为了进一步了解木星，世界范围内已经发射了 9 枚载有探测器的运载火箭，其中有 7 次任务完成了飞掠（探测器直接飞掠木星，但不进入木星轨道进行环绕飞行，只在飞掠时进行木星探测），另外还有 2 次进行了专门的木星轨道环绕飞行探测，分别是"伽利略号"探测器和"朱诺号"探测器。

"伽利略号"探测器在 1989 年 10 月 18 日成功发射，该探测器是针对木星及其卫星开展专门探测研究的深空探测器。作为首个专门执行木星轨道入轨及环绕飞行任务的探测器，"伽利略号"探测器除了携带常规的科考用 CCD(Charge Coupled Device)相机、红外成像仪、紫外光谱仪、尘埃粒子检测仪、高能粒子检测仪、重离子计数器和强磁计等科学装置外，还装备了用于深入木星的大气内部探测大气组分的小型分离式大气探测器，该分离式探测器主要由质谱仪和辐射计等装置构成。分离式探测器在 1995 年 7 月 13 日主动与"伽利略号"探测器分离，并于 12 月 7 日成功进入了木星的大气层内部，并按照既定任务要求对木星大气组分、大气风速及大气温度等主要特征数据实施了分层次的采集。这些数据通过"伽利略号"探测器中继，顺利回到了地球。根据这些数据，科学家们确定了木星大气深层的主要成分，以及这些成分的分布特点，结果表明木星大气中的主要可凝结的物质是硫化氢、水和氨。

"朱诺号"探测器比"伽利略号"探测器的研制晚接近 20 年，在 2011 年 8 月 5 日发射，并于 2016 年 7 月 4 日顺利进入木星轨道。在主要任务阶段，"朱诺号"探测器在轨停留了 53 天，该轨道距离木星云层最近处约 5 000 km，以保证"朱诺号"探测器可以更近地观测木星大气运动。探测器运行的轨道为大偏心率轨道，这种任务设计充分考虑了环绕木星轨道过于接近木星时，会受到过多的同步辐射带内强辐射的影响，因此通过提高环绕飞行过程中观测点的飞掠速度，尽可能地减少任务过程中受到的额外辐射。"朱诺号"探测器虽然没有和

"伽利略号"探测器一样的分离式探测器结构,但对于木星大气组分和分布探测的深入程度和数据获取效果丝毫不逊于"伽利略号"探测器装备的分离式大气探测器,这一贡献主要归功于大偏心率的环绕飞行轨道设计,保证"朱诺号"探测器能够到达辐射带以下的木星极轨道的近木点。在该近木点开展探测任务是十分有利的,能够最大程度降低辐射对探测任务的破坏,"朱诺号"探测器利用携带的微波辐射计受到同步加速辐射带的影响基本可以忽略不计,可以进行木星大气 250 bar① 左右的深层探测,获取的科学数据进一步明确了木星的水和氨在大气中的分布情况。

　　图 2-15 所示为"朱诺号"探测器利用自身携带的光学载荷拍摄的木星南极区域的照片,拍摄高度大概距离木星云顶 5200 km。通过观察图中的气旋很容易发现,在木星的中低纬度盛行的东西风交替带状特征已经消失,在该区域及其附近的旋涡特征表现得更为突出,在木星的南极区域边缘,带状特征被破坏殆尽,大气湍流运动在此处表现得非常不稳定。

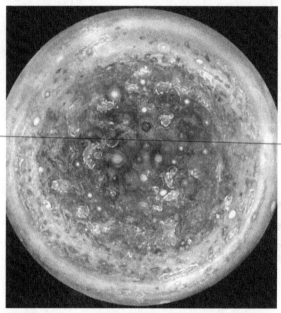

图 2-15　"朱诺号"探测器拍摄的木星照片

　　木星大气的主要成分与太阳十分类似,主要组成元素是氢和氦。众所周知,氢元素和氦元素是由最初的宇宙大爆炸所产生的,因此研究木星的成分组成及分布对于探究宇宙大爆炸时的情况有一定的科学意义。从元素所占的体积方面分析,氢在木星大气中的占比接近九成,剩余的一成为氦。此外,木星的大气中还包含 1% 的微量气体,主要为甲烷、氨和水。地球的大气相比木星是非常薄的,地球大气层内压强的变化相比木星也较为平稳。与地球的大气特征不同,木星的大气随着深度增加,大气中氢和氦的温度和压强临界点将被突破,导致在一定大气深度下,氢和氦将从气态变为液态。随着大气深度增加,大气压强会进一步变大,液态的氢逐渐转变为金属性液体,继而具备导电性,此时的氦将与这种状态的氢无法

---

① 　1 bar＝100 kPa。

实现单纯液态形式的均匀混合,氢气液化后成为小的氢液滴继续进入木星大气的深层。从木星半径约 78% 的位置向木星的核心方向延伸,覆盖的区域都是金属氢层,如果木星地区有固态的内核存在,那么金属氢层十分有可能一直延伸到固态内核。由于木星的大气层很厚,加之内部压强随着深度增加而急剧升高,在这种极端的力学条件下开展探测对目前的人类掌握的科学技术而言,是几乎不可能完成的任务,因而木星内部真实的构造目前我们尚未可知。如果金属氢层可以视作木星磁场的固态核心,木星的自转和大气对流运动共同诱导了木星的强大磁场,木星磁场在赤道表面的强度就可以接近 4.3 Gs[①],和地球磁场相比,木星的磁场强度至少要高出一个数量级。

令人遗憾的是,木星内是否确实存在岩石内核仍是一个开放的问题,根据"朱诺号"探测器发来的木星重力观测数据分析,考虑到木星内部可能的构造模式,科学家已经达成基本共识,认为木星内部一个边界较为模糊的内核的确存在。换言之,在岩石内核和金属氢层间的界限并不是稳定的,极有可能岩石内核中的部分重元素渗入了金属氢层中,木星的内部结构示意图如图 2-16 所示。一般认为,木星的内核质量相比总质量是很小的,含有相当于地球质量的 7~25 倍的重元素。从木星的质量来看,气态大气层和固态内核的质量之和只占木星总质量很小的一小部分,正因如此,木星和土星这一类巨行星也常被称为液态星球。

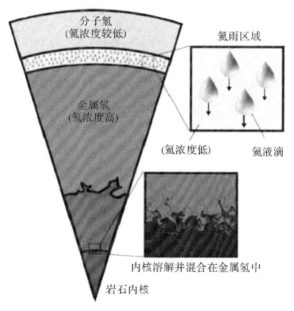

图 2-16　木星的结构示意图

图 2-17 给出了"朱诺号"探测器利用自身携带的微波辐射计在不同的木星气压和纬度条件下测量得到的木星大气的最低亮度温度(简称亮温)。图 2-17 中的 6 个微波探测通道数据分别对应不同大气压强条件下的数据,容易发现,在气压约为 1.5 bar 处,大气亮温约为 190 K,在木星赤道附近亮温值存在较大波动。"朱诺号"探测器在木星赤道的正上方测

---

① 　$1 \text{ Gs} = 10^{-4} \text{ T}$。

得的大气亮温约为 180 K,在北纬 10°左右的亮温约为 220 K,温差约为 40 K。图 2-17 为
"朱诺号"探测器 6 个微波通道获取的最低亮温和纬度分布的关系图,其背景为哈勃太空望
远镜于 2016 年 2 月 10 日拍摄的木星的可见光照片,结合背景图能够发现,亮温较高的地方
的大气处于下沉流动状态,而亮温比较低的区域存在上升大气流动。

　　亮度温度的定义是,同一波长下,若实际物体与黑体(用于热辐射研究的,不依赖具体物
性的假想标准物体)的光谱辐射强度相等,则此时黑体的温度被称为实际物体在该波长下的
亮度温度。

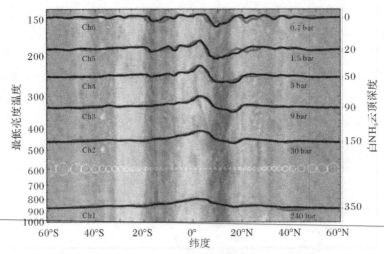

图 2-17　"朱诺号"探测器 6 个微波通道获取的最低亮温和纬度分布的关系

　　木星上也能观测到丰富的极光现象,参考地球上驱动极光过程的磁重联和偶极化过程,
人们通常认为木星极光形成的主要过程也是受此驱动的。具体而言,根据目前掌握的数据,
被普遍认可的木星极光形成机制是木星的极光由磁"共转破坏"过程所造成。

　　早在 1979 年,科学家们就提出巨行星由于本身的磁层巨大,行星自身的旋转只能够勉
强带动靠近行星区域的磁层产生共转运动,距离较远的磁层区域的共转角速度远小于靠近
巨行星的区域,从而产生了旋转的角速度剪切现象,科学家们定义发生角速度剪切的磁层区
域为巨行星磁层的"共转破坏"区域。

　　在巨行星的"共转破坏"设想提出后,科学家们通过对其进行建模量化,数值模拟了磁层
和电离层耦合的定量场向电流。从该有效模型出发,继而得到了一个重要的推论:在太阳风
的压缩作用下,场向电流会显著地减少,继而会产生效果更弱的极光辐射。随着对于驱动巨
行星极光模型的深入探讨,科学家们发现"共转破坏"设想的一个重要原则是基于准稳态过
程假设的。换言之,当磁层处于高动态过程中时,变化过程过快的太阳风压缩或者恢复动态
会产生与预期相悖的结论。遗憾的是,针对巨行星磁层研究的第一手数据十分匮乏,当前在
缺乏完备数据支持的情况下,采用地球磁层的磁能"装载卸载"过程机制可以基本解释清楚
木星磁层和电离层耦合效果。

　　为了探究木星磁层的奥秘,2001 年"卡西尼号"探测器飞掠木星时,专门收集了木星磁
层上游的太阳风的测量数据,结合之前哈勃望远镜的同步紫外极光观测数据,科学家们得出

了木星磁层的上游存在太阳风压缩,场电流增强现象确实存在的基本结论,在整个磁层受太阳风压缩的过程中还伴随着极光观测数据的增强现象出现。至此,"共转破坏"设想及其推理的分析结果同探测器获得的观测数据产生了明显的矛盾,Dunn 等学者呼吁学界更多关注多个"瞬态"过程同时诱导下的极光形成机理研究,其原因在于根据观测数据反映的太阳风压缩增强过程中,普遍伴随的 X 射线极光和红外极光辐射增强等现象。随着"朱诺号"探测器顺利进入木星轨道,联合哈勃望远镜共同观测太阳风对木星磁层的压缩作用,并采集了充分的科考数据,科学家们基于此也获得了场电流增强的结论,这与"卡西尼号"探测器观测获得数据分析的结果高度一致。科学家们经过不懈努力,终于在 2019 年基于探测器的观测数据揭示了木星磁层的磁能"装载卸载"机制,该机制直接诱导了极光形成。

利用探测器获取的数据,科学家们通过研究发现,木星磁层的"装载卸载"机制与地球的过程虽然类似,但是存在较为明显的不同:①木星的磁层"装载卸载"是全球行为,并没有像地球的磁层一样,仅仅局限在地球夜侧的磁尾区域;②木星的磁层"装载卸载"持续的时间远超地球的时间,可以长达数日,时间是木星自转周期的数倍,相比之下,地球的磁层"装载卸载"持续时间很短,仅仅为十几分钟到数十分钟。在随后的研究中,Yao 等学者指出木星在长达数天的"装载卸载"过程中也伴随着类似地球磁层的瞬态偶极化现象,直接的作用效果是木星局部的极光效应迅速增强,这种现象持续的时间通常为几个小时,该过程也被称为木星极光的晨暴过程。

在"朱诺号"探测器进入木星轨道之前,人们对于木星极光的研究除了依靠"卡西尼号"探测器飞掠过程中采集的资料,只能借助哈勃望远镜对木星极光现象进行观测。然而,受限于哈勃望远镜观测能力和木星在轨运行的固有特征,人们掌握的观测数据只能反映木星极光晨暴的日侧阶段,而夜侧阶段的晨暴数据直到"朱诺号"探测器进入木星轨道运行后才获得。Bonfond 等学者重点研究了"朱诺号"探测器获取的木星夜侧极光观测数据,给出了木星极光的晨暴起源于子夜附近的观点,而且其发展过程基本可以参考地球的极光亚暴过程。Bonfond 等学者认为木星和地球磁层的动力学过程在本质上是类似的,该观点与 Yao 的研究论述一致。

综上所述,随着人类的深空探测技术发展,越来越多的探测器近距离观测木星的数据和相关的分析结果表明,木星的极光形成机制和人们的固有认知存在诸多冲突。随着"朱诺号"探测器和哈勃望远镜联合观测的开展,更多用于揭示木星极光形成机制的核心观测资料等待着科学家们的进一步分析和更为全面科学的解释,而通过数值手段模拟木星极光形成的整个演化过程,保证理论分析和观测数据的一致性,对于探究巨行星的磁层形成机理与相关理论的构建具有深远的意义。

2.3.6　美丽的土星

土星在太阳系的八大行星中与太阳的距离排在第六位,和木星同属气态巨行星。土星构成的主要组分是氢,此外,还含有少量的氦以及其他的微量元素。土星的内部核心包括岩石和冰,岩核的外部则是由数层金属氢和气体包裹的气液混合物质。土星的行星磁场强度比较高,介于地球和木星之间,土星的大气流动非常快。土星的密度很小,约为 0.70 g/cm³,这导致虽然土星的体积是地球体积的 830 倍,但是质量仅为地球的 95 倍。土星最负盛名的是它拥有一个美丽的光环,土星环使它成为太阳系中最美的星球。土星基本属性见表 2-8。

表 2-8 土星基本属性

中文名	土星	直径	116 464 km	离心率	0.056 5
外文名	Saturn	表面温度	−139 ℃	公转周期	29.457 1 a
别名	镇星,填星,瑞星	逃逸速度	35.49 km/s	平近点角	317.020°
分类	类木行星	反照率	0.342	轨道倾角	2.485°
质量	5.683 4×10²⁶ kg	自转周期	10 h 33 min 38 s	升交点经度	113.665°
平均密度	0.687 g/cm³	半长轴长度	9.582 6 AU	近日点距离	9.041 2 AU
远日点距离	10.123 8 AU	自转倾角	26.73°		

相比木星,土星运行的轨道半径更大,距离太阳也更远,因此许多深空探测器在完成木星的探测任务后,都会向离太阳更远的方向飞行,继续造访土星。在人类历史上,得以首先一窥土星真容的是"先驱者 11 号"探测器,它在进行木星探测过程中首次发现了土星有一个由电离氢构成的电离层,最高温度达 977 ℃。"先驱者 11 号"探测器在飞掠土星的极地区域时,观测到了土星的极光现象,并且结合探测数据,进一步探明了土星具有形状迥异的磁场分布。从可视化的数据分析结果可知,土星的磁场图看起来像一个头部扁钝、双侧伸出扁形翅膀的大鲸鱼。

"卡西尼号"探测器是美国国家航空航天局、欧空局和意大利航天局合作项目的重要组成部分,项目的主要任务是完成对土星及其多个卫星的飞掠、环绕观测以及相关数据采集。"卡西尼号"探测器在从地球飞抵土星的路上耗费了 6 年 8 个月的时间,累计飞行行程达到 35 亿千米。"卡西尼号"探测器于 2004 年 7 月 1 日进入土星轨道,首先按计划执行了为期 4 年的既定科学考察任务,此后,"卡西尼号"探测器经历了一系列的扩展任务,导致"卡西尼号"探测器在轨服役的年限高达 13 年。除了针对土星的大气、光环和卫星等关键土星要素的科学考察,"卡西尼号"探测器还额外担负着以前所未有的近距离拍摄土星全体成员的重要任务。

"卡西尼号"探测器装备的光学测量装置性能上比哈勃太空望远镜上的同类照相机性能更强。2004 年 6 月 11 日,"卡西尼号"探测器先行对土卫九进行了探测,利用光学测量装置拍摄了该卫星的第一张清晰照片。值得一提的是,"卡西尼号"探测器还拍摄到土卫二上南极虎纹区域存在许多的间歇泉,并时不时地喷出水汽。从获取的探测数据发现,土卫二半径 250 km 的表面非常明亮,对于太阳光的反射率接近 100%,这就让科学家有理由怀疑该表面是光滑的冰层。进一步地,"卡西尼号"探测器深入地对土星的磁场进行了探测,判断它的表层之下是否有含一定盐分的液态水存在。

自 2004 年始,"卡西尼号"探测器在接下来的 13 年里,开始了忙碌的土星系的科学考察任务:

(1)2005 年 4—9 月,"卡西尼号"探测器对土星光环和大气进行了针对性的探测,探明了土星光环的结构、组成物质粒子以及大气物理特性。

（2）2005 年 9—11 月，"卡西尼号"探测器逐个抵近并就近观测了土卫四、土卫五、土卫七和土卫三。根据"卡西尼号"探测器获取的探测数据，科学家们确定了土卫四的半径为 560 km，土卫五的半径为 870 km，二者表面密布着环形山。土卫七的形状十分不规则，最长处的直径可达 175 km，外形更接近小行星。土卫三的半径为 530 km，密度和液态水相近，由此，科学家猜测土卫三极大可能是一个冰球。

（3）2006 年 7 月—2007 年 7 月，"卡西尼号"探测器系统地针对土星、土星光环和土星磁层开展了观测，并进行了相关的图像拍摄以及数据记录。

（4）2007 年 9 月 10 日，"卡西尼号"探测器在距离土卫八 1 000 km 处进行近距离的观测，探明了土卫八的实际半径为 720 km，该卫星表面的一侧颜色很暗，另一面却完全接近白色。

（5）2007 年 10 月—2008 年 7 月，"卡西尼号"探测器增大了自身环绕运行轨道与土星的赤道平面夹角，最终在 75.6° 左右稳定，目的在于完成对土星的光环的全方位观测，同时还对土星的磁场、粒子分布以及土星的极光现象开展了针对性的观测与数据记录。

（6）2007 年 12 月 3 日—2008 年 3 月 12 日，"卡西尼号"探测器先后两次抵近土卫十一，并分别在距离土卫十一 6 190 km 和 995 km 处对这颗卫星进行了科考观测。

（7）2017 年 9 月 15 日，已经在太空工作近 20 年的"卡西尼号"探测器在受控情况下，向土星大气进发，最终于土星大气层中坠毁。

土星和木星同属太阳系中的巨行星，它们的显著特征除了体积和质量大以外，天体的磁场也比地球更强。由于它们的行星磁轴与自转轴的夹角比较小，构成了稳定的空间磁层，其结构特征和地球的类似。此外，由于土星和木星都具有大气层和电离层，二者能够通过自身的磁力线和磁层空间连接，形成了典型的磁层-电离层-大气层的相互耦合构型。和地球的磁层特性类似，土星的磁层、电离层和大气层的耦合作用进一步诱导了行星空间环境中物质的交换，直接导致了行星空间的天气过程形成。然而这又与地球的圈层作用不完全相同，土星和木星的空间物理过程（或称物质交换过程）的驱动源分别是土卫二和木卫一，而地球磁层的空间物理过程是由太阳风物质循环直接诱导而形成的。

自从 20 世纪 60 年代开始，人造的深空探测器已经多次造访了太阳系中的各个主要天体，随着探测的深入和相应数据分析结果的更新，人类对于太阳系空间环境的认知也不断被突破和颠覆，譬如地外存在液态的水，还有可能存在生命等，都重新建立了人们对太阳系的认识。这些激动人心的成果也进一步激发了人们对于空间环境的研究与分析的热情，同时也启发了人们对于地球空间环境的理解。考虑到土星和木星的磁层构造与地球磁层共同点颇多、性质相近，近年来，学界围绕土星和木星的磁层研究热情也逐渐升温，并形成了不少启发性的成果。

巨行星磁层空间内包含辐射带（高能粒子区域），这些辐射带通常分布在内磁层，即靠近行星一侧的磁层区域。巨行星和地球的辐射带中粒子演化的过程非常相似，并且巨行星的磁层特征更为明显，因此研究巨行星的磁层并揭示其演化机制，对于启发人们对地球磁层的认识极具推动作用。内磁层之外则是土星和木星的中远磁层，与地球的情况不同的是，土星和木星的磁层区域整体是伴随行星共同旋转的，因此磁层整体是向外延伸的，并且在电磁力的作用下，等离子体被束缚在磁赤道附近的区域，进而形成了典型的等离子体磁盘结构。

被延伸的巨行星等离子磁盘相当于地球磁层中磁尾的等离子体片,但不同于地球的磁层构造中等离子体片仅存在于地球磁层的尾部区域,巨行星磁层的磁盘分布于所有地方时上。进一步地,地球磁层构造中磁层尾部的磁层演化动力学过程也同样遍布于土星和木星的所有地方时上。

继续向外扩展则是巨行星的磁层顶,和地球的磁层顶定义相同,这部分也是巨行星磁层的边界,即最外层区域,是太阳风和巨行星磁场保持平衡的位置,在该区域的等离子体动力学过程的活跃程度非常高。如果选定太阳为参照物,那么地球磁层的旋转效应并不显著,因此地球的磁层顶存在的磁层动力学过程通常是由磁鞘和磁层两侧区域的等离子体联合诱导的。巨行星的整个磁层会随着行星的自转而运动,随之而来的是在磁层顶会持续存在挤压效果,这一因素是驱动磁层顶动力学过程的源动力。

人们常说的等离子体是不同于常见物质形态的一种物质存在状态,俗称电浆,是由部分电子通过外因被剥夺后的原子,以及原子团因电离而呈现的正负离子共同组成的离子状态的气体状物质。等离子体有一个非常重要的特征,如果粒子之间的距离尺度大于德拜长度,那么其构成的等离子体表现为宏观电中性的电离气体,这一团电离气体的运动主要受到电磁力支配,并且观察电离气团的运动能够发现显著的集体行为。等离子体在宇宙中是非常常见的一种物质存在状态,常被人们视为是除去固体、液体及气体之外,物质能够保持存在的第四种状态。等离子体的另一种特征是其表现出良好的导电特性,根据这个特征,人们可以利用针对性设计的磁场对等离子体进行捕捉、诱导及加速等操作。随着等离子体相关的物理理论的发展,等离子体应用在化学、材料及物理等科学领域大放异彩,形成了很多新颖的工业技术和生产工艺。

太阳系内的巨行星,如土星和木星,它们的磁场特征与地球有所不同,最主要的表现就是它们的磁场是全球性的,正因为如此,其全球磁场和太阳风相互作用能够诱导出规模巨大的巨行星磁层,由此形成的磁层物质的演化过程被称为邓基对流现象。除了邓基对流现象,土星和木星的磁层还会伴随着行星的自转而旋转,这是因为土星和木星本身的体积和质量都非常巨大,这种旋转产生了新的基于共转驱动的物质能量演化过程,被称作瓦列里亚诺斯对流。根据科学数据的统计计算,在土星和木星的磁层动力学演化过程中,太阳风会每分钟分别从它们的磁层中转移走 50 kg 和 500 kg 的物质及能量。土星和木星基于共转驱动的物质能量演化过程可以参考地球重力诱导的瑞利-泰勒不稳定性演化。

瑞利-泰勒不稳定性演化主要发生在非稳定的密度分层的状况下。在一定条件下,当较重的液体位于质量较轻的液体上时,受到重力的作用,上层较重液体浸入下层液体的效果被显著增强,在两层液体的交界面上会产生微小的湍流以及随之发生的湍流混合的过程。瑞利-泰勒不稳定性演化能够造成非稳定流体内部的密度不同区域之间的加速相互渗透。流体内部区域可以是由一个交界面明显分开的两种不同的物质,或是一个交界面分开的同种物质,但是两部分平均密度不同,上述的任意一种情况,都会造成这两个区域之间存在着密度梯度。这种通常被称为瑞利-泰勒不稳定性的现象,大多数被观测并发现于重力场条件下,低密度的流体支撑高密度的流体的情况。类似地,磁层中的瑞利-泰勒不稳定性演化形成的主要原因为,热的等离子体在磁场中会表现出抗磁性的漂移,因此在等离子体与真空的交界面上发生扰动时,在扰动的波峰、波谷之间容易形成电荷积累。这种电荷积累形成的电场由洛伦兹力的作用效果分析可知,会使扰动影响下的波谷加深,同时诱发波峰变高,从而导致等离子体的槽纹变深。

无论行星是否具有全球性的磁层结构,不管磁层规模的大小,通过大尺度的磁通量管道输送或者直接利用等离子团释放过程都是行星磁层主动向行星际空间释放物质和能量的重要途径,该过程在土星和木星的磁层动力学演化过程中尤其显著。对于土星和木星而言,表现为瓦列里亚诺斯对流的等离子体团释放是巨行星磁层物质交换的主要形式,需要特别关注的是基于科学数据分析,土星和木星的卫星所产生的内部物质源与圈层动力学演化过程释放物质和能量的频率和量能存在较大的差距。在此基础上进行分析,十分可能存在独立于瓦列里亚诺斯对流之外的等离子体物质或能量交换的过程,方能维持磁层的物质及能量变化的平衡。为了解释上述现象,当前的主流观点认为,不同于地球的磁层演化过程,在巨行星的磁层结构中还存在一个微尺度,或在地方时选择上极为特殊的小磁重联区域,如果通过观测数据证实了这样的区域的确存在,那么将对行星的磁层物质和能量的交换演化理论形成起到重要的支撑作用。

科学研究发现,在巨行星的磁层能量交换过程中,甚低频等离子体的波动特性对于促进演化发生起到了至关重要的作用,同时也是诱发巨行星的极光过程和磁层内粒子加速过程的主要原因。根据甚低频的定义,它是一种电磁波,频带范围为 3~30 kHz。低频电磁波的频带覆盖范围是 30~300 kHz。为了便于后文理解,提前给出阿尔芬波的定义。阿尔芬波又被称为磁流体动力波或阿尔文波,是磁化作用后等离子体内沿着磁场方向传播的一种特殊的低频电磁波。地球的磁场磁力线本征振荡频率所处的频段是超低频段,这是由其磁层的规模决定的,所处频段和巨行星的磁场存在着非常大的差距。虽然不同行星的波动频率有着很大的差异性,但是行星波动的基本物理特征和数学模型描述基本上是一致的。

科学家们发现,在巨行星探测到的磁层、紫外极光、X 射线以及红外辐射的观测结果中,很容易就能发现接近周期变化的低频率的扰动现象。观察到的这些扰动时间尺度量级一般不超过 1 h。根据当前掌握的观测数据,并对其进行科学分析,巨行星的低频波动的产生机制不止一种,典型的包括太阳风和巨行星的磁层交互作用下共同导致的开尔文-亥姆霍兹不稳定性,在太阳风的压缩作用下诱发压缩波并逐渐演化为阿尔芬波,以及与瓦列里亚诺斯对流相关的磁重联过程非常有可能诱发磁力线共振并最终形成低频波动。

人们对阿尔芬波效应认识起初集中在其对地球极光形成过程的驱动作用和诱导影响,然而,随着"朱诺号"探测器对木星整体结构的探测进一步深入,有专家学者特别结合探测器获得的数据指出,诱导木星等巨行星的极光形成的因素中,有相当一部分是阿尔芬波驱动的结果。

根据"卡西尼号"探测器历经十余年的任务过程中采集到的土星相关数据,可以绘制如图 2-18(a)$X_{KSM}-Y_{KSM}$ 和图 2-18(b)$X_{KSM}-Z_{KSM}$ 两个不同平面视角观察的分布情况,以及图 2-18(c)低频波动功率谱密度随地方时的分布可视化情况。其中,红色曲线为 A06 模型估计给出的可能存在的磁层顶位置,此处需要依赖一个重要假设,即太阳风动压为 0.009 06 nPa;两条黑色曲线给出了估计的磁层顶位置的误差范围。从图中我们不难发现,在土星磁层的日侧,较强的波动现象均较为集中地出现在磁层顶的附近或是内部,而远离可能的磁层顶位置,波动过程呈现迅速减弱的态势。进一步地分析可得,低频波动在时间接近正午的区域达到峰值,这说明太阳风和土星的磁层顶相互关联作用是正相关的。整合探测器采集的数据并形成分析结果,表明微尺度现象在时间接近正午附近时出现的概率达到了最高点,考虑到低频波动过程的独有分布特征,很大程度说明了二者之间的确很大概率存在关联。

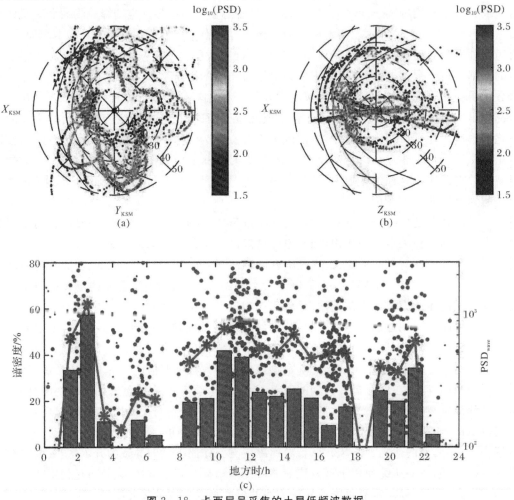

图 2-18　卡西尼号采集的土星低频波数据

(a)X_{KSM}-Y_{KSM}平面的低频波分布;(b)X_{KSM}-Z_{KSM}平面的低频波分布;(c)低频波动功率谱密度随地方时的分布可视化情况

一般认为,行星的磁场根据形成的原因可以分为三类,分别为内禀磁场、感应磁场以及剩下磁场。内禀磁场通常指行星的内部,包括类地行星本体及巨行星的大气及岩核结构,本身自发发生、持久保持和周期改变的磁场。感应磁场常指行星经过外界磁场或电流的改变诱导行星内部的导电区域响应外界变化而感应发生的磁场。剩下磁场是由行星固有的岩石或其他组成的物质在行星形成的冷却过程中保留下来的物质固有磁场,在低温条件下这一类磁场能够长时间存在。根据现有探测数据及分析结果,太阳系内的巨行星都有很强的内禀磁场,而且巨行星的磁层会随着行星的自转而产生伴随运动,这一磁层特征不同于地球磁层;此外,巨行星的环和卫星在磁层结构中也发挥了作用,磁层动力学演化过程中它们充当内部驱动源,同时还能够吸收带电的粒子,继而形成了与地球的空间环境截然不同的高能粒子辐射带动力学演化过程。

土星的辐射带情况早在 1981 年就被飞掠过境的深空探测器("先驱者号"探测器和"旅行者号"探测器)探明,直到对"卡西尼号"探测器将轨道环绕飞行探测的数据进行了细致分析,学者们最终得出了土星的辐射带由大于 1 MeV 的相对论电子构成的结论。土星的相对论电子沿着土星的径向分布情况如图 2-19 所示,在此,以 R_s 表示土星的半径。图 2-19所示的数据统计结果展示了"卡西尼号"探测器在 13 年的任务实施过程中不断统计的 1~10 R_s 上的相对论电子在每 1 s 内出现的次数。通过图中数据容易发现,在土星主环的外边界的范围内(此范围估计为 1~2.27 R_s 的距离),相对论电子的出现水平相比边界外(此范围估计为 7 R_s 以外)高。总结的规律为,沿着土星半径自内向外的径向矢量方向,相对论电子的出现水平逐渐降低,伴随着电子通量的水平下降。在 4 R_s 以外的区域附近,土星的等离子体径向输运效应显著,对保持能量电子的径向分布平衡发挥了很大的作用,交换不稳定性导致的径向输运过程确实存在,并且具有很大的概率把能量等级在 1 keV 量级左右的电子直接输运至土星的内磁层中。

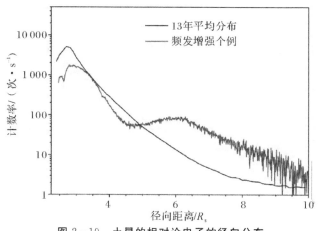

图 2-19　土星的相对论电子的径向分布

电子投掷角度的定义是,粒子运动速度的方向和磁力线作用的夹角值。不同于土星的内磁层中能量电子在径向上的分布特征,在外磁层区域,即超过 10 R_s 的区域,Clark 等学者通过深入研究能量电子投掷角度的实际分布情况发现,在土星的外磁层区域中,能量电子分布特征符合场向分布的特征,随着位置向磁层内部靠近,能量电子分布特征逐渐转变为径向分布。

环状电流是被困在行星磁层内的带电粒子运动过程中所运载的电流,它是在经度(纵剖面)方向上漂移的高能(10~200 keV)粒子。进一步分析"卡西尼号"探测器采集获得的辐射带数据,科学家们发现土星辐射带还具有随着时间迁移而发生变化的特征,其主要是由磁层的中部区域的环状电流诱发的,具体表现为全土星范围内的相对论电子通量间歇性地增强。通过观察图 2-19 中的高频振动曲线,不难发现它们在 6 R_s 附近呈径向分布态势,并且具有凸起状的明显变化。结合多项数据展开分析,学者们发现整个辐射带内相对论电子的运动演化过程最早可追溯至土星磁层尾部的电子加速阶段:能量电子通过从土星磁层的外部向磁层的内部径向输运,最终抵达磁层内部辐射带,整个输运的过程持续时间一般不超过 30 d,并且过程演化的速度远大于径向扩散的速度。Roussos 等学者在此基础上还指出,在上述的动态延伸演化过程中,相对论电子的共转作用在一定程度上可以抵消磁场漂移效应的影响,并称该现象为共转漂移共振,其效果为共振电子在经度方向上的稳定性增强,漂移运动的速度很小,从而强化了子午方向上的对流电场对于径向输运过程中电子运动的影响效果。土星磁层中子午电场驱动磁层辐射带中能量电子的运动机理分析是近十年巨行星空间环境研究的热点问题,上述的运动驱动机制的科学性论述已经获得了更为丰富的数据支撑。Sun 等学者基于探测器采集的有关能量电子的数据进行分析并指出,随着径向尺度的增长,在土星的 $5\sim8\ R_s$ 范围内的能谱表现满足双幂率分布特征,而且其对应的截止能量和共振能量出现的位置基本保持一致,这也表示共振电子的运动过程在土星的磁层内部辐射带上是较为常见的。值得一提的是,近年来,土星磁层内的相对论电子的全球范围内频发增强的机制研究取得了新的突破性进展,科学家们发现这类频发增强通常仅仅在几天内就可以实现径向位移达到 $1\ R_s$ 之大,使得相对论电子能够深入抵达磁层的最内侧,为土星磁层内辐射带的能量富集提供了至少 20% 的能量电子,具体数据可见图 2-20。该发现进一步表明了这一机制在磁层内部和中部的能量电子源区域耦合及运动过程加速中发挥着至关重要的作用。Hao 等学者通过数值方法高精度地模拟了土星磁层内能量电子的平均漂移轨道,表明前述机制对于数百千电子伏特到兆电子伏特级别的能量电子输运过程是起效的,进一步为该机制有利地促进土星磁层内的相对论电子运动提供了数值方面的佐证。

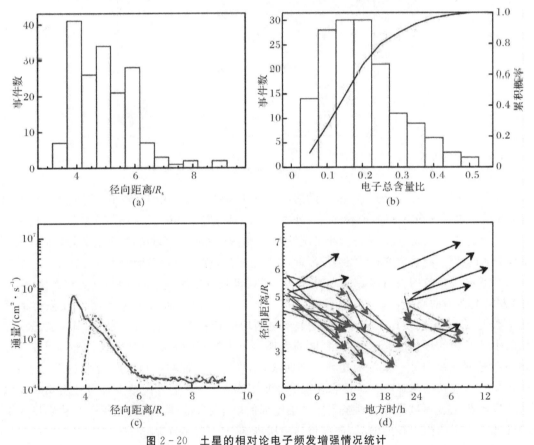

图 2-20 土星的相对论电子频发增强情况统计

(a)频发增强径向分布;(b)频发增强相对电子总含量比;(c)径向向内运动的频发增强个例(2015年第 294～308 天);
(d)频发增强径向位移的分布

在磁场的作用下土星的磁层和电离层存在等离子体物质的交换和相互作用诱导的等离子体演化过程,在不确定的带电粒子共同作用形成的电场干扰影响下,土星的圈层耦合过程十分复杂,一个直观的综合表现为如图 2-21 所示的土星极光现象。一般认为行星空间的高能粒子的运动过程在与大气层作用时会形成绚丽的发光现象,其本质反映的是行星的磁层、电离层和大气层等多个圈层互相耦合演化过程中物质和能量的传输和输运。

图 2-21　土星电离层产生极光的示意图

由于土星的极光形成和演化过程与地球的极光有很多的相似之处,人们分析土星的极光驱动过程时,通常采用地球极光的驱动模型,以分析行星的极光现象的内在机理和形成演化条件,例如,已经探明的地球极光的驱动因素与演化过程的磁重联效应和偶极化特征表现在巨行星的场景下同样适用。磁重联过程的定义取的是描述行星的磁力线"断开"后再"重新连接"的物理过程的意思。纽缠的磁结构可以形象地比喻成缠绕情况已经十分严重的绳子,如果在此时从绳子两头继续向相反的方向使劲儿拧绳子,绳子的缠绕情况就会越来越严重,达到绳子的一定耐受程度就会发生绳体的形变,最终导致断裂。前述的纽缠到断裂的过程跟太阳上纽缠的磁结构最终导致爆发有点儿类似。当太阳上磁结构发生的纽缠达到临界点时,就开始变得不稳定,继而不断爆发并释放出能量。通过对观测数据进行研究,科学家们发现了土星极光形成过程中具有纽缠磁结构的暗条不稳定开始爆发,爆发过程中通过磁重联把暗条中磁纽缠物质和能量释放出去。在空间的等离子体环境中,磁重联现象是基本的物理演化过程,其主要作用是促进粒子的加速加热过程以及能量和物质的循环,这些现象在太阳耀斑和行星磁层的动力学过程中十分常见。磁重联作用不仅能够改变行星磁场的拓扑结构,促进磁结构之间切换以实现交换能量物质的目的,同时能够加速带电粒子团在离开磁重联扩散区后,携带磁通继续向外快速运动,继而形成高速粒子流以及"偶极化锋面"(或称"重联锋面"),进而影响更大范围的等离子体环境。磁重联作为空间环境中诸多基本物理现象的驱动因素与触发机制,可在行星的磁层顶部将太阳风中的磁力线和磁层内的磁力线充分连接,形成产生高能物质在太阳风和磁层间传递的现象。

在对地球磁层的观测中,人们通过获取的数据容易发现地球磁层顶的磁重联过程是先将太阳风中的能量物质转移到磁层内部,这个过程一直持续,形成能量物质的持续增多,其存储堆积在地球的夜侧磁尾最终形成薄的电流片。电流片一般是指,介于两个反向磁场之间的电流薄层,亦称为中性片。随着能量物质在地球的夜侧磁尾处电流片内的堆积,电流薄层的稳定性逐渐变得脆弱,继而触发地球磁层尾部的磁重联过程,继而形成地球的极光亚暴,这个过程在地球的磁层活动中通常也称之为磁层亚暴。根据当前掌握的数据及科学分析,地球的磁层亚暴是起始于地球夜侧的一个复杂的瞬态过程,在此过程中来自太阳风携带的磁场与磁层耦合的很大一部分能量及物质被释放并储存于地球的极区电离层和磁层中。根据国际天文领域的共识,地球的磁层亚暴由两种性质不同的基本过程组成。这两种过程分别为:①与太阳风相关的直接驱动过程,该过程中,太阳风携带的能量及物质直接传输到极区电离层和环电流中;②间歇性发生的"装载卸载"过程,该过程中,磁层的能量及物质先储存于地球磁层的磁尾中一段时间,然后在膨胀相时以脉冲式释放到极区的电离层和环电流中去,其中"装载卸载"划分为增长相、膨胀相和恢复相3个典型的阶段。

在地球磁层中,磁重联的高速流被认为是连接磁层中磁尾的磁重联点和近地偶极化区域的关键媒介,最终将联合诱导极光亚暴的产生。当前地球的极光亚暴产生机制的一个主要描述模型是近地中性线模型,如图2-22所示。在近地中性线模型中,地球磁层的磁尾中部的磁重联过程首先被触发,其产生的向地球运动的高速流将能量物质传输到磁层近地的一侧。随着越来越多的能量堆积在靠近地球一侧的磁层磁尾中,通量聚集过程或等离子体的不稳定性破坏了演化过程的平衡性,最终触发了地球的极光亚暴。类似地,探测器在对木星和土星的观测过程中,也能够捕捉到上述由太阳风诱导的极光亚暴过程。但是与地球不同,土星的磁层中的大部分等离子体主要来自其卫星的地质活动,土星磁层的磁重联能够发生在旋转效应主导产生的唱片状的磁盘上,同时在土星极区的主带极光辐射效应通常也会持续存在。土星等巨行星的磁层与地球磁层活动的差异现象产生的根本在于:①如土星和木星等巨行星及其磁层的旋转速度相比地球更快;②如土星和木星等巨行星的天然卫星的地质活动向磁层提供以重离子(硫、氧等)为主的等离子体源。

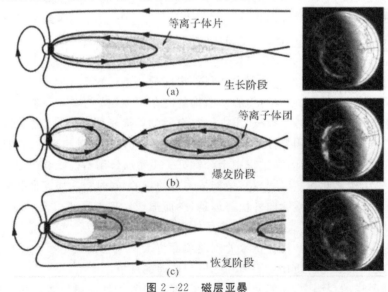

图2-22 磁层亚暴

巨行星磁场的一个主要不同于地球的特点是其磁场也伴随着行星发生着快速转动,这就造成巨行星内部产生的重离子在向外径向传输的过程中,受到向心力的影响,被束缚在赤道面的附近,最终出现拉伸磁力线的效果,并形成磁盘。通过分析探测器返回的数据,土星磁层的磁层顶和磁尾中也能够观测到太阳风主导的磁重联过程,但一般认为太阳风在巨行星磁层活动中的诱导作用及贡献相比于对地球磁层的贡献要小很多,因为在巨行星磁层内,内部驱动的磁盘磁重联更加重要。在瓦列里亚诺斯对流循环模型中,巨行星磁层的磁盘场景下的磁重联过程在夜侧磁层中很重要,而对白天磁层活动几乎没有贡献;此外,磁重联及其随后产生的磁岛对土星磁层的夜侧磁通保持平衡起着重要作用。在土星和木星的瓦列里亚诺斯对流循环演化模型中,巨行星磁层的夜侧大尺度磁重联和磁岛现象还被认为是物质及能量的质量损失的重要机制,但该模型仍不足以解决有关巨行星磁层物质总损失率不闭环的问题。近年来,根据"卡西尼号"探测器发回的对土星磁场的探测数据,科学家们通过分析土星的低纬磁层中具有北向磁场分量的时间以及其分布特征(平静时低纬磁层的磁场主要为南向),揭示了土星磁重联过程有可能在所有的时间都存在的现象,并指出土星磁重联过程是小尺度的。通过分析观测数据,科学家们在土星日侧的磁盘内发现了磁重联区内关键的霍尔电流现象及粒子加速特征,这直接证实了如图 2-23 所示的土星日侧的磁盘磁重联演化过程的存在,该研究同时发现了土星日侧的磁盘磁重联演化过程可以将重离子加速至 600 keV,继而形成次级磁岛的特征。磁岛是一种磁场结构,二维平面上表现为孤立的环状磁场。在空间中,磁岛的出现通常伴随着磁重联演化过程产生。

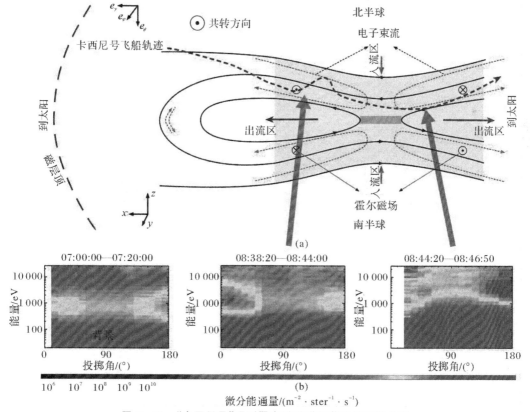

图 2-23　"卡西尼号"观测器在磁重联区获取的观测数据

值得一提的是,在土星日侧的磁盘磁重联演化过程开始后,"卡西尼号"探测器采集到了周期特性为 60 min 左右的高能电子脉动数据,表明二者极有可能存在物理联系,准周期的高能电子脉动特征的观测记录和数据分析也多指向与土星之上极光的形成有关。当前针对巨行星磁层中磁重联演化过程的共转效应研究不多,一般默认它们的磁重联运动以径向发展为主。Yao 等学者重点研究了土星磁场的南北分量变化情况,通过这些数据和一个土星自转周期(大约为 11 h)的观测数据进行分析和比较,发现前后观测获得的关键特征近乎一致,这个结果进一步说明了与土星的磁重联相关的变化的确是随着土星的旋转而产生的。Guo 等学者发现了有效观测接连发生磁重联的间隔时间远不足土星的旋转周期,进一步推断,磁重联可以在土星磁层内多个区域同时发生,继而说明磁重联的过程是小尺度的。如图 2-24 所示,在土星的磁层演化过程中,小尺度磁重联现象分布的范围比瓦列里亚诺斯循环模型更大,而且在土星的同一时间内多个磁重联现象也能同时发生。基于此,人们容易得出小尺度磁重联现象在磁层中频繁发生,从而会导致物质及能量的损失率相对比较大。可以想象,当"卡西尼号"探测器在各个小尺度磁重联现象发生的区域不停穿越时,探测器携带的科学装置极易探测到加速中的电子,因此从"卡西尼号"探测器上获取的数据中,高能电子脉冲现象频繁出现也是能够得到合理解释的。

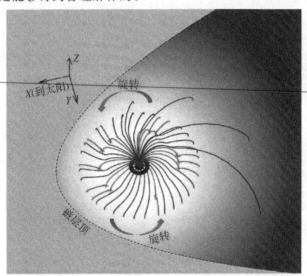

图 2-24　小尺度磁重联分布在土星磁层分布示意图

　　土星的磁重联现象和磁场偶极化过程有着紧密联系,通过分析探测器获取的数据,一旦发生旋转现象的磁重联区域被观测到,土星磁场偶极化的旋转情况也伴随出现。根据"卡西尼号"探测器获取的数据,Yao 等人经过数据处理和分析给出了如下结果:土星的磁场偶极化现象在一个旋转周期后出现,并伴有高能物质出现。类似的数据处理和分析结果从"朱诺号"探测器对木星的观测数据中也能得到。有后续的学者通过研究发现,这种周期性出现的磁场偶极化现象与旋转的高能中性原子团以及亚共转的极光现象都有关,通过分析探测的数据,有学者给出了土星极区存在几乎随土星共转的螺旋极光结构的论断。如果这一说法成立,那么同步出现的磁场偶极化过程与螺旋极光的产生可能存在密切的联系。

　　具有全球范围磁层的巨行星容易发生磁场偶极化现象,最为直观的物理表现为磁能突然释放和磁层电离层中发生的电流骤变,巨行星磁场的偶极化过程的剧烈程度也因此被用作指示磁层的能量耗散程度的关键指标,而且这也关系到巨行星上极光过程和磁层内粒子的加速过程。大范围增强巨行星磁层内磁场的南北分量是偶极化最显著的效果,磁力线在这个过程中会从向外剧烈拉伸的形态向保持区域偶极子磁场的形态变化。地球磁层中只有夜侧的磁层尾部区域具备被强烈拉伸的潜力,所以地球磁层的物质能量的储存区域一般位于磁尾,换言之,地球的夜侧磁尾是磁场偶极化现象的高发区域。当地球磁尾出现偶极化现象时,相应地,伴随着能量物质在地球同步轨道附近逐渐形成并在磁力线作用下形成注入运动,通常会形成地球夜侧极区的极光爆发,即极光亚暴。相比之下,巨行星的磁层是持续旋转的,所以会产生旋转的磁重联区,通过分析探测器获得的观测数据,磁场偶极化过程伴随磁场重联过程的观测结果十分常见,这些现象被学者们认定为巨行星的磁场偶极化同样具有旋转特征。学者们通过分析"卡西尼号"探测器所处磁场中的等离子体探测数据,给出了土星磁场偶极化现象随土星旋转运动而变化的特征等基本论断,该结论基本与前述的研究成果一致,继而确认了旋转的巨行星磁场偶极化现象可以在行星磁层的日侧被观测到。这一重大发现也解释并佐证了土星的极光爆发过程的旋转现象,并基于土星的偶极化过程中磁力线构型变化的理论分析,确定了土星的亚共转极光爆发是由旋转的偶极化过程诱导的。这一系列理论分析结果和极光的观测数据能够保持一致,文献还指出该模型对于具有全球磁层的行星普遍适用。进一步地,随着"朱诺号"探测器抵达木星轨道,学者们分析了探测器采集的木星的极光观测数据,最终确认了前述论断的正确性。

除了前述典型的偶极化过程,巨行星磁层还存在明显的偶极化锋面结构。巨行星的偶极化锋面在结构上和亚暴偶极化特征类似,一个关键的结果是都会引起行星的南北分量磁场显著变化,但是巨行星的偶极化锋面形成的原因主要是磁重联过程中高速的等离子体流的逐渐堆积效应的表现。值得一提的是,地球磁层中偶极化锋面和亚暴偶极化现象的观测特征通常是基于磁场、等离子体以及地磁活动等方面的联合数据进行分析,但是,对于土星和木星等地外行星,特别是巨行星,由于现有的观测条件和探测器携带的观测装置能力的局限性,加之现有数据反映出的巨行星磁层的旋转速度过大等事实,这两类偶极化过程仍然难以明显区分开来。

综上所述,行星的磁重联演化过程中的高速高能物质的运动效应和偶极化锋面在引起行星的磁层扰动方面发挥了关键作用,如常见的扰动电流现象,该过程也被认为是极光粒子加速运动的驱动源。人们有理由相信,随着越来越多的面向巨行星磁层研究的探测器通过近距离的天体探测和地基观测辅助任务的进行与数据联合,人类对于太阳系内行星的磁重联现象与极光活动之间关联形成与互作用机制的理解也越来越深入。

2.3.7　寒冷的天王星

在针对天王星的探测方面,美国走在世界前列。美国国家航空航天局分别在 1977 年 8 月和 9 月利用大力神-人马座火箭成功发射了"旅行者 2 号"探测器和"旅行者 1 号"探测器,这两个探测器都肩负着人类认识太阳系的划时代的使命,它们具体的任务分别是实施针对土星和木星的探测。根据任务设计,"旅行者 2 号"探测器于 1986 年 1 月 24 日在和天王星距离 81 500 km 处,首次利用探测器携带的科学仪器在"较近的距离"上拍摄到了在地球上利用肉眼无法仔细辨认的遥远行星——天王星。

根据现有的探测结果,人们通过对天王星的地基及抵近观测任务,基本明确了以下的重要信息:①天王星确实存在磁场,但是天王星磁场的形状并不规则;②天王星的行星磁轴偏离自转轴角度很大,根据测算,大约在55°左右,磁场强度是地球磁场的85%左右,根据天王星的磁场特征估计,其行星内可能存在熔芯,以保持其内禀磁场的稳定性;③天王星的行星自转轴倾斜的角度也很大,根据测算能够达到97.77°,使天王星看起来是躺在轨道面内滚动运动的;④天王星的卫星和行星环分布在天王星的赤道面附近,其运行轨道和黄道面的夹角接近直角;⑤根据目前获得的探测结果,天王星的表面被冰和液态氨组成的海洋所覆盖。天王星基本属性见表2-9。

表2-9 天王星基本属性

中文名	天王星	直径	50 724 km	轨道倾角	0.773°
外文名	Uranus	表面温度	−226 ℃	升交点经度	74.006°
别名	赫歇尔的行星	逃逸速度	21.3 km/s	卫星数	27
分类	类木行星	反照率	0.300	大气构成	氢、氦、甲烷、氘
表面重力	0.886g	质量	$8.681×10^{25}$ kg	视星等	5.38 ~ 6.03
近日点距离	18.33 AU	平均密度	1.27 g/cm³	自转周期	17 h 14 min 24 s
远日点距离	20.11 AU	发现者	威廉·赫歇尔	半长轴长度	19.2184 AU
近日点幅角	74.006°	离心率	0.046 381	发现时间	1781 年 3 月 13 日
赤道半径	25 559 km	赤道自转速度	2.59 km/s	公转周期	040 205 a
极半径	24 973 km	转轴倾角	97.77°	平近点角	142.239°

综上所述,和地球、土星及木星的探测器探测研究丰度相比,有关海王星和天王星等类木行星的磁层研究成果并不多,具体讨论天王星的磁重联现象和偶极化过程的研究成果更是屈指可数。"旅行者2号"探测器分别于1986年和1989年首次飞掠天王星和海王星,并实施了针对其空间环境变化规律的探测,发现这两颗巨行星的自转轴和磁轴之间的夹角比其他的太阳系行星大很多,磁场的形态也极为复杂。随着人们对观测数据的深入分析,学者们现在已经掌握了证实天王星磁重联过程存在的证据。

2.3.8 遥远的海王星

相比太阳系中其他的行星,海王星等冰巨星的引力势能更大,由于这些复杂的力学作用,这一类冰巨星在太阳系的形成过程中扮演了至关重要的角色。学者们普遍认为海王星保留了相当规模的太阳系形成时期的原始气体,这些原始气体理论上能够反映原有恒星云的状态条件和行星形成的位置信息等。人们普遍猜测海王星的卫星之一——海卫一来自柯依伯带,这颗卫星能够围绕海王星运行,是在海王星的引力作用下被捕获的结果。随着其轨道半径的逐年变小,有朝一日变成海王星的环并最终坠入海王星,这一过程如果能够被飞往海王星的探测器近距离观测到,那么能对于人们理解宇宙初期星系形成原因与演化过程提供重要的参考。因此,围绕海王星的科学探测开展的研究是近年来深空探测领域的热点之一。海王星基本属性见表2-10。

表 2-10　海王星基本属性

中文名	海王星	视星等	7.67~8.00	大气成分	氢、氦、甲烷、氘
外文名	Neptune	自转周期	16 h 6 min 36 s	赤经	23°15′21″
别名	笔尖下的行星	远日点距离	30.33 AU	赤纬	−5°56′31.18″
分类	气态行星	近日点距离	29.81 AU	逃逸速度	23.5 km/s
卫星数量	14	半长轴长度	30.07 AU	平均公转速度	19 720 km/h
升交点经度	131.784°	自转轴倾角	28.32°	反照率	0.29
轨道倾角	1.767 975°	发现时间	1846 年 9 月 23 日	近日点幅角	74.006°
质量	1.024 1×10²⁶ kg	赤道半径	24 764 km	平均密度	1.638 g/cm³
离心率	0.008 678	极半径	24 341 km	直径	49 244 km
公转周期	164.8 a	表面重力	1.14g	表面温度	−218 ℃
平近点角	256.228°	赤道自转速度	2.68 km/s		

　　海王星比土星体积小,因此海王星自身的重力压缩效应相对土星也小,但是现有数据表明,海王星探明的平均质量密度为 1.6 g/cm³,是土星密度的两倍有余。当前的地基及已经发射的空间探测器获取的海王星数据比较有限,这颗冰巨星内部的大气结构和组成的精确数据尚未可知,海王星大气中对流区和稳定区界定,以及大气运动的动力学特性与演化特征等观测工作亟待开展,这对研究原恒星初始状态、分析太阳系的起源和演化过程具有重要意义。

　　原恒星就是指处于"原始状态",即处于慢收缩阶段的天体状态的恒星。原恒星通常由"大爆炸"后产生的星际云(星际云很大,直径可达上千光年)演变而来。原恒星是在星际介质中的巨分子云收缩作用下诱导形成的天体,是恒星形成过程中的早期阶段。对一个质量和太阳质量相当的恒星而言,恒星形成过程中的早期阶段至少持续大约 100 000 年,这一过程开始标志为分子云核心的密度增加,结束标志为金牛 T 星的形成,然后就发展进入主序带。前述的整个阶段由金牛 T 星——一种恒星风的开始宣告结束,这标志着恒星从质量的吸入积累进入能量的辐射。

　　和天王星磁轴特征类似,海王星的等效磁轴和自转轴的偏角很大,偏差角度高达 47°。除了角度偏差,天王星的等效磁轴和星体中心也存在明显偏离,偏离距离接近 0.55 个星体半径,因此天王星表现出非同一般的磁场发电机效应。海王星有着与天王星类似的磁层,而且由于二者的磁场相对自转轴倾斜角度都比较大,在"旅行者 2 号"探测器抵达海王星轨道开展实际探测之前,天王星的磁层倾斜假设是学者们基于天王星是躺着自转得出的。但是,通过互相对照天王星和海王星的磁场特征,科学家们进一步认为这种极端的磁场自转轴的指向是这两个独特的行星内部流体运动诱导形成的特征。这个区域中物质运动的特征也许可以描述为一层导电体液体(可能是氨、甲烷和水的混合体)形成的对流层流体运动,进而造成了类似发电机的活动并激发了行星磁场。Krimigis 等学者根据"旅行者 2 号"探测器在轨测量的海王星磁场数据进行了分析,初步揭示了海王星流体幔层地壳中的层传导性物质特性及运动机理,解释了太阳风作用下海王星的磁层和电离层的圈层运动机理,以及内部等离子体的输运活动形成规律。

除了海王星的磁场和磁层,其行星的动力学特性与演化规律也特别值得深入研究。作为太阳系中唯一拥有逆行的自转和公转轨道卫星的行星,分析海王星的卫星轨道特性对于揭示海王星的引力势作用下的动力学演化过程具有十分积极的帮助。借助研究动力学的契机,借助发射的探测器获取的数据,人们还可以进一步研究其近日点附近受太阳风的辐射强度增加诱导火山喷发活动所产生的物质挥发、反射特性的变化机理,并认真探究这些因素同轨道形成的关系。海王星作为太阳系中远离太阳的冰巨星,在没有太阳及其他天体的引力摄动作用下,海王星的引力场对于小天体系统的轨道运行影响十分显著,通过对多个小天体构成的小系统内的小天体的轨道及感兴趣小天体的自旋稳定性分析,人们可以预测系统内小天体运动过程中的碰撞、解体和逃逸情况,并总结这种系统形成的机制与演化规律,上述研究工作对于小行星带形成溯源的研究极具启发性。值得一提的是,海王星具有多个行星环,而且各自的经度位置分布并不十分均匀,根据探测数据显示,这些光环的结构比较松散,参与这些环构成的小天体大都是弧块状的构形,学者们对于这些小天体能够在海王星的光环结构下稳定运行与否仍持怀疑态度。为了彻底掌握其运行机理,需要人们对这些小天体进行细致建模和动力学分析,如果有更为详尽的数据支持小天体具备稳定运行的条件,那么有望形成海王星光环结构的动力学演化规律与环形成机制及原理。和小行星带中的天体规模本同,海王星的光环中规模为百千米级的小型天体无论是在数量上还是在质量上都远高于小行星带,现有的探测数据、数值仿真和理论分析表示这些在轨运行的小天体状态较为稳定,不过学者们对于这些小天体究竟来自何处的争论从来没有停止过。学者们通过观测数据发现有一类运行在木星和海王星之间轨道上的小行星,这些小行星的轨道离心率数值上不集中,并且呈现散布范围广的态势,而且这些小行星中有部分的运行轨道是逆向的。当前,人们对于这一类天体的形成原因并不清楚,比较主流的科学观点认为这些天体很有可能是运动演化而来,从柯伊伯带天体转变成短周期的木星族群彗星过程的一种中间天体状态。一般的观点认为,柯伊伯带天体的轨道受到摄动影响后,会被抛出原来的轨道,进而成为半人马小行星。这一类半人马小行星的动力学演化过程也十分重要,同样值得人们开展深入的研究,解开这些小行星动力学演化的秘密对于理解太阳系早期形成机制意义重大,是解释太阳系内的行星运动的重要佐证。

2.4 小 行 星

2.4.1 小行星带

小行星的首次发现还要追溯到近两个世纪以前,人们在火星和木星之间的空间中发现了大量散布的天体,后来人们将这一区域中的小天体集群称为小行星带。小行星带因为成因神秘,人们普遍猜测其与太阳系早期的形成关系紧密,所以被视为太阳系中行星形成的遗迹。

根据人们当前掌握的观测数据,小行星带占据的空间范围很大,具体为一个宽达 4 亿千米的超大型环状区域范围,简单地说,以人们熟悉的地月系统为例,地月之间的平均距离为 38.4 万千米,这个距离大概只占小行星带范围的 0.096%。在小行星带的区域中,人们通过观测、数值仿真与探测等方式发现了超过 50 万颗尺寸不一的各类小型天体,考虑到小行星带的规模和数量,简单换算下来,对于探测器而言,差不多相当于跨越数个地月系统间的平均距离,才有可能遇到一颗小行星带中的天体。

天文学家彼得依据提丢斯提出的有关太阳系内天体发现规律,计算太阳系里的行星分布,在计算到现在已经探明的小行星带附近时,得出的计算结果认为在小行星带附近有一个大型天体,然而事实上并不存在。根据现有的观测结论,除了谷神星的规模勉强比较大之外,其他的天体统统都只能认定为小行星。因此,基于这个事实,人们给出了一个新的猜测,人们怀疑在当前的小行星带区域,原本存在一个大型的天体,但后来因为某些原因,例如遭受了撞击,导致其碎裂或解体成了各个规模不一的小型天体。然而,事实上通过测算,即使将小行星带上现有的所有小型天体都全部聚合成一个完整的天体,聚合而成的天体的直径也不可能会超过 1 500 km。相比之下,由于规模不满足行星的标准,被强制排除在行星行列之外的冥王星的直径都接近 2 400 km。从这个不争的事实出发,天文学家转而开始怀疑,在小行星带区域,自始至终都没有存在过一个人们期许中的完整的大型天体,而小行星带的形成,是因为某个聚合而成的天体,受到了其附近的巨行星——木星具有的巨大引力摄动影响效应,随着时间的累积,在年复一年的持续、反复而平稳的干扰下,把这些原本组成聚合完整天体的规模不一的小天体——现在小行星带上的小行星,均匀地分布在整个小行星带占据的空间。因此,人们继续有理由猜测,在木星引力摄动的影响之下,小行星带未来也几乎不太可能形成一个完整的大型天体,现有的小行星带状态也许将以这样的模式永远存续,这种平衡有可能当太阳在遥远的未来成为白矮星时,太阳系的引力环境发生巨大的改变被打破。

根据当前掌握的观测及探测获取的数据,作为小行星中的巨无霸——谷神星,在太阳系中单纯按照体积的大小进行排序,只能排在第 35 个顺次,但当人们把目光聚集到小行星带范围内时,谷神星是当之无愧的最闪亮的天体。就谷神星而言,它给人们更为深刻的印象是,其虽然自身混迹在小行星带的归属区域中,然而,作为天体本身却是一颗严格意义上的矮星。和谷神星一样,DeeDee 也是一颗非常著名的矮行星,DeeDee 是这颗矮行星的缩写,完整的名称是"遥远的矮行星(Distant Dwarf)",其矮行星的编号为 2014 UZ224。DeeDee 的大小约为谷神星体积的 2/3。DeeDee 和普通的尺寸不规则的小行星有所不同,其具有足够的质量保持自身的形状为球形,正因如此,DeeDee 具有了成为矮行星的资格。尽管天文学家尚未就此事进行官方宣布,也没有为其赋予正式的官方身份,但 DeeDee 是一颗合格的矮行星这一事实毋庸置疑。DeeDee 距离太阳的距离大约有 92 AU 之远,位置在大约 1 370 亿千米外的冰冷的太阳系边缘。来自遥远的太阳光需要长达约 13 h 才能接触到 DeeDee,由于太阳风在传播路径上的衰减效应,DeeDee 的平均温度为惊人的 −230 ℃,是一颗冰冷的矮行星。和其他的太阳系行星相同,DeeDee 是围绕着太阳进行公转运行的,根据科学家观测和测算，DeeDee 的公转周期很大，需要接近 11 个世纪才能完成一次太阳的环绕运行。

随着深空探测技术的发展，人造探测器造访天体也非天方夜谭，人们也逐渐掌握了小行星带形成的部分数据，再结合数值仿真及合理的猜测，目前科学界对于小行星带的研究已经较为深入，对于其形成的问题也有了较为一致的意见。针对小行星带形成的问题，当前较为推崇的观点是"星云说"。这个学术观点认为，太阳系的出现始自原始星云的自转过程，经过复杂的物理过程，星云中心逐渐演化并形成具有巨大物质及能量的太阳，星云的赤道附近物质能量不断演化，逐渐形成物理和化学条件较为稳定的星云盘。在星云盘稳定发展的阶段，在一些特别的区域会出现温度和压力集中的现象，在自身动能和内能累积过程中，逐渐演化成为具备相当能量和物质的大天体。大天体利用自身的引力势优势，能够逐渐吸收附近的物质能量，对于质量较大的大天体，非常容易形成行星。反之，对于星云盘中质量和能量比较弱的区域，很难顺利形成行星，同时又无法顺利地被其他大天体吸收，成为行星的组成部分，就会以一定的物质形态留存在星云盘上，最终成为小行星带的一部分。根据目前掌握的情况，在木星轨道与火星轨道之间，由于木星引力摄动影响，难以顺利形成足够大的大天体并最终演化成行星，导致该区域留存了很多能量和物质聚集过程中未聚合的小天体，这些不规则的小天体均匀地散落在现在的小行星带上。小行星带的形成过程同样启发了不少天文学家对于太阳系初期形成过程的猜想，1951 年，美国著名天文学家杰拉德·柯伊伯提出了类似小行星带形成的假说，大胆猜测在太阳系的边界区域，具体为海王星以远的外部区域有着类似"小行星带"的大"小行星带"的存在。有此猜测的主要依据如下：海王星以远的太阳系天体，由于距离上与海王星过大，没有在星云盘过程中被海王星引力吸引而成为海王星的一部分，从而散落在海王星的外侧。有科学家猜测，这些小天体很有可能仍保留着太阳系形成初期的物质及能量特征，是重要的太阳系遗迹。这一猜测直到 1992 年，麻省理工学院的大卫·朱维特、刘丽杏等通过计算和观测，表明的确存在猜测中的现象，并发现了海王星以远的天体小行星，编号为 15760，随后这两位天文学家又在 15760 被发现后的第二年宣布发现了小行星 181708。至此，海王星以远的天体陆续被发现，柯伊伯带就此出现在人们的视野中，也印证了猜测的正确性。

柯伊伯带的具体位置为海王星轨道的外侧，和太阳的距离为 30～55 AU，柯伊伯带所处的平面和黄道面十分接近。从观测和计算数据来看，柯伊伯带内的小天体分布较为密集，整体分布呈现为圆环形的区域。虽然柯伊伯带覆盖的宽度接近 25 AU，但是带上的天体基本上在 39～48 AU 之间运行。根据观测结果，人们发现，在 40 AU 附近，特别是 42～48 AU 的区域，密集地分布着数量众多的天体，数量上是已经观测到数据的 2/3 左右，反观 39 AU 以内和 50 AU 以外的大范围区域则存在数量不多的天体。然而，根据目前掌握的数据所表达的现象，还是让学界充满了疑窦，在 40 AU 附近集中分布姑且可以理解为是受到海王星引力摄动影响形成的现象，然而在 50 AU 以外缺乏天体分布就难以根据前述的理论进行解释。因为按照广泛理解的柯伊伯带理论，在太阳系边界靠近外侧的天体，受到太阳系内行星的引力更小，所以分布应该反而越多，但是实际观测到的天体数量反而较少。学界将这一现象称为"柯伊伯带断崖",学界也有观点认为,有一颗人们尚未观测到的未知行星,运行在太阳系更为遥远的地方,由于这颗未知行星的引力作用,将柯伊伯带部分区域的天体吸引走,而形成天体空缺地带。

2016 年 1 月 20 日的《天文物理期刊》刊登了美国加州理工学院的学者迈克·布朗和天文学家康斯坦丁·巴特金联合发表的科研成果,他们宣布根据他们的发现,已知柯伊伯带中存在至少 6 颗天体的运行轨道非同寻常。这 6 颗天体具有如下特征:它们的运行速率不尽相同,运行轨道的倾角几乎一致,面向太阳的朝向角度接近。依概率计算,无人为干预的情况下出现这种情况的概率不足万分之一。据此,两位学者推测,很有可能存在 1 颗尚未探明的行星,由于其引力作用,导致上述现象的出现。如果这个猜测成立,有望成为探索导致"柯伊伯带断崖"行星存在的重要线索。遗憾的是,目前人类尚未找到足够的证据证明这颗神秘行星的存在。

2.4.2　冥王星

虽然谷神星是一颗知名的矮行星,但就名声而言,其声名远播程度和冥王星相比也相形见绌。2006 年 8 月 24 日举行的第 26 届国际天文联合会,对于冥王星而言有着极其特殊的意义,饱受争议与诟病的第九大行星,终因与其他太阳系行星本质不同,被正式降为矮行星,结束了其作为太阳系行星的历程。

冥王星从行星被降为矮行星背后还有一段离奇曲折的故事,故事的开端要从冥王星的发现说起。20 世纪初,天文界尚有诸多未解之谜,其中一个就是法国天文学家勒维烈预言的太阳系中存在的"第九颗行星",当时的冥王星发现者——克莱德·汤姆仅仅是一名天文爱好者。1930 年,汤姆通过不懈努力,持续分析了超过 1 年多的太阳系中群星的运动轨迹资料后,惊奇地发现数据反映了一颗尚未探明的行星轨迹,结合轨迹运行的速度计算运行轨道,推测其非常有可能是海王星轨道以远的一颗未曾被发现的新行星。

冥王星的英文称呼为 Pluto,取自罗马神话中冥王的名字。在神话故事中,冥王经常驾驭着黑色战马和战车,穿着暗色长袍,手持双叉戟,其负责管辖的领域和生者完全隔绝,是常人无法抵达的冥府之地。冥府之地外围由黑色冰冷的河流环绕,河水中流淌着生前犯过罪行之人的眼泪。发现的新行星运行在远离太阳系中心的边界,运行的轨道少有太阳辐射抵达,太阳光从太阳出发,需要经过平均 5.5 h 的传播,方才能到达冥王星冰冷的表面,阴森而冰冷,这些特点恰好和冥府之地的特征相符合。冥王星和太阳的距离是 44～74 亿千米,单纯凭借人类的肉眼,根本无法分辨和观测,借助性能强悍的哈勃望远镜,获得的可视化数据也只能表示为 1 个模糊的小点。

故事的转折点发生在 1978 年,美国海军天文台的一名天文学工作者——詹姆斯·克里斯蒂率先发现了远离太阳系中心的冥王星的第 1 颗依附其飞行的卫星,后来这颗行星正式被认定为冥卫一,并授予其名为"卡戎"。

由于当时的空间探测技术水平很低,难以近距离观测冥王星的天文数据,以致冥王星的质量这种基本的数据都需要利用海王星与冥王星之间的引力信息进行估计,人们利用这种方式获得冥王星的质量同地球质量相差不多这一结论。在此基础上,人们理所当然将其列为太阳系中的重要行星。过去的一个世纪里,人类掌握的深空探测技术逐渐成熟,观测手段所能够达到的精度也越来越高,专注于冥王星研究的学者们也在对冥王星的天文数据持续进行更新。几个比较重要的时间节点包括 1948 年,人们将冥王星的质量补正为原来的 1/10;而在 1976 年,三位天文学家结合冥王星的反照率,估测出冥王星表面覆盖的物质为甲烷冰,再结合冥王星尺寸数据,其质量还需要缩减 90% 左右。决定冥王星命运的事件终于在 1978 年发生,詹姆斯·克里斯蒂根据冥王星和冥王星的一颗卫星——"卡戎"间的引力数据,首次准确地给出了冥王星的质量测算结果,数值结果令人大跌眼镜,其质量仅为地球质量的 2/1 000。随着对冥王星的天文观测及相关研究深入开展,学者们发现了冥王星不同于其他行星的诸多特征。太阳系内除了冥王星之外的行星围绕太阳运转的轨道形状几乎都为正圆,冥王星却特立独行,轨道形状几乎是一个极扁的椭圆形,轨道距离太阳最远的位置离太阳 49 AU,超过近日点的距离接近 20 AU,加之公转轨道平面和黄道面的夹角接近 17°,因此当冥王星运行至近日点时,其实际已经侵入到了海王星公转轨道平面内,这与其他行星运行的状态完全不同。另外让学者们非常介意的一个事实是,冥王星的所谓的一个卫星——"卡戎",根据已经探明的数据,"卡戎"的直径为 1 212 km,比冥王星半径(1 188 km)更大,而且"卡戎"的质量作为卫星质量也明显过大,其数值上接近冥王星质量的 1/8。以地月系为例,月球尺寸的特征为半径大小是 1 238 km,比地球半径的 1/3 还要小很多,月球的质量也只有地球质量的 1.25%。因此,结合体积和质量数据分析,"卡戎"以冥王星的卫星身份出现显然过大,直接导致这两个天体构建的运行系统质心在冥王星之外。基于现有的观测数据及分析结果,学界普遍认为,实际上"卡戎"并非是单纯围绕着冥王星进行旋转运动。根据现有对太阳系内行星的观测,行星的卫星受到行星引力影响会诱导形成潮汐锁定现象,比如,月球在围绕地球公转的同时,自己面向地球的一面始终不变,但是这一现象在冥王星与"卡戎"构成的天体系统中无法观察到。根本原因在于,冥王星与"卡戎"的质量相差不多,体积接近,二者引力相互作用诱发的是对等的潮汐锁定现象,双方都只能见到对方的唯一一面。

伴随着人们对冥王星谜团关注度的增长,人们能够运用的天文观测技术水平也稳步提升,更多的"冥王星同类"不断涌现,冥王星的行星地位岌岌可危。2002 年,着力探究太阳系内新天体的布朗团队宣布发现了一颗新天体,其运行的轨道位置在柯伊伯带,处于冥王星轨道以远的外侧,测算出该天体直径约为 1 300 km,尺寸比冥王星要小,将其命名为"夸奥尔"。两年之后,布朗团队又宣布发现了被命名为"塞德娜"的天体,这个天体运行的位置距离地球约 129 亿千米,发现时确定的小行星编号为 $2003VB_{12}$,经测算,"塞德娜"的直径最大值约为 1 800 km,接近冥王星尺寸的 2/3。又过了 1 年,时间来到了 2005 年,布朗团队宣布并命名了编号 $2003UB_{313}$ 的小行星为"齐娜"。"齐娜"的意义在于为围绕冥王星的猜测与讨论提供质量级佐证,因为根据统计数据,"齐娜"运行的基本特征如下:天体与太阳的距离为 97 AU,公转运行轨道为较为长扁的椭圆形,近日点为距离太阳 35 AU 的位置。不难看出,这些特征和冥王星基本一致。值得一提的是,在亮度和距离数据的支持下进行进一步推算,

"齐娜"的体积可能要大于冥王星的体积,如此一来,如何回答冥王星是太阳系内的行星,但"齐娜"不是太阳系的第十颗行星这一问题,成为了当时天文界的一大难题。综上所述,"齐娜"的横空出世,让学界内更多的学者更加关注如何定义行星,如何准确区分行星与小行星之间的边界等问题。

2.4.3　矮行星

2006 年,行星定义委员会通过会议决议,确定并公布了太阳系内行星的定义。行星应同时满足位于环绕太阳的轨道上、足够大的质量以达到流体静力学平衡的状态(近似球形)以及已清空轨道附近区域这 3 个条件。具体地,行星委员会针对历史上由于行星命名不规范导致的行星身份标定错误问题进行了补正,确定了经典的行星与矮行星身份认定方法,符合前者身份定义的为 1900 年以前发现的太阳系八大行星,而冥王星、"齐娜"、"卡戎"和谷神星等一众天体,不属于太阳系行星,但与小行星又有明显区别,均属于矮行星。

根据行星定义委员会确定的命名文件要求,太阳系中的矮行星,或称为"侏儒行星",具有如下的典型特征:矮行星的体积介于行星和小行星之间,围绕恒星运转,质量足以克服固体引力以达到流体静力平衡(近于圆球)形状,没有清空所在轨道上的其他天体,同时不是行星。值得一提的是,根据行星委员会的草案,矮行星属于行星的子分类,也是行星的一种,如果按照这种定义来理解,太阳系中被认可的行星数量将直接增加到 50 多颗,冥王星也被包括在内。

根据行星定义委员会的草案,"卡戎"也将正式升级为一颗矮行星,随着身份的改变,"卡戎"同冥王星将首次形成双"行星"或双"矮行星"系统。天文学家指出,类似的情况未来可能会发生在地月系统上。当前地月系统的质心尚处于地球的内部,月球则环绕地球进行公转运动,因为地球引力和潮汐摩擦等作用效应,测算数据表明,月球进行在轨运行的同时,每年正在以 3.75 cm 的速度同地球渐行渐远,有朝一日,地月系统的质心逐渐从地球质心向外迁移,最终形成类似冥王星与"卡戎"的关系,月球也将不再环绕地球进行公转运动。

行星定义委员会为了准确区分行星与矮行星,对行星概念中的"矮"进行了特殊的数值约束,具体而言,如果天体的直径超过 800 km,并且质量大于 5×10^{20} kg 的天体,在形态上就能够稳定维持住自身的球形状态。针对小行星带内岩质天体而言,前述条件是充分的,但对于海王星以远的冰质天体而言,体积方面的要求没有前述标准高,通常需要直径超过 400 km 的天体就能够可靠维持自身的球形状态了。2006 年 8 月 24 日,在布拉格会议中心举行了第 26 届国际天文学联合会,在这场大会上,来自不同国家或地区的 400 多名委员代表共同决定了冥王星的身份问题,最终的决议正式确定了太阳系行星与其他天体应该满足的具体属性。迫使冥王星离开行星序列的铁证——"齐娜",也在这次大会上确定了官方名称"厄里斯"(Eris)。厄里斯在希腊神话中是灾厄的象征,素有灾厄女神之称,金苹果诱发的一系列事件直接造成了特洛伊的覆灭,想必制服冥王真的需要灾厄女神出手。除了确定了冥王星、"卡戎"以及"齐娜"等天体的分类归属,行星定义委员会还在这次会议上,为小行带中的谷神星树立了王者的身份,赋予其矮行星身份,使其成为小行星带上的矮行星。这次大会的决定,也让不少在研项目的意义发生了变化,尤其是刚刚完成探测器发射任务的"新视野号"项目,全组上下十几年的努力换来的是探索一颗意义不明确的矮行星。然而,仍有不少天文学家对委员会给出的行星定义提出了质疑,一个典型的反例是,即使地球的轨道内也有着数量众多的近地小行星在轨运行,这一现象满足清空了轨道的要求吗? 如果其突破了行星的第三条属性,地球是不是也面临着被移出太阳系行星的命运? 就此问题,学界存在辩论的声音,同时大家也都在等待探测器返回的翔实数据,为这项重要的决议提供佐证。

2.4.4 "新视野号"探测器

1989 年 8 月,美国国家航空航天局研发的深空探测器"旅行者 2 号"按照既定计划,顺利飞掠海王星,努力向太阳系边界方向飞行,全力探索未知的太阳系边界。冥王星作为当时唯一一个尚未被深空探测器近距离观测的"行星",并未受到天文学界的广泛重视,主要原因在于这颗地处偏远的"行星"自身条件欠佳,无论是地质条件,还是运行轨迹、大气环境、以及温度气候都和地球的基本条件相去甚远,对于旨在探究地外生命的深空探测研究而言,其科考价值较低。

此前造访过土星的"旅行者 1 号"探测器,通过调整轨道可以抵达冥王星并开展系列观测任务,但是考虑到土星的卫星——土卫六"泰坦"与地球大气层相似这一关键因素,遵循探求地外可能存在的生命迹象为探索任务的宗旨,科学家最终把"旅行者 1 号"在冥王星运行轨道内的最后一次探索天体的机会留给了"泰坦"的探测。

图 2-25 所示为"新视野号"探测器上搭载了增益天线、离子质谱仪、太阳风分析仪、长距离探测成像仪、寻星仪、影像及红外线成像仪/分光计、紫外线造影分光计、防热盾、放射性同位素热电偶等仪器,用来研究冥王星大气及地表物质的成分和温度。

"新视野号"探测器能够选择的发射时间窗口有两个:第一个窗口时间是 2006 年 1 月27 日,在此日期之前发射,"新视野号"探测器可以通过轨道设计借助木星轨道的引力条件实现自身的加速,按照计划可在 2015 年抵达冥王星轨道附近,这个方案能够大大节省探测器携带的燃料与飞行时间。另一个方案是,发射时间选在 2 月 2 日之后,那么"新视野号"探测器的轨道设计将难以借助木星引力场的作用,届时按照计划抵达冥王星轨道的时间需要增加至少 3 年。实际的"新视野号"探测器的项目立项、发射、飞行及探测任务的时间线如下:"新视野号"项目正式立项时间为 2003 年 2 月,从立项时间距离最合适的发射时间不到3 年。终于在 2006 年 1 月 19 日,"新视野号"探测器载着人类对太阳系边界的渴望与地外文明的希冀出发了,"新视野号"探测器还携带了汤博的骨灰,以纪念他对于发现冥王星的贡献。"新视野号"探测器在 2007 年 2 月,飞掠过木星。在 2014 年 12 月 7 日,"新视野号"探测器结束了待机状态,探测器功能被全面唤醒,并一直保持任务状态,为接下来飞掠冥王星及相关的探测工作做准备。"新视野号"探测器在 2015 年 7 月 14 日,根据既定任务要求,抵达距离冥王星最近的位置,并在 2015 年 7 月 15 日成功飞掠冥王星,向着太阳系中更远处的柯伊伯带深入。

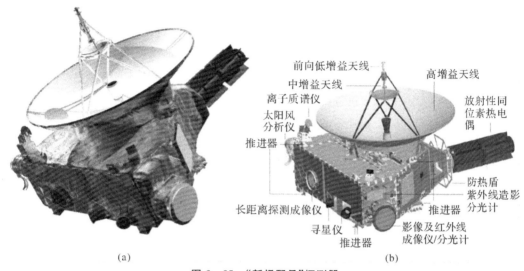

图 2-25　"新视野号"探测器

2.4.5　小行星探测

矿藏是人类在地球生存赖以生存的不可再生资源,然而放眼宇宙,各类天体上最不缺少的就是各种矿藏,仅就小行星上发现的资源而言,科学家们研究后发现,部分小行星上的个别矿物质储量就远比整个地球的储量都要高。科学家根据反照率特征,发现在一颗编号为2011UW-158 的小行星上,拥有一种地球上十分罕见且非常有价值的矿藏,这种矿物就是铂金。通过地面和空间望远镜对小行星 2011UW-158 进行持续多次的多波段观测后,科学家们确定了这颗天体的尺寸信息:直径 500 m,长 1 000 m,形状酷似一颗土豆。小行星2011UW-158 的主要成分除了水就是铁、镍、钴和铂等金属,引人注意的是其内核中富含铂金,根据观测结果估计,铂金的质量估算达到 1 亿吨。数据表明,小行星 2011UW-158 上的铂金储量是地球上铂金总储量的 7 000 倍以上,按照当前的价值估算,大约为 33 万亿元。

类似 2011UW-158 这种富含稀有矿物的小行星在太阳系内数量众多,因此,如何实施小行星矿产的开采是当前深空探测研究领域的一个热门问题。开展相关研究的学者提出,基于现有深空探测技术,实施小行星开采矿藏过程主要可以划分为"找矿—探矿—占矿—采矿—返回"等 5 个阶段:①找矿阶段即为寻找合适的目标小行星,主要依据为期望获取的矿藏种类,当前国际上的小行星组织正通过多波段空间观测计划不断充实小行星数据库,寻找利用价值更高、开采难度更低的小行星;②探矿阶段主要依赖人们现有的深空探测手段进行目标小行星的探索,深空探测器携带多种面向小行星矿藏勘探的装置靠近目标小行星,对其转速、地貌、矿产分布等各个物理特征进行详细勘探分析,为小行星捕获与着陆做准备;③占矿阶段主要是指探测器着陆小行星,完成着陆锚定目标小行星后,安装实施开采任务的装置;④在采矿阶段,自主或者半自主装置按照既定计划进行目标小行星上的矿物采集,对于体积大的小行星,学者们普遍认为进行原位加工矿产再择机返回地球效率更高;⑤返回阶段要求探测器携带采集的矿物或者矿产品返回地球或者实施相应任务的近地轨道上。

"隼鸟号"探测器是世界上第一个成功从小行星采集到样品,并返回地球的深空探测器,在任务实施过程中,"隼鸟号"探测器率先完成了在小行星表面停留并最终顺利离开。"隼鸟号"探测器为了适应深空探测飞行以及小行星着陆探测,其外形设计为长 1.6 m、宽 1.1 m、高 1 m 的立方体形状。为了持续飞行,"隼鸟号"探测器的发射质量为 0.51 t,基于现有的航天技术,具有相同寿命的地球轨道应用卫星的质量均会超过 1 t。虽然"隼鸟号"探测器的质量不大,但是本身却包含了非常多的科技创新元素,这些在当时尚未成熟的深空探测应用技术既赋予了"隼鸟号"探测器在任务实施中的新活力,也为这些新技术的应用导致的任务性能不稳定埋下了伏笔。

"隼鸟号"探测器从地球表面发射升空到完成任务离开小行星返回地球,经历了如下主要过程:2003 年 5 月 9 日,"隼鸟号"探测器顺利发射升空,然而就在发射任务完成后不久,发生了非常强的太阳黑子事件,直接导致了"隼鸟号"探测器的部分太阳能帆板功能失效,造成探测器的太阳能电量供应效率下降。雪上加霜的是,"隼鸟号"探测器携带的蓄电池在后续任务中也有一部分功能损坏了。这一系列故障造成"隼鸟号"探测器在任务初期就处于伤病状态,然而相比起后续的际遇而言,这也只是"隼鸟号"探测器命运的开胃小菜。

"隼鸟号"探测器在 2004 年 5 月 19 日再次飞掠地球,这一动作在轨道技术层面上是出于最大化节约成本的选择。按照这种轨道飞行,"隼鸟号"探测器的燃料消耗比较低,还可以充分借用地球的引力场进行加速以提高自身的飞行效率。此外,"隼鸟号"探测器使用的新技术——离子推进发动机,能够在理论上进一步提升探测器飞行效率,实现压缩飞行时间的目的。离子推进发动机在"隼鸟号"探测器上并非史上首次使用,然而进行长期使用以验证离子推进发动机长效性能为目的的应用验证,在"隼鸟号"探测器项目中尚属首次。"隼鸟号"探测器的离子推进发动机为了适应小行星探测任务的特征,推力系统也进行了相应的改进,相比常见的化学能发动机推力还要小得多,但提供相同的推力效果条件下,离子推进发动机比化学能发动机节省燃料,能够直接减少探测器携带燃料的质量以及相应的经费开销。离子推进发动机最大的动力优势在于,在深空探测任务中,其具备超长时间的加速性能,可以满足探测器执行长效任务时使用,因此学界普遍认为,离子推进发动机有望成为未来长距离深空探测器的主力发动机类型。不过,离子推进发动机在"隼鸟号"探测器上的应用充满了曲折离奇,间接导致了后续任务中一系列惊心动魄的故事,整个应用验证任务过程中,这项新技术的性能如同蹦极,反复将"隼鸟号"探测器推进深渊,又从深渊里拉回。

"隼鸟号"探测器遭遇的第一个大危机发生在 2005 年 7 月 29 日,拍摄完目标小行星"丝川"后,在 7 月 31 日准备抵近并着陆时,发生了航向控制失灵的情况。好在问题虽然严重,但是不至于影响到整个任务的进展情况,"隼鸟号"探测器勉强利用自身的发动机冗余机制主动调整自身姿态。

2005 年 9 月 12 日,"隼鸟号"探测器顺利抵近目标小行星"丝川",紧接着就遭遇到了重重困难。带病工作的"隼鸟号"探测器无法自我修复,接踵而来的打击几乎彻底粉碎了地球指挥中心内工程师们对此次任务的信心,"隼鸟号"探测器的俯仰姿态稳定功能在 10 月 2 日也彻底失灵了,这意味着探测器的位姿控制系统的一半功能都罢工了。1 个月后,"隼鸟号"探测器正式启动向小行星"丝川"的着陆准备流程,整个过程都充满了意外情况。着陆后,首先出现的是通信方面的问题,姿态控制的故障直接导致位姿调节能力丧失,着陆后通信天线没能准确地对准地球,再叠加上小行星"丝川"和地球之间距离对于通信的影响,长达几分钟的通信时延以及难以捉摸的间歇性通信中断,干扰了地面人员对于"隼鸟号"探测器着陆状态的判断,当时的地面工程师对于探测器是否具备着陆条件、是否已经着陆、是否能够建立下一次通信以及是否接收到了应有的应答都没法给出准确判断。

2005 年 11 月 12 日,"隼鸟号"探测器根据地面指令要求,下降到了小行星表面上方55 m 左右的地方,按照规定动作,"隼鸟号"探测器需要执行着陆指令,然而不明原因导致探测器悬停在小行星"丝川"的半空。由于小行星与地球距离较远,"隼鸟号"探测器信号返回时间不确定,地面工作人员无法确定任务进展情况,采用错误评估的"隼鸟号"探测器状态实施任务作业,直接人为操纵释放了对于此次任务至关重要的微型着陆器"Minerva"。由于释放着陆器时"隼鸟号"探测器距离小行星的地表位置过高,而"丝川"作为一个普通的小行星,自身的引力场几乎可以忽略不计,任务中被释放的"Minerva"着陆器没有被"丝川"捕获便逃逸到了太空,直接宣告了利用着陆器进行小行星着陆的任务失败。由于失去了着陆器,后续任务难以直接利用小行星上的观测数据,只能采用更加激进的着陆探测策略。2005 年11 月 20 日,"隼鸟号"探测器首次触摸到"丝川"小行星,这次从混沌状态开始的着陆注定了任务过程是艰辛的。"隼鸟号"探测器在任务实施过程中因不明原因的故障在"丝川"小行星上空 10 m 高的位置滞留,接着启动了自身的安全模式。此时,对这种情况已经有所了解的地面指挥人员接连发送了命令"隼鸟号"探测器放弃着陆和上升的指令,令人遗憾的是"隼鸟号"探测器在收到这一指令之前,便完成了自行降落在"丝川"小行星表面上的动作。恰在此时,"隼鸟号"探测器收到了来自地面的上升指令,而地面工作人员也确认了"隼鸟号"探测器的着陆状态,面临这种尴尬局面,地面工作人员的复杂心情简直难以想象。2005 年 11 月21 日,本就已经有两个轴向上姿态控制失效的"隼鸟号"探测器,为了保持自身姿态的稳定性,不得已依靠用于支持转向的 12 台发动机主动进行状态调节。令人感到窒息的是,此时"隼鸟号"探测器的燃料泄漏已经发生多时,造成主发动机没有足够的燃料支撑状态调整,探测器整机无法及时保持稳定。随着自身的姿态逐渐失控,"隼鸟号"探测器的通信天线逐渐无法根据任务要求主动可控地对准地球方向,这也意味着,"隼鸟号"探测器和地球的联络随时可能中断。除此之外,随着动力系统的情况恶化,主发动机随时可能宕机而无法提供姿态调节能力。

最不愿意看到的事情最终还是在 2005 年 12 月 8 日发生了,"隼鸟号"探测器和地球的通信失去联络了。"隼鸟号"探测器在通信失联状态下的姿态调节能力也是基本丧失的。不幸中的万幸是,存在一定概率,"隼鸟号"探测器在特定范围内的姿态条件下,有可能与地面指挥人员保持很短时间的通信联络。这种偶然事件发生的概率比较低,但是人们仍然对此抱有希望,如若这种情况发生,地面工作人员就能够进行更大胆的尝试,采用人为手段启动离子推进发动机进行探测器姿态调节。就当时的状态而言,唯一能寄予希望的便是有幸能联系上正在乱转的"隼鸟号"探测器,以便将其从混沌运动转为有序可控。地球方面当时除了不断地搜寻可能是"隼鸟号"探测器发出的信标信号外,没有其他更为有力的举措,提高通信联络的概率完全寄托在探测器能够自主调整姿态。人类历史上很多有类似"隼鸟号"探测器经历的飞行任务,探测器通常在失联之后就杳无音信了,地面工作人员既不清楚多久之后才能联系到探测器,也不愿放弃本次飞行任务,相信当时很多参研人员都备受煎熬。"隼鸟号"探测器在失联了46天之后,于2006年1月23日,重新和地面工作人员取得了联系。收到的信标信号表明,"隼鸟号"探测器的关键部组件尚能正常工作,姿态调整动作还能够勉强实施。为了保险起见,地面工作人员为这次危机下实施任务作业的"隼鸟号"探测器设计了一套简明的通信应答机制,以确定"隼鸟号"探测器是否保有最基本的自身控制能力。地面工作人员要求"隼鸟号"探测器择机发送既定任务中的另一个可靠的信标信号,非常幸运,地面工作人员在3天后如期收到了希望获得的指令,这为后续的探测任务继续进行奠定了重要的基础。终于,经历了诸多插曲之后,任务按照地面工作人员的设定继续开展,"隼鸟号"探测器根据地面要求启动了自身携带的离子推进发动机,逐步进行自身的姿态校准和控制,以保持天线和地球对准的系统状态。

2006年3月7日,地面工作人员与"隼鸟号"探测器的正常联络得以顺利保持,并着手开展返回地球的工作。整个返回过程中也充满了曲折。在2009年11月4日,"隼鸟号"探测器的离子推进发动机组中编号为D的发动机发生故障。祸不单行的是,在发动机D完全故障的同时,发动机A和发动机B也因器件问题导致各有部分功能失效。2010年4月,已在归途飞行了4年多的"隼鸟号"探测器正式进入返回地球的最后60天倒计时,此时的它距离地球只有不到2 700万千米的距离。由于自身发动机损坏的程度过于严重,在旅途的终末阶段准备进入地球轨道的两个月中,"隼鸟号"探测器按照地面人员设计的任务轨道,共进行了4次调整,以确保准确无误地进入地球轨道。"隼鸟号"探测器在2010年6月13日返回再入抵达地球,当时的飞行速度高达12 km/s,比普通的返回式卫星或者载人飞船返回舱的飞行速度高出接近50%。最终,"隼鸟号"探测器的返回舱安全着陆在地面人员预定的目的地——澳大利亚沙漠中。

"隼鸟2号"探测器是"隼鸟号"探测器的后续版本,设计好的探测器外形为长1.6 m、宽1.1 m、高1.4 m的立方体形状,整器的质量约为590 kg,这款探测器在外形体积和质量上相对"隼鸟号"探测器都有所增加。所谓前车之鉴,后事之师,"隼鸟2号"探测器沿用"隼鸟号"已经成功验证的成熟平台设计思路和动力技术,设计师针对任务中出现的故障,着重改进了"隼鸟号"探测器各个故障风险点。具体的整机系统设计如下:①"隼鸟2号"探测器的通信系统设计上采用了双保险,头顶配备有两组高增益天线;②"隼鸟2号"探测器在舱位前部额外配备了一个测星仪,形成了双测星仪系统,相比单独使用一个测星仪,两个测星仪彼此之间还可以采用干涉测量方法,在极大地提高"隼鸟2号"探测器自身定位精度的同时,还为"隼鸟2号"探测器主动开展目标小行星搜寻任务,以及返回地球任务都提高了轨道调整精度。"隼鸟2号"探测器的动力方面的设计也不同于"隼鸟号"探测器,为了应对前辈航天器在飞行任务中遇到的问题,新版探测器采用化学推进和电推进两种方式来互补各自的劣势。其中,化学推进方式提供的推力大,但是作用时间十分有限,而且燃料质量偏大;电推进推力比较小,但作用时间长,质量更小。因此,"隼鸟 2 号"探测器装备了 4 台电推进发动机形成电推组合动力。此外,"隼鸟 2 号"探测器针对性地升级了自身携带的测量装置,主要强化了自身导航、目标小行星绕飞以及接触小行星后测量的能力。具体地,"隼鸟 2 号"探测器装备了激光高度计以协助采样器判定是否已经可靠地接触到了目标小行星;装备了近红外分光计,通过探测目标小行星的红外辐射,获取小行星表面感兴趣环境的信息,为人们分析小行星的物质构成提供必要的数据支持。"隼鸟 2 号"探测器也携带了红外热成像仪,这些装置将在目标小行星绕飞时进行工作,全方位掌控天体热成分的分布情况。为了提高返回舱和探测器主体的分离成功率,"隼鸟 2 号"探测器装备了协助返回舱与主体分离过程的分离摄像机。此外,"隼鸟 2 号"探测器的自主控制软、硬件系统还进行了重要的升级。

前述的改进是为了提高任务实施过程的可靠性,此外,"隼鸟 2 号"探测器在提高任务实施效率上也进行了诸多调整。探测器底部特别装备了一枚小型的撞击器,这枚撞击器的使命就是被发射后狠狠地撞向目标小行星,期望将目标小行星内部的地质成分撞击出来,如此一来,通过采集撞击后区域的小行星物质,有望能够更深入地了解目标小行星的组成和构造。"隼鸟 2 号"探测器携带的撞击器本质上是一枚大号的穿甲弹,撞击器的主体由 2.5 kg 的重铜质的弹体和 4.5 kg 的高能炸药组成。根据任务设定,撞击器将以高达 2 km/s 的速度撞向目标小行星表面,希望在表面形成一个人造的环形山,接着"隼鸟 2 号"探测器就将在这个人造环形山里着陆,进一步探寻目标小行星内部的物质。

相比"隼鸟号"探测器,"隼鸟 2 号"探测器底部携带的标记球数量从原来的 3 个增加到现在的 5 个。使用标记物的动机是之前任务中,"隼鸟号"探测器降落过程不顺利,造成的连锁反应导致任务几乎失败,为了更好地协助探测器降落目标小行星,采用主动标记物确认降落的位置,同时还能够便于测量探测器当前同小行星降落位置之间的距离。除了距离关系,探测器着陆还依赖水平位移,但是水平移动对于探测器而言不方便测量,这时,主动标记物就能够起到类似于目标小行星上的"灯塔"作用。在着陆之前,"隼鸟 2 号"探测器会主动释放一个标记球,根据独特的表面材质设计,标记球能够反射探测器发出的光,从而像一座"灯塔"一样为"隼鸟 2 号"探测器提供必要的引导,由此"隼鸟 2 号"探测器能够得知自己水平方向的位置变化。

在充分吸取前辈的经验和教训后,相比"隼鸟号"探测器,"隼鸟 2 号"探测器的命运顺遂了很多。北京时间 2014 年 12 月 3 日,"隼鸟 2 号"探测器由 1 枚 H-2A 火箭托举着从种子岛宇宙中心成功发射。在飞行了 3 年半后,"隼鸟 2 号"探测器于 2018 年 6 月月底抵达了任务的目标小行星"龙宫"。半年后,"隼鸟 2 号"探测器在小行星"龙宫"着陆,收集"龙宫"表面的土壤样本,后经鉴定,发现其中有水合矿物质,这或许能帮助科学家确定小行星是否可能将水资源带到地球上。又过了半年,"隼鸟 2 号"探测器开启了返回地球的旅程,摆脱小行星"龙宫"的微弱引力场后,探测器使用推进器调整自身姿态顺利返回轨道。2020 年 12 月 5 日,"隼鸟 2 号"探测器按照任务计划顺利返回地球轨道,并在地球附近和回收舱成功分离,1

天后,回收舱把来自目标小行星的地质采集物丢到了南澳大利亚地区的南部沙漠地带。

在"隼鸟2号"探测器探访小行星"龙宫"的着陆过程中也经历了一些波折。根据任务设计,"隼鸟2号"探测器的着陆计划原本期望按照图2-26中的计划实施,然而,"隼鸟2号"探测器在即将降落时发现自身的悬停位置和预定的着陆位置存在明显的偏差。为了保障任务的成功,地面工作人员紧锣密鼓地工作了5 h,结合探测器获取的目标小行星相对位置,重新为"隼鸟2号"探测器规划了下降路线,同时,为了找回因为降落偏差而导致的时间成本,满足既定计划降落时间的要求,调整后的任务直接将"隼鸟2号"探测器第一阶段的下降速度提高了接近130%。最终不负众望,在比原计划超前的时间点,"隼鸟2号"探测器顺利完成了小行星"龙宫"的着陆,得益于后续调整的方案,小行星表面的着陆偏差为1 m,如图2-27所示。

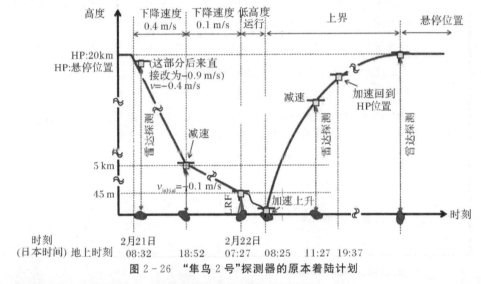

图2-26 "隼鸟2号"探测器的原本着陆计划

(a)   (b)

图2-27 "隼鸟2号"探测器第一次着陆采样点和爆破后的小行星"龙宫"

采集目标小行星的地下土壤物质是"隼鸟二号"探测器任务的一大亮点。为了开采目标小行星深层物质,探测器采取了直接向小行星"龙宫"表面投放爆炸物的方式,具体的实施计划流程如图 2-28 所示。

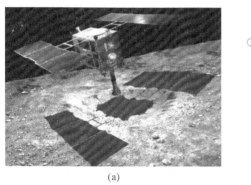

(a)

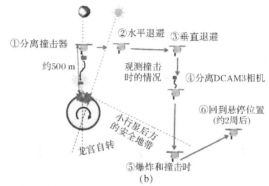

(b)

图 2-28　"隼鸟 2 号"探测器和爆炸计划

　　根据原定计划,"隼鸟二号"探测器在实施目标小行星"龙宫"的指定区域爆破计划后,"隼鸟 2 号"探测器携带的 DCAM3 相机反馈的数值结果表明:"隼鸟 2 号"探测器计划分离撞击器(Small Carry-on Impactor,SCI)的定位位置是准确的,和实际位置的误差在 10 m 之内;除了 DCAM3 相机获得的数据,"隼鸟 2 号"探测器携带的广角光学导航相机 ONC - W1、红外热成像仪 TIR 等多种遥测光学手段都确认到了撞击器成功与"隼鸟 2 号"分离状态的画面。综合这些数据,地面工作人员推算出撞击器的分离初始速度约为 20 cm/s,符合任务设定的预期值。这些获取的数据还表明,撞击器的引爆高度大约距离目标小行星 300 m,从 DCAM3 相机拍摄和传回的照片能够很明显确认撞击器确实成功撞上了"龙宫"表面,并且撞出了肉眼可见的溅射物。根据任务设定的流程,"隼鸟 2 号"探测器在投放危险物后,顺利逃离到了安全区域避险,在后续任务中,探测器的功能一切正常。图 2-29 所示为撞击器降落画面。

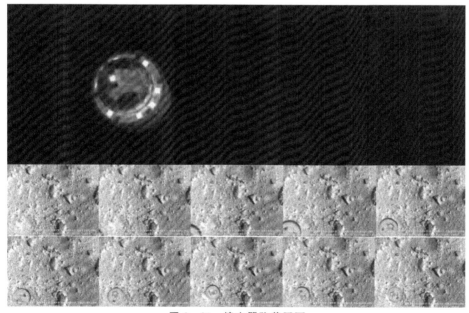

图 2-29　撞击器降落画面

　　研究 DCAM3 相机拍摄的照片能够发现,小行星"龙宫"表面的溅射物飞溅过程持续了数百秒,如果同尺度、相同规模的撞击事件发生在地球上,那么其持续的时间仅为发生在小行星"龙宫"上的 1/300,出现这种现象是由于小行星"龙宫"的微重力效应导致的结果。图 2-30 所示为撞击产生的溅射物图像。"隼鸟 2 号"探测器完成危险物投递后,为了防止自身被爆炸形成的冲击波所波及,在将爆炸物的引爆位置保持在小行星"龙宫"300 m 左右的同时,探测器自身进行主动机动,积极避开可能导致自身倾覆的冲击。这一过程的整体规划为完成保守的避险动作后再及时返回合适的悬停位置进行进一步的小行星探测。

图 2-30　撞击产生的溅射物图像

　　由图 2-31 所示的撞击前后效果不难发现,任务过程中发射的撞击器对于小行星"龙宫"表面造成了明显坑陷,暴露了目标小行星表面之下的土壤物质,达到了预期效果。

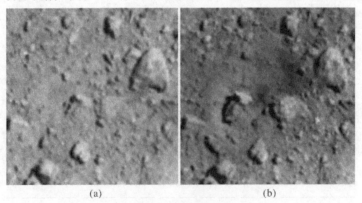

(a)　　　　　　　　　　　(b)

图 2-31　撞击前后对比

(a)SCI 撞击前(2019-03-22);(b)SCI 撞击后(2019-04-25)

　　"隼鸟 2 号"探测器目前运作正常,为充分利用机体残存燃料,已变更其飞行轨道,转向小行星 1998 KY26 方向,预计在 2031 年能够接触到新的目标小行星。根据最新的报道,"隼鸟 2 号"探测器在小行星"龙宫"上采集的土壤物质中含有氨基酸,属于人类首次在地球以外的地方发现氨基酸物质。

2.5　彗　星

太阳系的边界到底是哪里？柯伊伯带似乎是一个非常有说服力的答案，然而，根据现有的天文研究表明，柯伊伯带并非是太阳系的边界。这个问题最早可以追溯到 1950 年，荷兰天文学家简·奥尔特对 41 颗彗星轨道完成充分的研究并进行统计分析后，提出一个有关太阳系边界的假说，他认为整个太阳系被一个类似云团的物质严密地包裹着，这个云团的体量非常之巨大，距离太阳系中心 50 000～100 000 AU。他还指出，这个云团物质中包含了数百万颗彗星。根据现有的文献记载，彗星应该是中国古人最早认识的天体。《春秋》中记载了"秋七月（鲁文公十四年），有星孛入于北斗"；《史记·始皇本纪》首次提到了"彗星"这个专用的天文名词："始皇七年，彗星先出东方，见北方，五月见西方。"由于彗星璀璨夺目的特征，哪怕在蒙昧无知、观测条件落后的古时代，也很容易被人们用肉眼观测到。

在小行星带内侧，距离太阳大约 3 AU 位置是太阳系的冰冻线区域。在太阳系的冰冻线以内的区域，常见的太空内物质，如水、氨以及甲烷，只能以液态或气态形式存在，因此，小行星带内的 4 颗类地行星均为岩质天体。地球由于空间位置及磁场保护等诸多适宜因素，表面有大量的液态水体覆盖；水星、金星及火星由于自身磁场等因素，无法保全自身的水系。奥尔特星云中的彗星由冰与岩石为主要成分组成，因为缺乏足够的热量使冰和岩石产生重力分离，导致它们密实地混合在一起，如同一个"脏雪球"般地在太阳系内存在。彗星的轨道通常非常扁平，当一颗"脏雪球"向着接近太阳的方向运行至冰冻线区域以内时，在太阳辐射作用下，原本彗星上固态的水、氨和甲烷等物质成分进入挥发过程，形成了在地球上用肉眼就能观测到的彗发和彗尾，也就是通常人们看到彗星划过夜空时如云似雾的光亮景象。

由于彗星的运行远离太阳，因此其运行过程中非常容易受到其他临近恒星的影响，加之太阳系内四颗类木行星的巨大希尔球——行星引力影响范围效应，奥尔特星云中的彗星轨道大都极不稳定。有些彗星运行的轨迹呈现的是双曲线或者抛物线，它们在存续周期内只能靠近太阳一次，当且仅当彗星运行的轨迹为椭圆时，才有机会以稳定的周期接近太阳系的中心，这一类彗星被称为周期彗星。周期彗星一般又可以分为长周期彗星与短周期彗星，短周期彗星的发源地多为柯伊伯带。短周期彗星中名气最盛的非哈雷彗星莫属，虽然其亮度远不及后来的百武彗星、海尔-波普彗星等长周期彗星，但由于运行周期相比人的寿命更为接近，只有 76 年，而长周期彗星几乎是千年一遇，所以对于短周期彗星而言，大部分人只要足够长寿，在一生中都可以亲历一次哈雷彗星划过天穹的盛况，这倒成了迄今人类研究的彗星中最为详尽的彗星。

哈雷彗星的发现背后还有一个小故事。早在 1684 年，英国皇家学会院士埃德蒙·哈雷在利用反比平方机制进行开普勒定律的验证过程中发现了一个问题，根据该机制无法准确地计算出严格符合这一要求的行星运行轨迹，于是动身前去拜访当时的剑桥大学教授艾萨克·牛顿先生。牛顿听完哈雷的描述，随口就说出行星的运行轨迹应该是椭圆形的，并声称哈雷当前遇到的问题及解法是自己已经在 5 年前的一篇论文中证明过的。然而，当哈雷索要具体的运算数据时,牛顿所说的这篇传说中的论文却失去了踪影。在哈雷的一再怂恿下,牛顿终于答应重新推算这个问题的解算过程,但是,这一算就花费了两年时间。两年后,由哈雷出资出版了牛顿受此问题启发而形成的演算成果,这就是科学史上最伟大的著作之一——《自然哲学的数学原理》。

《自然哲学的数学原理》给出了天体力学分析的利器——万有引力定律,哈雷根据万有引力定律对彗星观测数据进行了重新梳理和归档。在整理的过程中,他发现在1682年出现的一颗彗星的运行轨道参数,与1607年以及1531年分别出现过的一颗彗星的运行轨道参数十分相近,因此怀疑这三次出现的三颗彗星实则就是同一个天体,在以非常大的周期环绕太阳进行周期性运行。哈雷以此为根据,大胆推断这颗彗星将会在1759年再次回归,出现在人们面前。不幸的是,埃德蒙·哈雷在1742年去世,没能等到他生前预言的那颗彗星出现的时刻。1759年,在全世界天文爱好者的翘首等待中,哈雷预测的这颗彗星如约而至,法国天文学家拉卡伊因此将它命名为哈雷彗星,以纪念哈雷对彗星回归时间的准确预测。

哈雷彗星的准时回归,是运用牛顿天体物理学解决天体运行问题并首次成功进行的预测,第一次证实了在太阳系内除行星外,其他天体也是围绕着太阳进行公转。2014年11月14日,欧洲航天局地面控制中心收到来自"罗塞塔号"探测器的测控信号,确认其已经完成登陆彗星67P的任务,宣告了人类利用探测器首次成功着陆彗星。彗星67P最早是于1969年被苏联天文学家丘留莫夫与他的学生格拉西缅科共同发现的,彗星本体由非常松散的水冰、尘埃与岩石组合而成。"罗塞塔号"探测器登陆后立刻回传了彗星67P的现场照片,根据照片显示,彗星表面遍布大型的岩石、沙丘和悬崖,彗星外形与"阿罗科斯"形状十分相似,这种双叶形结构被认为多是由两颗小天体低速碰撞继而融合而成的,亦或是两颗质量相当的天体在碰撞中擦出的碎片接触后重组而成的。在着陆彗星67P前3个月,"罗塞塔号"探测器就已经进入了彗星67P的运行轨道,并利用搭载的仪器采集彗星67P逸散的水蒸气样本。然而令科学家们失望的是,采样分析结果表明,彗星67P上水蒸气的氘氢比(D/H值)是地球海洋的3倍,在目前已经完成D/H值采样的11颗彗星中,只有一颗的D/H值与地球水的数据一致。研究地外天体的D/H值意义在于,科学家们在进行模拟实验时发现,氘的含量与时间迁移、天体同太阳的距离等因素都有重要联系,因此,D/H值被视为研究太阳系形成和早期演化的重要指标。"罗塞塔号"探测器获取的彗星67P采样结果使地球的水源形成之谜变得更加扑朔迷离,也暗示了太阳系形成之初彗星所在范围也许和预期不同,可能比先前科学家们设想的要更为广阔。

2.6　流星体

流星体是太阳系内普遍存在的一种体积和质量都非常小的天体,它们小至沙尘,大至巨砾,一般表现为颗粒状的碎片。通常,流星体在进入地球(或其他行星)的大气层之后,速度一般会超过72 000 km/h,由于同大气层的气体进行摩擦产生热量,继而燃烧留下一缕亮光。人们将流星体在进入大气层的路径后发光并被看见的过程称为流星。当许多流星来自统一的方向，并较为集中在一段时间内相继出现时，人们称这种现象为流星雨。如果流星体没能彻底燃烧成为灰烬，那么未烧尽的流星体残骸会降落到行星地面，被称为陨星。

地球上出现流星雨的现象并不罕见。作为专门记录并统计流星体数据的机构，国际天文联合会的流星数据中心目前已经根据观测数据，记录了超过 900 种疑似流星雨，其中超过 100 种已经得到了确认，其中更有 30 余种流星雨，在地球上每年都能够直接观测到，这其中就包括非常著名的北半球三大流星雨。它们出现的时间分别为：每年 1 月，北半球的春季里极盛的象限仪流星雨；每年 8 月，北半球的夏末秋初极盛的英仙座流星雨；每年 12 月，北半球的冬季里极盛的双子座流星雨。北半球的夏末初秋之时，天气开始逐渐由炎热变得凉爽，而每年到这个时候，生活在北半球的人们就会期待夜空中难得一见的盛况景观，那就是英仙座流星雨。英仙座流星雨极盛时恰逢暑假，根据数据记载，活跃期甚至可以从 7 月 17 日持续到 8 月 24 日。形成英仙座流星雨的宇宙碎片残骸，来自一颗名为"斯威夫特·塔特尔"的彗星，当这颗彗星运行到地球附近时，其剥落留下的一串碎片刚好能够被地球引力场捕获，并最终形成了流星雨奇观。

2.7　天　体　力　学

公元前 300 年左右，亚里士多德开始思考力的作用效果及相关问题。他认为，在地球上，质量大的物体下落速度比质量小的物体快；和当时的普遍观点一致，他认为地球就位于整个宇宙的中心。公元前 100 年左右，托勒密遵循亚里士多德的理论，并且声称地球以外的天体围绕着地球，并以地球为中心做圆周运动。

在文艺复兴时期，哥白尼率先指出地心说是错误的，并且提出了日心说，这标志着人类对自然、对自身形成了全新的认识。然而，当时的罗马天主教廷认为他的日心说理论严重违反了《圣经》中的经典。即便如此，哥白尼仍然坚信日心说理论的正确性，并根据他长年的观察，结合数据计算，最终完成他关于天体运行理论的伟大著作——《天体运行论》。

伽利略第一次提出了惯性和加速度这两个全新的概念来描述运动物体的特征，他的相关研究为牛顿力学的理论体系构建奠定了基础。伽利略从数据与理论两个层面反驳了托勒密的地心说体系，同时也是哥白尼的日心学说理论的重要支撑。开普勒发现了太阳系内行星运动的三大定律，总结为轨道定律、面积定律和周期定律。因为这三大定律的发现，人们最终将"天空立法者"的美名授予了开普勒。

开普勒三大定律的具体描述为：所有行星分别在大小不同的椭圆轨道上运行，在同样的时间里行星向径在轨道平面上所扫过的面积相等，行星公转周期的二次方与它同太阳距离的三次方成正比。

对于太阳系内在轨运动的天体而言，会合周期是两个天体相对运动的重要特征量。绕一个中心天体运动的两个天体，它们的运动可以近似描述为圆周运动，定义会合周期表示的是这两个天体在运动过程中，两次相同的相对位置出现的间隔时间。

根据圆周运动的假设，以中心天体为引力中心，符号 τ_1 表示天体 A 运行的周期，则天体

A 在一个固定的时长 S 内在圆周轨道上扫过的角度 θ_2 的计算公式为

$$\theta_1 = \frac{2\pi S}{\tau_1} \tag{2-1}$$

类似地,符号 τ_2 定义为天体 B 在圆周轨道上运行的周期,则在固定的时长 S 内,天体 B 转过的角度 θ_2 的计算公式为

$$\theta_2 = \frac{2\pi S}{\tau_2} \tag{2-2}$$

考虑两次相同位置出现时,最近的一次二者的角度差为 2π,联立式(2-1)和式(2-2),可用如下表达式描述两次相同的相对位置出现时的状态:

$$\left| \frac{2\pi S}{\tau_1} - \frac{2\pi S}{\tau_2} \right| = 2\pi$$

此时,解算 S,即为两个天体的会合周期,解算结果如下:

$$\frac{1}{S} = \left| \frac{1}{\tau_1} - \frac{1}{\tau_2} \right|$$

根据前述的思路,假设火星和地球的轨道均为圆周轨道,已知火星的公转周期为686.93太阳日,地球公转的周期为 365.242 2 太阳日,则能够计算火星和地球的近似会合周期,具体结果如下:

$$\frac{1}{S} = \left| \frac{1}{\tau_1} - \frac{1}{\tau_{火}} \right| = \left| \frac{1}{365.242\ 2} - \frac{1}{686.930\ 0} \right|$$

$$S = 779.9 \text{ 太阳日}$$

运动三大定律和万有引力定律是人们进行定量分析太阳系内天体运行的重要工具,经典的定律描述如下:在没有外力作用的前提下,一个物体将保持静止或匀速直线运动。在惯性参考系下,物体的运动学可以描述为

$$\boldsymbol{F} = \frac{\mathrm{d}\boldsymbol{p}}{\mathrm{d}t} = \dot{\boldsymbol{p}}$$

式中:$\boldsymbol{F}$ 为作用在物体上的外力;$\boldsymbol{p} = m\boldsymbol{v}$ 为物体在力的作用下产生的线动量;m 为物体的质量;$\boldsymbol{v}$ 为物体运动的速度。

牛顿万有引力定律指出物体之间是存在引力的相互作用的,以两个物体间的引力相互作用为例,考虑某一物体的质量为 M 和另一物体质量为 m 的情况,其中质量为 m 的物体为受力物体,则其受到的力可以用公式表示为

$$\boldsymbol{F}_g = -\frac{GmM}{r^3}\boldsymbol{r}$$

由于物体 m 受到的是引力的作用,因此该力的方向和位置矢量相反。

考虑如图 2-32 所示的天体位置关系,质量为 m 的物体相对于质量为 M 的物体进行运动,根据二者在参考坐标系下的动力学特征,可用公式表示为

$$m(\ddot{\boldsymbol{r}}_M + \ddot{\boldsymbol{r}}) = -\frac{GmM}{r^2}\hat{\boldsymbol{r}} \tag{2-3}$$

$$M\ddot{\boldsymbol{r}}_M = \frac{GmM}{r^2}\hat{\boldsymbol{r}} \tag{2-4}$$

式中：$\hat{r} = \dfrac{r}{r}$ 表示的是位置矢量（简称位矢）r 的单位矢量，是一个无量纲的物理量；r_m 定义在 $OXYZ$ 坐标系下，表示的是质量为 m 的物体的位矢；r_M 是定义在 $OXYZ$ 坐标系下，表示的是质量为 M 的物体的位矢；r 定义在 $Oxyz$ 坐标系下，表示的是质量为 m 的物体的位矢；r 表示 r 的模。$OXYZ$ 定义为惯性参考系，$Oxyz$ 定义为质量为 M 的非惯性参考系。

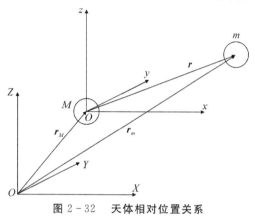

图 2-32　天体相对位置关系

考虑两个物体的相对运动情况，联立式（2-3）和式（2-4），可得

$$\ddot{r} + \frac{\mu}{r^3} r = 0$$

考虑两个物体质量上有明显差距，有近似关系 $\mu = G(m + M) \approx GM$ 成立，继而能够获得的表达式为

$$\ddot{r}\mathrm{d}r + \frac{\mu}{r^3} r \mathrm{d}r = 0 \tag{2-5}$$

对式（2-5）两边进行积分，可得

$$\frac{\dot{r} \cdot \dot{r}}{2} - \frac{\mu}{r} = \varepsilon = -\frac{\mu}{2a}$$

其中：根据物理定义，不难发现，积分常数 ε 为机械能总和与质量 m 的比值；a 是一个常值标量，我们可以将速度矢量的模标记为符号 v，则可以计算其具体的表达式为

$$v = \sqrt{2\left(\varepsilon + \frac{\mu}{r}\right)}$$

2.8　小　结

太阳系是当前人类开展太空探测活动的主要舞台，也是保持人类家园——地球平稳运行的最为重要的环境因素之一。本章从太阳系中的恒星、八大行星、小行星、彗星及流星体等的基本属性、特征以及探测情况等方面进行了整体介绍，并在章节最后简要介绍了天体力学相关知识。掌握太阳系内主要天体的基本情况，是研究、设计及改造面向太阳系探测的航天器的基础，能够为设计人员提供理论参考，使得技术路线更为完备。此外，随着航天器技

术的进一步发展,太阳系内的奥秘也将随之一一揭开,进一步助力人类飞出太阳系,寻觅宇宙中的新家园。

思考题

1.通过文献调研,了解人类开展行星探测的最新进展情况。

2.通过文献调研,研究成功完成行星探测的航天器轨道设计问题,并进行轨道机动仿真。

3.回顾我国首次火星探测过程,谈一谈心得体会。

4.通过文献调研,了解小行星探测面临的主要挑战,试着设计新型探测器(包括总体、载荷及轨道设计的初步构想)开展某小行星的探测。

5.通过文献调研,谈一谈小行星防御的最新研究情况。

第3章 太阳辐射与真空环境

3.1 引 言

北美时间 2017 年 8 月 21 日上午,本该是阳光明媚,北美大地却被铺天盖地的巨大阴影所笼罩。根据数据记载,当时的月球正好运行到地球和太阳二者的连线上,直接把太阳的光芒遮住了,随即形成了日食。此次日食覆盖的区域很大,在月球阴影覆盖下的中心地带,西起美国俄勒冈州,东到南卡罗来纳州的广大土地上,成千上万的人仅凭肉眼就能够观测到日全食的壮丽景象。日全食开始之际,天空逐渐变暗,仿佛日暮黄昏突然降临,紧接着金星、火星和轩辕十四慢慢在天空中变得闪亮。太阳则褪变成一个纯黑色的圆盘,人们发现,圆盘的周围散发出奇异的白色光芒,仔细观察,太阳周围还有 3 条细长的光带一直延伸到距离有几个太阳半径远的地方。日全食是难得一见的天文奇观,因为 21 日当天不是法定休假日,有不少人专门请假去日全食阴影区观看日食,其中不乏举家开车奔赴全食带进行观看的人们,更有甚者千里迢迢从阿拉斯加专程赶来观看。历史上几次发生日全食的特别日子里,平时我们司空见惯的太阳,都会突然变成大家特别关注的大热门。

图 3-1 所示的内部近乎为黑色的圆盘是当时被月球完全遮挡住的太阳主体,即太阳的光球部分,原盘边缘的亮色特征属于太阳的色球,能够观察到最外层外溢的耀眼白色光芒是太阳的日冕结构。仔细观察图中的左上方,能够发现一个明亮的小白点,它是狮子座的一等星轩辕十四。

图 3-1　2017 年 8 月 21 日日全食照片(罗森加滕拍摄于美国俄勒冈州马德拉斯)

　　根据目前掌握的数据,历史上数次上演的日全食大戏的领衔主演——太阳,是宇宙中离地球最近的一颗恒星。太阳和我们生活的地球的平均距离约为 1.5 亿千米,半径约为 70 万千米,是太阳系内最大的天体,被称为太阳系的恒星。日全食的另一个主角——月亮,是地球的天然卫星,二者相距约 38 万千米,半径约为地球半径的 1/4,即 1 700 km 左右。直接对比太阳和月球的数据,二者的半径相差约 400 倍之巨,前者相对地球的平均距离是后者的接近 400 倍。促成日全食现象出现的另一个关键因素是太阳、地球与月球运行轨道的特征。地球绕太阳公转的运行轨道平面,称之为黄道面;月球绕地球运行的轨道平面,称之为白道面。这两个轨道平面之间的夹角只有 5°左右,这为三者在几何上共线提供了重要基础。前述的这一系列合适的天体运行条件使得在某些特定时刻,月球在轨运行时可以不偏不倚地挡在地球和太阳之间,人们如果从地球表面的日侧观察,刚好能够看到月球遮住了太阳的圆面,在地球表面形成的区域称之为月球本影区域,处于月球本影区域的人们将有幸看到日全食的盛况。

　　日全食这种罕见的天文奇观出现的次数非常有限,即使如我国这般幅员辽阔,通常也要经过二三十年才有一次较大规模的日全食。比如,上一次发生在我国境内的日全食是 2009 年 7 月,月球本影区域在长江流域出现;根据推算,在我国境内发生的下一次日全食要等到 2034 年 3 月,月球本影区域会在西藏西南部出现;再之后 2035 年 9 月的日全食将横贯我国北方广大地区,届时会有更多的国人观测到这一盛况。统计数据表明,即使在最为理想的情况下,落到地球表面上的月球本影区域的直径也只有几百千米,而且这团阴影的移动速度很快,通常以几千千米每秒的速度从西向东径直扫过地球表面。因此,当日全食发生时,位于地球上某个固定地点的人能够观测日全食的时间最多只能为 7.5 min 左右,不少日全食的持续时间只有 2~3 min。对于不少热衷日全食的天文爱好者,甚至专门乘坐特定航线的飞机去追逐月球本影扫过地球的区域,只为了能够延长观看日全食这一罕见奇观的时间。

　　日全食对普通人来说的确是一场壮观的天文奇观体验,对天文学家而言,日全食现象出现则表示一次难得的观测机会到来了。为了能够更好地观测 2017 年 8 月 21 日的日全食,中科院云南天文台、北京大学以及四川理工学院等多支中国天文观测团队携带着专门的科学仪器,远跨重洋,来到美国俄勒冈州首府塞勒姆西边的小镇达拉斯安营驻扎守候。根据测算,该驻地的日全食持续时间约为 2 min。为了在如此短的时间内获得更多观测数据,联合团队的成员们进行了周密细致的观测前准备,并在日全食期间根据既定任务统一协调,最终保证了观测任务的圆满成功。这一次出国开展观测任务主要是为了检测各个团队的主力观测设备的性能,通过观测日全食,这些装置的性能及可靠性得到了充分全面的验证。

　　自人类有天文观测记录以来,日全食奇景就不断地上演,围绕着太阳观测的相关研究成果持续推动着人类物理学的发展,揭开太阳本身的奥秘对于探究宇宙起源之谜具有重要意义。古代的天文爱好者在观察太阳时发现太阳表面存在一些黑点,现在我们通过科学的手段进行观测,可以确认这些黑点是太阳黑子。当时的人们因此认识到太阳并非是完美的化身,也并非如同神话故事中描述的如全能般的存在,从此,人们开始正视太阳在自然世界中的重要作用,从科学的角度重新审视太阳,极大地促进了近代物理领域的发展。

早期围绕太阳的研究主要在光学领域。1802 年,英国化学家沃拉斯顿发现了一个有趣的现象,当太阳光穿过狭缝并通过三棱镜照到一张白纸上时,纸上会出现很多黑色竖线,分布在七色彩带上,继而,他以为他发现了颜色之间的界线。这一现象中的黑线引起了学界的广泛关注,其中,德国物理学家夫琅和费专门针对这些黑线开展了系统性分析,对它们的特征和属性进行了标注,人们为了纪念他在这项研究上的开创性工作,将这些黑线特别命名为夫琅和费线。随着光谱学作为一门独立的光学基础进行发展,学者们发现物质发射和吸收谱线的规律与物质含有的成分存在潜在联系。德国海德堡大学的光学专家基尔霍夫和本生在实验室条件下充分研究了不同物质的光谱特性以及它们之间的关联性,发明了一种通过物质的光谱特征对物质的主要化学成分进行确认的基本方法,成功解释了太阳光的夫琅和费现象。凭借这种方法,利用人类现有的地基以及天基观测手段,通过获取目标天体的光谱特征,无须登陆到天体表面进行采样,就可以基于数据对距离十分遥远的天体,特别是遥远的恒星所蕴含的主要化学成分进行分析,再结合天体的演化规律,判断其具体的归属类型和演化方向。例如,法国天文学家简森于 1868 年 8 月在印度进行日食的观测过程中,针对日珥的光谱特征进行了研究,意外地发现了日珥的光谱特征中表达了一条不同寻常的黄色谱线,其特异之处在于,当时并没有哪一种元素的谱线特征与其相同;两个月后,来自英国的天文学家洛克耶尔同样观测日珥时,发现了日珥光谱反映了同样的特征。当时学界对此发现进行了专门的会议研讨,认为日珥的光谱特征表明太阳上存在一种当时在地球上未知的元素,考虑到这个元素存在于太阳之上,就将希腊文中表示太阳的单词"Helium"冠名给这个新发现的元素,即为我们现在熟知的氦。根据统计,随着人们对太阳光的夫琅和费线研究的深入,已经有 67 种元素及其相关的各类激发粒子在太阳大气中的存在被确认。

由于早期物理实验手段匮乏,太阳作为太阳系中质量最大的天体,而且具有围绕其发生的效应容易观测的特征,被当时的科学家作为很多重要理论的验证场景。例如,爱因斯坦在提出了著名的等效原理后,创立了广义相对论,根据理论,即便是光线,在引力的作用下也会发生传播路径的偏折,并且路径偏折的角度是和形成引力场的物体质量密切相关的。当时,在地球上构建能够观测到引力诱导的光线路径传播发生偏折现象的实验十分困难。因此,爱因斯坦在 1911 年呼吁人们把目光投向太空,可以通过观测路过太阳附近的恒星发出的光线路径偏折现象来验证其理论的正确。接下来,问题就转变成如何在太阳光的作用之下观测到其他的恒星。给出这个难题答案的人是爱丁顿,他巧妙地利用日食阶段阳光无法直射月球本影区的特点,在 1919 年 5 月,他发起并组织了两支目的地不同的日食观测队,分赴非洲以及南美洲,去寻找爱因斯坦提及的星光偏折现象,通过观测队获取的数据,广义相对论获得了又一次成功验证。天文观测仪器研制在随后的一个世纪中实现了跨越式发展,现在人们已经可以运用大型天文望远镜和日冕仪等仪器在白天对星空进行观测,不再需要靠远渡重洋去收集日全食数据进行理论验证了。借助这些功能强大的天文观测仪器,我们能向宇宙的更深处遥望,发现更多超乎我们想象的宇宙景象,甚至黑洞以及中子星等超高密度天体相互合并产生的引力波都可以运用现代测量手段获取量化数据。一个又一个爱因斯坦提及有关广义相对论的宇宙现象在不断地被观测及确认。然而,即便有先进的天文观测手段助力科学研究,现有的观测技术本身也存在能力边界,比如,利用现有最好的观测设备对除太阳外的恒星进行观测,也无法精细地对其表面特征进行描述。因此,对于超越了现有观测仪器能力的观测需求,人们仍然会首先考虑能否借助太阳系的太阳,提供观察相应现象的可能性。

太阳的结构如图 3-2 所示,按照自内向外的顺序,可以划分为日核、辐射区、对流区、光球、色球、过渡区和日冕等不同的圈层。其中,处于最内层的日核体积只有太阳体积的1.56%,但是在日核内部持续进行的核聚变反应维持着太阳燃烧以及散发辐射的能量。日核中发生核聚变反应并不剧烈,反而是给人以过程温和缓慢的印象,原因在于日核的温度和密度并不是十分高,发生核聚变反应需要依赖量子隧穿效应,这就造成了在日核中,氢聚变氦的效率比较低,固定时间内氢到氦的转变量比较少,反应过程慢。从量化数据上看,日核内的物质聚变能量产生效率几乎和一个普通的新鲜肥料堆产量类似。由于单位效率低下,太阳巨大的体积成为太阳巨大能量输运过程的关键因素,刚才提到的低效率聚变反应每秒约有 6 亿吨氢原子同时发生,过程伴随着大量的高能 γ 光子和中微子出射。

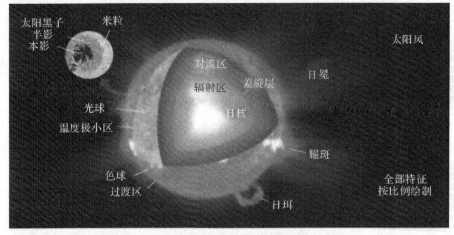

图 3-2　太阳结构和耀斑等活动现象的示意图

太阳的日核区域的核聚变反应能够形成大量的高能 γ 光子,这些高能 γ 光子还需要经过几个区域的传播才能够到达太阳表面,形成太阳辐射。高能 γ 光子传播进入辐射区后,不断地和辐射区内高温物质发生反应,自身携带的能量相应地逐渐降低,具体表现为光子的频率变低,波长变长。同时,这些光子的传播路径也随着光子的运动而不断发生着改变,直接导致高能 γ 光子进入辐射区到离开的过程变得曲折离奇。通常高能 γ 光子都要耗费相当长的时间,比如数十万年,才能够最终穿越辐射区到达对流区。对于光子而言,对流区也是无法直接穿越的,然而和辐射区不同,对流区温度梯度更大,能够诱发该区域的物质形成对流,导致该区域的物质像沸水一样,不断翻腾涌向太阳的表面。一旦光子到达太阳表面,通常将太阳表面称为光球,因为到达光球的光子有机会通过传播抵达地球观测者的眼中。有了光球的定义,太阳的其他物理属性也就随之可以确定了。光球是用来区分太阳的内部和外部的重要边界,也由于光球的存在,太阳内部的很多物理参数无法直接测量,需要利用模型进行数值近似。

太阳日核内的聚变反应除了能够产生高能 γ 光子,还会有中微子出现。不同于高能 γ 光子穿越多个区域经历的曲折路径,中微子更为稳定,几乎不和其他物质相互作用,因此中微子走完从日核到光球的 70 万千米路程耗时只有 2 s 左右。研究太阳内核的聚变反应形成的中微子是粒子物理的基础理论的基础问题,为了能够准确观测到中微子的行为,物理学家们在地球地表以下建造规模庞大的科学测量仪器,对从太阳内核出发的中微子展开探测。人们从探测结果中发现,实际探测到的中微子规模和标准太阳模型估测数量不一致,实际测量值是理论模型的 1/3 左右。实验数据引发了人们对于标准太阳模型的怀疑,随着人们对中微子研究的深入,发现数据上存在的偏差来源于对中微子性质的认知不足。物理学界对中微子的研究兴趣浓厚,2015 年的诺贝尔物理学奖为了表彰"发现了中微子振荡现象"的重大贡献,颁发给了梶田隆章和麦克唐纳,这也是诺贝尔奖第四次授予进行中微子相关研究的学者。

和看不见、摸不到的中微子相比,人类接触可见光更早,对其的认识也更为深入。可见光是一种电磁波,其所处部分波段是对人类眼睛响应的良好区域。在最初人类利用望远镜进行天文观测时,主要依赖的也是可见光传递的信息。如果将望远镜对准太阳,就能够看到太阳大气,即太阳光球的外部,这一部分区域时刻都发生着复杂的等离子体物理变化过程。除了可见光信息在这一区域特别活跃外,磁场也是太阳活跃程度的一个重要指标,而太阳磁场变化产生的效应中,太阳黑子为人们所熟知。

我国古代对于太阳黑子最早的记载出自《汉书·五行志》,其书曰:"成帝河平元年三月乙未,日出黄,有黑气大如钱,居日中央。"《汉书·五行志》中描述的"黑气大如钱"准确描述了用肉眼观测太阳黑子的效果,然而太阳活动区域中更多的物理现象无法在地球直接用肉眼观测。考虑到这些区域的温度及密度等因素,人们需要运用不同的装置对不同波段的电磁波进行观测。类似可见光、红外线以及 X 射线拍摄生物体形成的照片表现出的差异,多个波段去观测太阳活动区域,也能够得到不同的数据表达。太阳表面活动区域表现得最多的现象是光球上被光斑围聚的黑子群,根据测算的数据,其规模为一万到十万千米量级,面积虽然只接近太阳表面积的 2% 左右,但是尺度上也可以容纳数十个地球。太阳光球的外部为色球,色球上的活动区多表现为太阳表面的谱斑和暗条,以及太阳表面边缘的 Hα 波段日珥;最外层是太阳的日冕,日冕的活动区主要以大跨度的显著效应为主,表现为光谱处于极紫外区域的冕环、太阳日冕凝聚物和太阳 X 射线增强区域。

3.2　太阳辐射效应

3.2.1　太阳结构

太阳存在较强的磁场,加之本身的自旋效应,造就了太阳接近完全径向对称的形状。数据表明,太阳的极直径和赤道直径在尺度上十分接近,只差约 10 km,对于太阳的尺寸而言,这种程度的差异可以忽略不记,太阳非镜像对称区域仅为其体积的 9%。基于此,在讨论太阳的结构时,人们把太阳的模型构建为一个完美的径向对称球体。在内部引力和外部压力的共同作用下,太阳处于流体静压力平衡状态。图 3-3 所示为太阳结构和耀斑等活动现象的示意图。

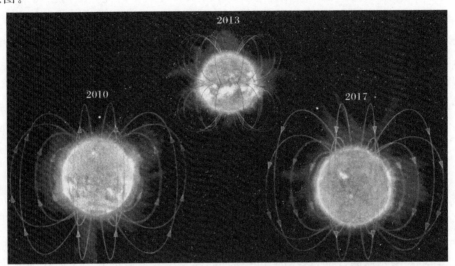

图 3-3　太阳结构和耀斑等活动现象的示意图(图片来自网络)

太阳的磁场也是一个普遍磁场,这一点同地球是十分相似的。如前文提到的,太阳活动区域的磁场活动通常也很强烈,在强烈的磁场干扰下,太阳普遍磁场在活动区域的表达并不显著,只在太阳两极区域的普遍磁场表达比较完整,因此整体而言并不像地球磁场完整。探测数据表明,太阳两极区域的普遍磁场强度一般为 1~2 Gs,整体统计数据表明,太阳普遍磁场并不稳定,磁场的强度会发生经常性的变化,甚至还会出现突然极性翻转的情况。根据数据记载,太阳的突然极性翻转现象在 1957—1958 年以及 1971—1972 年曾 2 次被观测到。

为了测出太阳表面的整体磁场特征,可以将太阳表面辐射的太阳光输入到磁像仪,经由仪器获取的整体磁场强度变化是规律性的,极性通常由正变为负,后又反置,周期性与太阳的自转相关,转换周期时间接近太阳自转周期的一半。学界目前对这个现象的解释为,太阳表面上存在着东西对峙,且极性相反的大范围磁区,它们随着太阳的自转也进行着由东向西的运动,因此,呈现出了极性正负交替变化的整体磁场特征。综上所述,太阳既像地球一样有普遍磁场,又因表面活动区域诱导了太阳的整体磁场,前者的磁场特征为南北相反的,后者则是东西对峙的。

同地球的普通磁场源问题类似,诱导形成太阳普遍磁场的源头在何处也是一个未解之谜。当前学界较为认可的说法有以下两类。

(1)基于远古太阳形成时留下了巨量的磁性物质的假设,认为这些物质在彻底衰变之前是能够保持磁性的。现有理论计算能够支撑这种说法,因为太阳普遍磁场在未来长达 100 亿年的时间里都不会彻底衰变完,因此,有理由相信,太阳的磁性长期留存是非常有可能的。

(2)基于构成太阳的主要物质是经常处于运动状态的等离子体的事实,结合发电机效应,也能够回答大部分太阳磁场起源的相关问题。

综上所述,构成太阳的绝大部分物质是处于高温状态的运动着的等离子体,所以太阳的运动和演变过程都受到太阳磁场的影响。活跃的太阳活动,如太阳黑子、耀斑和日珥等现象,都在太阳磁场的支配之下。

太阳的公转是绕着银河系中心进行的,太阳的公转周期非常长,根据测算可知约为 $2.5×10^8$ a。学界普遍认为银河系的中心存在巨型黑洞的可能性极高,这个黑洞周围分布着围绕其公转的恒星,因此银河系看上去像一个银盘,而恒星围绕的旋转中心称为银核。已有测算数据表明恒星公转和地球公转存在着差异,恒星每次公转一个周期后,都会更为靠近银核。太阳围绕自身的旋转轴从西向东进行自转运动,通过测算数据,人们发现在不同的纬度处,太阳自转的速度也是不同的。在太阳赤道处,太阳需要 25.4 d 的时间完成自转;随着纬度升高,需要更多的时间完成自转;而到了太阳的两极区域,其自转一周的时间为 35 d 左右。学界将这种自转周期随着纬度变化而变化的特征,称之为"较差自转"现象。

按照从内到外的顺序,太阳的特征区域可以分为日核、辐射区、对流区、光球层、色球层和日冕。

太阳的最内层区域为日核,这部分区域为一个密实的球形,日核和辐射区的边界距离太阳的中心位置约为太阳赤道半径的 1/4。根据当前测算,太阳核心的温度接近 16 000 000 K,平均密度超过水的密度 150 倍,在如此高温及高密度条件下,日核内物质均被完全电离,并且持续进行着聚变反应,释放出大量的量能,是太阳辐射的驱动源。日核内不断发生着质子-质子链、放射性硼衰变以及碳—氮—氧(C—N—O)循环等过程,不断将氢原子核转化为氦原子核。氦原子核的特征为其内核由两个质子和两个中子构成,也称为 α 粒子。除了形成 α 粒子,氢原子核历经质子-质子链和 C—N—O 循环过程后,还会产生少量的重元素。根据测算,太阳日核中质子-质子链、放射性硼衰变以及 C—N—O 循环等过程总计会损失约 6/1 000 左右的初始物质质量。根据质能方程,这些质量都转化为能量,驱动太阳辐射的形成。具体地,日核每秒钟能量生成能力为,将 60 000 万吨的原料氢原子历经质子-质子链、放射性硼衰变以及 C—N—O 循环过程生产出 59 600 万吨的氦原子,过程中有接近 400 万吨的氢原子核原料最终转化为接近 $3.84×10^{26}$ W 能量。

从日核中产生的能量在向外传递的过程中,需要首先进入辐射区,能量传递是以 γ 射线光子的散射实现的。太阳的辐射区包裹着日核,是太阳中心的 1/4 太阳半径到 3/4 太阳半径区域,其中充满了高度电离的气体。γ 射线光子在太阳日核和辐射区传播时,由于介质密度大,γ 射线光子碰撞之间的行程极小,发生的多次碰撞直接造成吸收和再发射现象,导致在辐射区传播中,γ 射线光子运动行为很随机。根据测算,太阳日核出发的能量传播到辐射区的外层表面平均大约消耗时间为数十万年。

从约 3/4 的太阳半径到太阳表面包围的这一部分区域为对流区,其是太阳内部最靠外的区域。对流区的最底部的温度约为 2 000 000 K,对流区的外部温度接近 5 778 K,密度为 $2×10^{-4}$ kg/m³。相比内核和辐射区,对流区温度明显降低,在该区域中,电离物质显著减少,因为在这种密度和温度条件下,并非所有元素都能够被电离。在该区域等离子体的组成中,七成为氢元素,接近三成为氦元素,还有非常少量的碳元素、氮元素和氧元素。能量越过辐射区和对流区边界后,对流区的外表面就能够向太阳的外部辐射能量。该过程的能量输运过程主要依赖对流区的温度梯度效应,促进等离子体进行对流运动,实现其从对流区的底部向太阳表面运动。一旦对流区的高温等离子体涌现到温度较低的表面,温度降低后的等离子体将重新向对流区的底部方向进行运动。向下流动的等离子体会在对流区底部穿越对流区与辐射区的边界,进入辐射区的外层,形成对流过程现象。热等离子体将能量从对流层与辐射区边界输运到对流区与太阳表面边界需要时间为 1 周左右。对流区在太阳表面是可以直接观测的,其呈现组织性的斑点结构,类似米粒形状,因此也称之为米粒组织,其在太阳表面的尺寸通常在 1 000～30 000 km 范围内。

太阳表面的外部第一个结构为光球层,是厚度为 100～500 km 的可见区域。光球层的黑体辐射温度测算结果为 5 778 K 左右,地球海平面大气的平均密度是光球层平均粒子密度的 100 倍。光球层是太阳能量辐射的最主要出口,能量从太阳日核输运到太阳表面的光球层,γ 射线不断重复着被分散、吸收以及被原子核和电子再次发射的过程。上述过程导致从出发时的高能 γ 射线辐射转变成到达表面时的黑体辐射。光球层的外边沿常被认为是太阳的边沿,决定着太阳的直径。在太阳光球层能观测到的太阳活动十分丰富,包括太阳黑子、光斑、米粒组织以及超米粒组织等。

太阳的色球层是从光球层向外继续延展 2 000～5 000 km 的区域。色球层在光球层外部,平均温度却比光球层高 1～3 倍,根据测算数据,光球层的温度为 10 000～20 000 K。保持色球层温度的能量来源是针形日珥的磁流体动力波以及米粒组织的压缩波加热。

太阳的最外层是日冕层,也是太阳的离子体人气,但日食期间能够观测到一个非常显著的现象,太阳外层表面存在一个没有明显边界的结构,这就是日冕层。日冕层的等离子体会向太阳以外的空间传播,形成充斥整个太阳系的太阳风。

3.2.2　太阳活动

太阳表面的等离子体活动非常活跃,形成了太阳表面丰富的太阳活动,这些活动有的持续时间较长,有的则稍纵即逝,学界普遍关注的现象主要包括发生在光球层的米粒组织、超米粒组织、黑子、针状体和光斑。此外,人们熟知的耀斑现象会对地球的通信产生一定影响,也值得持续观测。日冕层与太阳风形成及太阳系行星生态演化都密切相关,发生在其上的太阳活动包括日珥、管状结构和质量抛射等。

通过仪器观测,太阳光球层表面的米粒组织呈现蜂窝状小区域分布,各小区域覆盖的面积为 400～1 000 km² 不等。米粒组织是产生于对流区底部的热等离子体,通常在光球层表面存续的时间为 5～20 min。随着温度下降,米粒组织的边缘逐渐清晰并变成黑色;待温度进一步下降后,开始向对流层底部下沉。米粒组织的下沉速度很快,根据测算,向下的流动速度最小为 0.5 km/s,最快时可以达到 7 km/s,其运动过程中会产生声爆,并在太阳表面形成显著的波动。太阳光球层表面还活跃着一类规模比米粒组织大很多的超米粒组织,其覆盖区域的跨度可达 35 000 km。

光球层以外 1 000～10 000 km 区域,存在一类向色球层延伸的热等离子体流,其直径一般为 500 km,被学界定义为针状体结构。针状体的形成目前仍无定论,有学者认为,太阳表面存在的周期震荡声波导致其不稳定表面的起伏运动,而针状体的形成得益于被起伏运动表面带动的磁流管诱导等离子体向太阳大气方向运动。针状体能够持续数分钟的高速运动,测算的结果有高达 22 km/s 的运动记录。针状体容易在色球层上观测到排列成网格状,在网格的中心区域热等离子体会向上运动,而在网格外缘区域,等离子体则进行向下的运动。

如果米粒结构组织的温度持续升高,则会变得比周围的低温等离子体更加明亮,就形成了太阳光球层上的光斑。光斑区域通常比黑子的规模小,但是光斑的数量通常也更多。有时能够观测到单独出现的光斑,通常情况下,伴随着光斑出现的还有太阳黑子。光斑在太阳磁场显著增强的区域出现,然而相比形成太阳黑子的区域磁场,光斑所在的磁场强度会弱很多。

如果光斑从光球层继续向色球层延伸发展,就会形成谱斑。对谱斑进行持续观测容易发现,在光球层的表面存在明亮和深暗的区别显著的区域。形成这种明暗斑点的原因是对应区域的温度高低有别,其中,斑点表现得深暗的被称为太阳黑子,斑点表现得明亮的被称为光斑。

太阳黑子是太阳光球层上非常激烈的太阳活动,其发生时伴随着所在区域的磁场强度激增,形成强磁场区域。测算数据表明,太阳黑子发生时的磁通密度为 0.1~0.4 T,最高值是太阳平均磁通密度的 4 000 倍。太阳黑子的温度并不高,平均值在 3 700 K 左右,明显低于光球层平均温度,所以其呈现出明显的暗色特征。太阳黑子的跨度一般不会超过 50 000 km,存续的时间多数为几天至几周。学界对于太阳黑子的定义是,在太阳较差自转作用下,位于太阳对流区较暗区域的等离子体流着光球层运动形成太阳黑子现象。太阳黑子现象特征也比较明显,黑子区域的出现是成对的,同时磁场的极性相反,整体的表现就如同磁铁一样。根据观测数据记载,太阳黑子的活动具有周期性变化的规律,为此人们将变化的周期定义为太阳黑子周期,太阳黑子周期性变化的元素具体为黑子的数量、尺寸、在光球层的相对位置和磁场极性的变化等。容易捕捉到太阳黑子活动的区域一般在距离太阳赤道 5° 的范围内。

太阳黑子活动周期大概为 11 年,每隔一个周期,太阳黑子数量就会达到峰值一次,直到下一个周期的太阳黑子爆发。随着太阳黑子的峰值出现,还伴生磁场极性颠倒的现象。因此,太阳黑子的磁场变化平均周期为 22 年,太阳黑子数量高峰期的间隔时间平均约为11 年。

计算太阳黑子活动的数量一般运用鲁道夫-沃尔夫提出的经验公式,即

$$R = k(10g + s) \tag{3-1}$$

式中:R 为推测的太阳黑子数量;k 是和具体观测条件相关的比例系数,这个系数同上,不大于 1;g 为实际观测到的太阳黑子群数目;s 为所能观测到的独立的太阳黑子的总和。比例系数 k 描述的是观测特性,根据观测条件与手段的不同,该参数的选择也有所区别。确定太阳黑子数量的工作是全球性的科研活动,世界上多地的天文台需要持续每日观测,将观测到

的黑子数量组合起来,继而获得每日的太阳黑子测算数,积年累月,逐步确定单周、单月和整年的平均太阳黑子数。太阳黑子数量对于地球生态存在一定程度的影响,1645—1715年期间是学界普遍认为太阳黑子数量很少的一段时期,鉴于当时的测算手段有所欠缺,科学家们通过生物学手段去反演当时的太阳黑子数量情况,并且这种观点已经获得了学界的普遍认可。人们发现在该时期欧洲出现了时间较长的春寒,这种突然出现的小冰期对于树木生长的影响十分显著,通过对当地树木年轮的 ^{14}C 测量,以及北极冰核 ^{10}Be 测量,均反映出当年那段时期太阳活动并不活跃。1749年后,科学家们掌握了能够可靠、直观地观测太阳黑子数量的手段,由此基于统计数据的太阳黑子活动周期测算历史正式开始,科学家们确定以1755年为太阳黑子活动峰值的周期是太阳黑子活动的第一个周期。

在进行太阳黑子的观测时,很容易发现太阳黑子周围普遍存在着范围很大的明亮区域,其明亮的特征表示其所在的色球层区域温度更高并且密度更大,这些区域称为谱斑。谱斑通常伴随太阳黑子出现,其现象持续的时间比太阳黑子更长。针对谱斑的观测,常用手段是采用色球望远镜或者是太阳单色光观测镜,选用 CaⅡ 的 H、K 线或者 Hα 线直接观测太阳色球层,找到其上的大面积亮度增强区域,通常也很容易在观测范围内发现亮度较低的明亮区域,对应地这部分区域被命名为暗谱斑。通过 CaⅡ 的 H、K 线观测到的谱斑被特别地命名为钙谱斑,把通过 Hα 线观测到的谱斑命名为氢谱斑。当谱斑的亮度突然进一步增强时,就会形成人们熟知的耀斑,亮度增强表示耀斑蕴含的能量增大,耀斑爆发阶段能够释放出极其巨大的能量,这些能量的形成与释放与太阳磁场关系紧密。耀斑有时表现为日冕层突然地剧烈喷发,日冕层外边界快速地向外延伸,释放波谱范围很广、携带能量很高的粒子和辐射。根据测算数据,耀斑的波谱覆盖了从无线电波到 γ 射线范围。耀斑通常持续时间为60 min～2 h,温度高达 1 000 万～5 000 万开尔文,比太阳表面的平均温度(几百万开尔文)高出很多。在耀斑释放过程中进入空间的粒子,经过几小时或几周后会抵达地球表面,和磁层相互作用后形成极光现象,同时也会对地球的磁场活动产生影响。由于耀斑释放粒子的能量过高,在极端情况下,其到达地球后,甚至会造成无线电传播和电源传输线路暂时中断的情况。统计数据表明,当太阳活动比较剧烈时,耀斑的活跃程度增加,活动比较剧烈;当太阳活动比较缓和时,耀斑的活跃程度降低,活动也比较缓和。

日珥由等离子体构成,其形态为环状,通常在光球层延伸至日冕层的区域范围内可以观测到明显的日珥现象,日珥延伸到日冕后会再度返回光球层。日珥的温度相比周围日冕区域低,日珥等离子体密度更大,通常可持续数周,个别情况下,受当地磁场的影响,日珥效应最久能够持续几个月。日珥的稳定状态不能长期持续,突破稳定限制后,就会发生喷发现象。

日冕物质抛射是太阳影响太阳系的主要手段,具体指从太阳表面出发的大量具有特定电磁场结构的等离子体的抛射过程,其持续时间有数小时之久,与之伴生的现象常有耀斑和日珥,前者对太阳系的影响要大于后两者。测算结果表明,日冕物质抛射的粒子移动速度很高,通常可以达到 200 km/s。日冕物质抛射的粒子有一部分会直接飞向地球,如果这些粒子直接轰击地球,极大概率会诱导地磁暴,同时对地球的电网和在轨航天器造成损伤。日冕物质抛射还会导致辐射环境增强,进一步还有损坏电子设备的可能,如果航天员此时正暴露在太空中,就会遭受到过度的辐射。1998 年 5 月 19 日,日冕物质抛射直接造成银河 4 号通信卫星姿态控制系统及其备份系统失效,直接导致地球上超过 4 500 万用户的电话传呼业务瘫痪。结合现有的统计数据,日冕物质抛射发生的规律和太阳的活跃程度关系密切,在太阳活跃程度较低的年份,日冕物质抛射每隔 5～7 天才发生 1 次,但是在太阳活跃程度较高的年份,日冕物质抛射每天有可能发生 2～3 次。

3.2.3　太阳风

日光层是太阳风效应作用的所有空间区域,是太阳日冕发出的太阳最外层的大气。测算数据表明,地球附近太阳风温度可达到惊人的 150 000 K。太阳活动情况决定了太阳风的速度,太阳风的速度通常可达 300～10 00 km/s 不等,综合测算的平均速度为 400 km/s 左右。作为太阳大气的最外层,太阳风的密度很低,平均 1 m³ 有 1～10 个粒子。太阳风范围广大,包含粒子数量多,这些粒子中的 95％ 为数量接近的带负电的电子和带正电的质子,接近 4％ 的粒子是氦原子核,其余粒子皆为重原子核,因此,太阳风呈现电中性状态。日光层边界可以认为是太阳大气的最外、最薄的地方,在这里,太阳风和来自太阳系之外的宇宙射线会发生碰撞。

2008 年,"航行者 2 号"探测器发回了来自太阳系边界附近的探测数据。根据获取的数据,研究人员发现,太阳风影响的范围形成的日光层是不对称的,这与人们先前猜测的日光层的形状是圆形的结论完全不同。日光层的边界由太阳辐射的微粒影响的空间决定,根据现有研究,其影响已经超越了距离太阳系中心 60 亿千米远的冥王星轨道,继续延伸的范围更远超冥王星距离的两倍远。

恒星之间的空间物质的密度很低,并非是绝对真空的,这些物质是来自在不同时间段存续过的恒星产生的稀薄尘埃和气体。测算的数据表明,整个银河系中,粒子平均密度大概为每 10 cm³ 中包含一个原子。随着太阳风不断地吹向星际边界,太阳风的推动力逐渐变弱,直到数百亿千米以远的地方,来自宇宙的星际物质和太阳风保持平衡,此处即为日光层边界。

太阳风中还蕴含行星际磁场,地球附近的磁场测算数据平均值为 5～10 nT。行星磁层的形成原因主要是太阳风,太阳风和行星磁场相互作用,产生行星的磁层,因此,太阳风的规模,包括粒子数量和速度等因素变化,都会导致诱导的磁层规模发生变化,继而影响行星磁场的变化,形成各种磁场效应,如地磁暴和极光等。如果天体磁场过弱,或者没有磁场,太阳风将无法诱导磁层形成,粒子会直接抵达天体表面,影响天体的地貌特征。

地球附近的太阳风平均速度可达 400 km/s 左右,太阳风以太阳为中心向外扩散,密度随扩散距离而降低,数值和距离的二次方成反比例关系,在引力场作用下,太阳风的速度也会逐渐减小。日光层内还存在明显的激波边界层,太阳风在此处的速度由超声速降低为亚声速,其蕴含的磁场特征也会发生激烈变化。通常认为激波边界距离太阳的距离为 100～120 AU,根据观测数据估计,"旅行者 1 号"探测器可能在距离太阳 95 AU 附近穿越了激波边界。激波边界向外便是太阳风和银河系空间的实际分界面,这个分界面被命名为太阳风层顶,该位置和太阳的距离为 150～160 AU。太阳风鞘是激波边界和太阳风层顶之间的空间。图 3 - 4 所示为太阳风层顶变形,形成一条类似于彗尾的离太阳远去的尾迹。

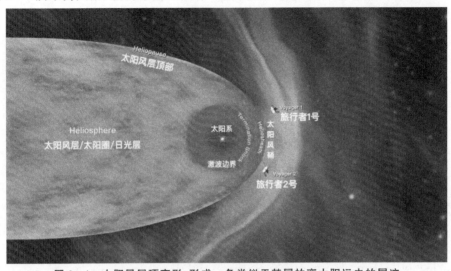

图 3 - 4   太阳风层顶变形,形成一条类似于彗尾的离太阳远去的尾迹

"旅行者 2 号"探测器在 2018 年 11 月 5 日检测到太阳风中粒子含量突然降低,同时捕获的宇宙射线规模增大,根据这些现象,能够推断出"旅行者 2 号"探测器开始飞掠星际空间的旅途(见图 3 - 5)。"旅行者 2 号"探测器是人类正在飞掠星际空间的第二个航行器,早在 2012 年 5 月,"旅行者 1 号"探测器就已经完成了这一壮举。"旅行者 1 号"探测器和"旅行者 2 号"探测器是一对姊妹探测器,两个探测器都采用核电供能。"旅行者 2 号"探测器轨道设计与众不同,首先按照既定轨迹接近土星,利用土卫六的引力场形成引力弹弓效应,完成土星探测任务之后,"旅行者 2 号"探测器继续向天王星和海王星方向飞行。"旅行者 2 号"探测器是人类第一个造访这两颗行星的飞行器,根据资料记载,"旅行者 2 号"探测器于 1986 年飞掠天王星,于 1989 年飞掠海王星。目前,"旅行者 2 号"探测器所携带的大部分科学仪器均已关闭,但探测器仍在进行探索太阳系环境的任务。

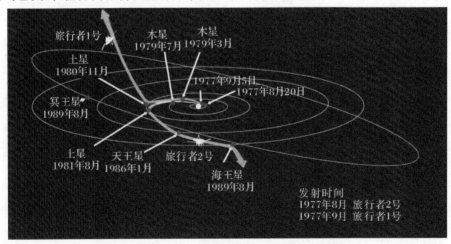

图 3 - 5   "旅行者号"飞行轨迹

"旅行者 2 号"探测器探访了太阳系中众多天体,当之无愧地被誉为最有价值的探测器。

"旅行者 2 号"探测器在 1979 年 7 月 9 日抵近木星,发现了在木星周围环绕的环,在拍摄的木卫一照片中发现了其上的火山活动。"旅行者 2 号"探测器在 1981 年 8 月 25 日和土星的距离最为接近,接着利用土星的引力场效应,在 1986 年 1 月 24 日抵达天王星的最近点,接着发现了天王星的 10 个新的天然卫星。"旅行者 2 号"探测器在 1989 年 8 月 25 日最接近海王星,随后奔赴更远的太空深处。"旅行者 1 号"探测器和"旅行者 2 号"探测器都携带着镀金的铜唱片,这些唱片上记录了地球上丰富的声音信息,包括鸟鸣、风声和人类的交谈等。

　　"旅行者 2 号"探测器和"旅行者 1 号"探测器是姊妹航天器,结构设计和运动性能基本相同。通过不同的轨道设计,"旅行者 2 号"探测器按照相对较慢的运动轨迹飞行,使其能够始终保持在黄道面内。基于这些轨道特征,"旅行者 2 号"探测器在 1981 年利用土星的引力场进行加速,顺利飞往了天王星和海王星,因此首次实现了人造航天器造访地处太阳系边缘的两颗行星的壮举。横向对比人类现有探测器获得的成就,"旅行者 2 号"探测器是公认的最多产的探测器,一部分原因在于其之后研制的探测器经费上都有大幅消减,携带的载荷能力受到了一定限制。根据既定任务设计,2030 年之前,地球可以一直和"旅行者"系列探测器保持联系,其中"旅行者 1 号"探测器的燃料能够支撑到 2034 年以后。在前述时间点之前,探测器携带的部分载荷将陆续失效,如紫外线分光计在 2000 年之前耗尽动力。探测器上较为重要的载荷将执行能源共享方案,使得其能够分时段值班,以发挥相应性能。探测器以这种方案执行飞行约 10 年,直到支持载荷的动力耗尽为止。根据当前掌握的数据进行测算,如果"旅行者 2 号"探测器能够持续飞行,理论上将于 8571 年,抵达和地球有 4 l.y. 距离的 Barnard 恒星附近,于 20319 年抵达距离半人马座 3.5 l.y. 的位置,于 296036 年抵达天狼星附近。

　　"旅行者 2 号"探测器原本是水手计划中的"水手 12 号"探测器,于 1977 年 8 月 20 日在美国卡纳维拉尔角,被泰坦 3 号 E 半人马座火箭托举这进入太空。"旅行者 2 号"探测器在整个任务执行期间取得了诸多傲人成绩,于 1979 年 7 月 9 日最接近木星,在木星云顶 570 000 km 处飞掠。"旅行者 2 号"探测器带来的发现使科学家们惊讶,如著名的大红斑风暴被证实实质是一个以逆时针方向转动的复杂风暴系统,并且发现了之前未受关注的一些细小风暴和旋涡,以及木卫一的活火山。木卫一上的活火山是首次在太阳系内其他天体上发现的仍然活跃着的火山活动。"旅行者 2 号"探测器针对火山活动的观测共记录了木卫一上九座火山的爆发,火山爆发过程造成的烟雾被喷射到远离木卫一表面 300 km 的高空,获取数据表明,喷射物质的速度高达 1 km/s。"旅行者 2 号"探测器于 1981 年 8 月 25 日最接近土星。探测器位于土星后方时,利用雷达对大气层顶部开展了探测,获取了气温以及密度等资料。"旅行者 2 号"探测器于 1986 年 1 月 24 日最接近天王星,随即探明了十个之前未曾记录的天王星的天然卫星,也通过探测发现了天王星自转轴倾斜 97.77° 的现象,以及其诱导的独特大气系统。"旅行者 2 号"探测器于 1989 年 8 月 25 日最接近海王星,这次经历是探测器最后一次造访太阳系内行星,考虑到后续的飞行主要为星际飞行,因此科学家们将探测器的预定轨道调整到靠近海卫一一侧。"旅行者 2 号"探测器在飞掠过程中发现了海王星的大暗斑,这块暗斑在后来利用哈勃空间望远镜于 1994 年进行观测时消失不见,学界一般认为这块暗斑是云层上一个空洞。"旅行者 2 号"探测器完成造访海王星任务后，尚未被人类探明的重要天体只剩下一个冥王星，当时人们对这颗"行星"仍充满了好奇，直到国际天文学会重新定义行星后。冥王星被开除"行星籍"。即便如此，"新地平线号"探测器于 2015 年 7 月 14 日完成了对冥王星的探访。至此，"旅行者 2 号"探测器在太阳系内探访行星的任务告一段落，接下来其将继续探测太阳系圈外的景观。学界一般认为"旅行者 1 号"探测器已于 2004 年 12 月飞掠了激波边界。"旅行者 2 号"探测器于 2018 年 12 月 10 日已飞掠日光层，成为继"旅行者 1 号"探测器后第二个进入星际空间的探测器。

对于"旅行者"系列探测器而言，最为人们津津乐道的还属"旅行者"金唱片。当时的美国总统卡特于 1977 年 6 月 16 日为置于"旅行者"系列探测器上的镀金铜唱片特别录制了一段音频。此外，这张唱片还额外收录了地球上 55 种语言的祝福，其中包括四种中国方言，以及由伯牙作曲、管平湖演奏的时长 7 min 37s 的古琴乐曲《流水》。地球上丰富的声音被合称为地球之声串烧，收录了生物发出的各类声音、婴儿哭泣以及海浪等环境声。

3.2.4　太阳能

太阳能为地球上的生态环境提供驱动力，为了研究太阳能对于地球的影响，人们已经开展了系统性的研究。太阳能本质上是一种辐射，通常辐射的强度可以用辐照度表征，具体的定义是入射到单位面积内辐射的能量，用国际单位制描述为 W/m^2。太阳常数 S_e 表示太阳和地球存在一定距离时的辐照度，通常该常数表征的是太阳能到达地球大气层边界时的辐射能量。

地球与太阳的平均距离为 1 AU，因此，平均太阳常数的定义也是基于二者之间距离为 1 AU 确定的。目前学界的推荐值为 1 366.1 W/m^2，考虑到地球运行轨道并非是正圆，因此精确的地球太阳常数会随着时间变化而发生变化，地球在近日点和远日点所对应的太阳常数不同，它们与地球平均太阳常数存在 3.3% 的偏差。根据太阳常数，能够计算太阳的总辐射功率，计算公式为 $4\pi S_e a^2$，其中 a 表示天文单位，可以计算太阳的总辐射功率约为 3.84×10^{26} W。

根据几何关系，能够计算和太阳距离任意远处所对应的太阳常数为

$$S(r) = S_e \left(\frac{a}{r} \right)^2 \tag{3-2}$$

式中：r 表示所考察的位置和太阳之间的距离；S 表示和太阳的距离为 r 处的太阳常数，S_e 为地球的太阳常数。

黑体是科学家们假想的一种理想物体，能够实现对电磁辐射的完美吸收和发射。根据黑体的特征，所有入射的辐射能量都将被黑体吸收，并且发射出与吸收能量相等的能量。普朗克黑体辐射定律可以用公式描述为

$$L_\lambda(T, \lambda) = \frac{2\pi h c^2}{\lambda^5 (e^{\frac{hc}{\lambda kT}} - 1)} \tag{3-3}$$

式中：$L_\lambda(T, \lambda)$ 为光谱辐射强度；T 为绝对温度；h 为普朗克常量；c 为光速，是定值；k 为玻尔兹曼常量；λ 为波长，是一个变量，有

$$L_\lambda \mathrm{d}\lambda = L_v \mathrm{d}v = L_v \left| \mathrm{d}\left(\frac{c}{\lambda}\right) \right| = \frac{c}{\lambda^2} L_v \mathrm{d}\lambda \qquad (3-4)$$

式中:L_v 为黑体在辐射过程中单位表面积、立体角及频率所发射或反射的能量;L_λ 为黑体在辐射过程中单位表面积、立体角及波长所发射或反射的能量。

物体的光谱发射率是相对黑体而言的,主要描述物体相对于黑体的光谱出射度比值。光谱发射率和表面属性密切相关,表面抛光程度不同、涂料厚度差异、物体形状改变和辐射波长变化都会影响光谱发射率。在描述物体材料属性时所用的发射度定义和发射率一致,其反映了特定材料本身的发射率,表明发射率会因材料不同而发生变化。如果一个物体的发射率和光谱频率无关,那么这个物体称为灰体。

辐射与物体接触后会发生吸收、反射和投射等现象。光谱吸收系数用来描述物体吸收辐射的能力,具体为物体吸收入射光谱辐照度占总入射辐照度的比值。光谱反射系数是物体以特定波长反射的光谱辐照度与总入射辐照度的比值。根据定义,在一些场合,反射率和反射系数的概念可以混淆,二者都能够描述物体表面的反射特性。如果考察的物质材料足够厚,反射系数不会随着材料厚度增加而发生变化。当考察辐射物体的穿透能力时,需要用到光谱投射系数的定义,即穿透物体的光谱辐照度与总入射辐照度的比值。在忽略散射和冷光效应条件下,光谱的吸收系数、反射系数和投射系数三者的和为1。

1. 斯忒藩-玻尔兹曼定律

为了获得物体表面光谱辐射总功率,可以对物体表面沿半球对光谱辐射强度 L_λ 积分,物体表面辐射的光谱辐射总功率标记为 M_λ,其计算公式为

$$M_\lambda = \int L_\lambda \cos\theta \mathrm{d}\Omega = \int_{\theta=0}^{\pi/2} \int_{\varphi=0}^{2\pi} L_\lambda \sin\theta \cos\theta \mathrm{d}\theta \mathrm{d}\varphi \qquad (3-5)$$

考虑完全漫反射的情况,光谱辐射强度 L_λ 与 θ 和 φ 相互独立,则光谱辐射强度各向同性,继而能够计算光谱辐射出射度为

$$M_\lambda = \pi L_\lambda \qquad (3-6)$$

进一步,假设 L_λ 是常数(对于任意光谱波长),可以获得辐射出射度 M 为

$$M = \pi L \qquad (3-7)$$

考虑所有波长发射度均为常数 ε 的实际物体,根据式(3-5)的积分结果,能够直接得到斯忒藩-玻尔兹曼(Stenfan-Boltzman)方程为

$$M(T) = \frac{2\pi^5 k^1}{15h^3 c^2} \varepsilon T^4 = \varepsilon\sigma T^4 \qquad (3-8)$$

式中:$M(T)$ 为实际物体的辐射出射度;$\sigma = \dfrac{2\pi^5 k^4}{15h^3 c^2}$ 为一个常数,被命名为斯忒藩-玻尔兹曼常量。基于式(3-8),黑体的斯忒藩-玻尔兹曼方程求解只需要将发射度设置为1即可。

2. 反照率

反照率是描述物体表面和电磁辐射交互的重要特征之一,可以通过计算物体表面反射出电磁辐射量和入射到物体表面的总量的比值确定。根据应用场合不同,反照率描述的对象也不尽相同。在研究行星表面的反照率时,将受辐照的行星表面类比为球面,采用德邦反照

率,即被行星表面反射的辐射量和入射到行星表面的辐射总量之间的比值。法向反照率描述的是被垂直照亮时表面的明亮程度,一般通过观测反射的辐射量与入射的辐射总量进行计算。考虑到太阳光的光谱覆盖范围广,法向反照率根据入射辐射是否可见能够具体划分为可视反照率和几何反照率。其中,可视反照率描述的是辐射光谱中可见光部分的反照特征;而几何反照率通常描述的是在太阳光直接照射条件下,反照辐射的亮度和在相同照射下理想白色球体的漫反射亮度之间的比值。

根据天体的反照率,能够计算其对应的黑体问题。以火星为例,其天体德邦反照率是 0.16,当火星处于辐射能量的平衡状态时,黑体辐射的总功率和入射到天体表面且被吸收的总功率相等,可以用公式描述为

$$MA_s = (1 - A_b)S_e A_c \left(\frac{r_e}{r_m}\right)^2 \tag{3-9}$$

式中:M 为火星的天体辐射功率密度;A_b 为火星的天体德邦反照率;S_e 为地球太阳常数;r_e 为地球和太阳之间的距离;r_m 为火星和太阳之间的距离;A_c 为火星的天体横截面积;$A_s = 4A_c$ 为火星的天体表面积。根据式(3-8)描述的斯忒藩-玻尔兹曼定律,能够直接计算火星黑体温度的公式为

$$T = \left(\frac{M}{\sigma}\right)^{1/4} \tag{3-10}$$

将式(3-9)代入式(3-10)中,并进行数值代入可得,在火星的德邦反照率是 0.16 的条件下,其黑体温度值为

$$T = \left[\frac{(1 - A_b)S_e A_c}{\sigma A_s}\left(\frac{r_e}{r_m}\right)^2\right]^{1/4} = 216\ \text{K} \tag{3-11}$$

3.2.5 太阳辐射

1. 辐射压力

长期在轨飞行的航天器需要考虑来自太阳的辐射压力,由于其表面长期和太阳光发生作用,形成的辐射压力主要由吸收和部分反射的辐射诱导而成。在不考虑反冲的情况下,物体表面的法向入射光子造成的辐射压力可以用以下表达式计算,即

$$\frac{dF_\lambda}{dA} = \frac{\mathrm{d}p_\lambda/\mathrm{d}t}{\mathrm{d}A} = \frac{1}{c}\frac{\mathrm{d}e_g(\lambda)}{\mathrm{d}A\mathrm{d}t} = \frac{e_\lambda}{c} \tag{3-12}$$

式中:A 为辐射覆盖的面积;c 为光速;$e_g(\lambda) = pc$ 为单位波长的辐射能量;e_λ 为光谱辐照度,具体为每单位面积内单位波长入射的辐射功率;F_λ 为每单位波长辐射产生的力;p_λ 为确定的波长 λ 所对应的线动量;t 为辐照时间。

辐射入射到不均匀的表面时,会出现部分吸收和反射现象,其中,反射现象主要为镜面反射现象或漫反射现象,这两种现象叠加作用下,入射辐射产生的力的计算公式为

$$dF_\lambda = \frac{e_\lambda}{c}\left\{-\left[(1 + c_{rs}(\lambda))\cos\theta + \frac{2}{3}c_{rd}(\lambda)\right]\hat{n} + \left[(1 - c_{rs}(\lambda)\sin\theta)\right]\hat{s}\right\}\cos\theta dA$$

$$c_{rs}(\lambda) + c_{rd}(\lambda) \leqslant 1 \tag{3-13}$$

式中:$c_{rd}(\lambda)$ 为以波长 λ 的辐射发生漫反射的比例;$c_{rs}(\lambda)$ 为以波长 λ 的辐射发生镜面反射的

比例;辐射方向和表面法线方向对于产生的力存在较大影响,二者的夹角标记为 θ。

更一般地情况,入射辐射与波长无关,式(3-13)可以进一步简化为

$$dF_\lambda = \frac{e_\lambda}{c}\{-[(1+c_{rs})\cos\theta + \frac{2}{3}c_{rd}]\hat{n} + [(1-c_{rs}\sin\theta)]\hat{s}\}\cos\theta dA \qquad (3-14)$$

航天器表面受到的辐射情况通常可以分为入射的辐射被完全吸收、入射的辐射在表面发生完全的镜面反射以及辐射全部发生漫反射的情况,如图 3-6 所示。

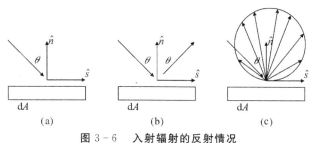

图 3-6　入射辐射的反射情况

$(a)c_{rs}=0,c_{rd}=0;(b)c_{rs}=1,c_{rd}=0;(c)c_{rs}=0,c_{rd}=1$

对航天器所有发生辐射的表面,依据入射辐射类型不同,基于式(3-13)和式(3-14)给出的公式进行积分,可以估算航天器外露表面受到的辐射压力。从上述公式中不难发现,航天器表面受到的辐射压力程度和多种因素有关,包括航天器受辐照时的相对方位、外露表面因遮挡导致的辐照面积变化、航天器表面不规则表面几何特征、材质特性和空间环境等,这些都会直接影响到相关参数变化,也会造成不同波长辐射效果各异。

辐射产生的力通常并非直接穿过质心,二者之间的偏差形成了压力和质心间产生力矩,其计算公式为

$$N = \int r \times dF(r) \qquad (3-15)$$

式中:r 为辐射产生的压力到物体质心的矢径;F 为辐射产生的压力;N 为因偏心作用而形成的力矩。类似地,对于位于力的总作用中心的物体压力,也会形成相应的力矩,其计算公式为

$$r_{cp} \times \int dF(r) = \int r \times dF(r) \qquad (3-16)$$

式中:r_{cp} 为辐射的压力作用位置和物体的压心位置之间的矢量。

由于航天器表面特征都是基于单个表面描述的,因此在计算航天器外露表面的压力力矩时,可以分别求取单个表面的结果,具体可以运用式(3-15)和式(3-16)给出的压力力矩和压心力矩,最后通过矢量加和即可获取外表面的辐射压力力矩。

辐射产生的压力会对航天器外露表面造成影响,需要特别的力学设计与材料分析,使得表面在力矩作用下仍然能够保持稳定。对于部分航天器部件,如太阳电池阵,通常需要考虑吸收更多的辐射,以支持飞行器的动力存续。常用的是透光镀膜,又称抗反射膜,通过减少透明材料在表面的面积,达到降低辐射反射引起的光能量损失。一旦入射辐射在太阳电池阵表面形成反射,就会造成产生能量的降低。为了说明这一机理,需要明确以下基本性质:入射辐射在物体界面的发射总量与反射系数相关,其在数值上等于表面反射光线的比例,如图 3-7

所示。

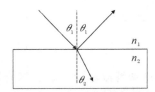

图 3 - 7　界面处的电磁辐射的反射和透射

通常,物体的反射系数可以由如下的菲涅耳方程计算获得:

$$
\left.
\begin{array}{l}
R_n = \left[\dfrac{\sin(\theta_1 - \theta_2)}{\sin(\theta_1 + \theta_2)}\right]^2 = \left(\dfrac{n_1\cos\theta_1 - n_2\cos\theta_2}{n_1\cos\theta_1 + n_2\cos\theta_2}\right)^2 \\[3mm]
R_s = \left[\dfrac{\tan(\theta_1 - \theta_2)}{\tan(\theta_1 + \theta_2)}\right]^2 = \left(\dfrac{n_1\cos\theta_2 - n_2\cos\theta_1}{n_1\cos\theta_2 + n_2\cos\theta_1}\right)^2
\end{array}
\right\}
\tag{3-17}
$$

式中:n_i 是表示物质的中间折射率,$i = 1,2$;R_n 表示电场方向垂直于入射面的反射系数;R_s 表示电场方向平行于入射面的反射系数;以法向为参考,使用符号 θ_1 标记为辐射入射与反射角度,符号 θ_2 表示辐射透射角度。

为了简化式(3-17),需要引入斯内尔定律:

$$n_1\sin\theta_1 = n_2\sin\theta_2$$

考虑辐射入射光中混合了垂直入射光和平行偏振光,则可以用表达式

$$R = \frac{R_n + R_s}{2} \tag{3-18}$$

描述物体表面的反射系数,数值上为电场方向垂直和平行的入射辐射的反射系数的均值。根据式(3-18),在垂直入射点处,$\theta_1 = \theta_2 = 0$ 成立,R_n 和 R_s 在数值上相等,可以获得表达式

$$R = R_n = R_s = \left(\frac{n_1 - n_2}{n_1 + n_2}\right)^2 \tag{3-19}$$

2. 紫外线降解

波长小于 400 nm 的电磁辐射属于紫外线辐射范畴。进一步根据光谱频率细化,紫外线可以划分为近紫外线、远紫外线和极紫外线。远紫外线由于通常不会穿透地球的大气层,被称为真空紫外线。当紫外线辐射的波长大于 290 nm 时,其能够顺利穿透大气层到达地面。大气层会吸收部分紫外线,并在距离地面 10 ~ 50 km 的高度形成臭氧层。在臭氧层中,未能穿透大气层的紫外线将大气层中的氧分子 O_2 经过分解与再结合产生少量臭氧 O_3。测算数据表明,紫外线光谱对于太阳辐照度也有部分贡献,太阳常数在数值上约 2% 是紫外光谱贡献的。

电磁辐射具备透过某材料微元传输的能力,如图 3-8 所示。这一过程发生吸收及扩散现象,造成电磁辐射光谱辐照度随着穿透位置而发生改变,即

$$
\left.
\begin{array}{l}
E_\lambda(x) = E_\lambda(0) + dE_\lambda(x) \\[2mm]
dE_\lambda(x) = -X_{\bar\lambda}^{-1}(x)E_\lambda(x)dx
\end{array}
\right\}
\tag{3-20}
$$

式中:$E_\lambda(x)$ 为透过距离相关的光谱辐照度;$E_\lambda(0)$ 表示在 $x = 0$ 处的光谱辐照度;$X_\lambda(x)$ 表示和透过距离相关的衰减长度;dx 表示电磁辐射方向的距离;λ 表示占主导位置的最大光谱辐射强度的辐射对应的波长。为了简化计算,假设减少量 $dE_\lambda(x)$ 正比于 $E_\lambda(x)$,且正比于衰

减长度 $X_\lambda(x)$。对式(3-20)从 0 到 x 进行积分,可得

$$E_\lambda(x) = E_\lambda(0)\exp\left(-\int \frac{\mathrm{d}x}{X_\lambda(x)}\right) \qquad (3-21)$$

当 X_λ 与 x 无关时,其表达式为

$$E_\lambda(x) = E_\lambda(0)\exp\left(-\frac{x}{X_\lambda}\right) \qquad (3-22)$$

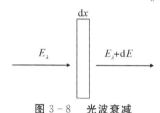

图 3-8　光波衰减

基于上述表达式,能够建立进入材料物质某一边界的光谱辐照度和到达另一边界的辐照度比值,将其定义为透光率 $\tau_\lambda(x)$,具体表达式为

$$\tau_\lambda(x) = \frac{E_\lambda(x)}{E_\lambda(0)} \qquad (3-23)$$

定义光谱吸收率 A_λ 为

$$A_\lambda(x) = \lg\frac{E_\lambda(0)}{E_\lambda(x)} = -\lg\tau_\lambda(x) \qquad (3-24)$$

当忽略光谱辐照度和衰减长度受波长变化的影响时,式(3-22)～式(3-24)可以简写为

$$\left.\begin{array}{l} E(x) = E(0)\exp\left(-\dfrac{x}{X}\right) \\[2mm] \tau(x) = \dfrac{E(x)}{E(0)} \\[2mm] A(x) = \lg\dfrac{E(0)}{E(x)} = -\lg\tau(x) \end{array}\right\} \qquad (3-25)$$

如果辐射光谱波长越短,那么辐射能量越高,反之亦然。辐射能量高,则光与材料之间的相互作用就更为显著。电磁辐射的能量与辐射频率以及波长均相关,可以用公式描述为

$$E = h\upsilon = \frac{hc}{\lambda} \qquad (3-26)$$

式中:E 为辐射的能量;h 表示普朗克常量;υ 表示辐射的频率。

3.3　真空环境效应

真空是航天器在空间环境中面临的严重挑战之一,其与地面环境的差异直接影响材料特征。因此,如何保证真空环境中材料性能稳定是航天器设计的难题。针对真空环境的需求,随之而来的是热控设计难题,因为真空环境效应多数是由热效应引起的。

考虑一个受到太阳辐射的物体,其吸收热量可以通过以下表达式计算,即

$$Q_{in} = \alpha_s A_n S \qquad (3-27)$$

式中：α_s 描述了物体的辐射吸收特性，在当前场景中称为太阳能吸收率；A_n 表示和太阳光入射方向垂直的物体表面积；S 表示当地太阳辐射的单位面积光通量。轨道航天器性能降低的原因很大一部分都是太阳辐射吸收率变化，这种变化一旦破坏了航天器最初的保守性设计，例如对于原始设计为 0.08 的航天器散热系统而言，α_s 的数值改变超过 0.2 就会造成致命故障。

3.3.1 紫外线

太阳光携带的能量首先与地球大气层发生相互作用，31% 的太阳光直接被大气层反射，19% 的太阳光转化为热量被大气层吸收，散射作用使得 29% 的太阳光能够到达地球，最终不受阻碍能够穿透大气层直接到达地球表面的阳光约为 21%。大气层吸收的太阳光包含紫外线，其频谱特征为波长小于 $0.3\ \mu m$，具体地，这部分紫外线被臭氧层吸收。单个光子所携带的能量和自身的波长 λ 有关，同时，也可以采用频率 υ 进行表示，具体表达式为

$$E = h\upsilon = \frac{hc}{\lambda} \tag{3-28}$$

式中：E 表示单个光子所携带的能量；h 是普朗克常量。由于紫外线的波长很短，处于紫外线谱段的光子具有能量普遍较高，当其直接接触到物质时，容易发生化学反应，导致有机化学键的断裂。因此，某些物质在紫外线辐射中暴露会导致其物理性质发生变化。

根据物质受空间影响反映出的物理或化学特征变化，能够判断物质是"空间稳定的"还是"空间非稳定的"，通常，具有空间稳定性的物质不容易发生变化，能够影响非稳定性物质的空间因素比较多。对于航天器而言，其在轨或深空探测中表面受到的空间影响不尽相同，也同样难以区分影响因素是否来自紫外线照射。实验数据表明，在航天器正常使用过程中，表面材料的辐射吸收特性参数变化幅度在 0.01 左右，为了尽量降低航天器表面材料受空间影响，工程师们一般选择"空间稳定的"物质进行设计以防止材料物理或化学特性发生显著变化。

载人航天器座舱中常用的贝塔布的材料容易受到紫外线的影响，贝塔布制作过程中会将其编织物浸入聚四氟乙烯混合溶液中，否则纤维摩擦会导致强度变差。通常在轨 10 d 左右，能够明显观察到布料颜色变化，原因在于受到紫外线影响，纤维结构中氧原子状态变得不稳定。一旦脱离了紫外线辐射环境，颜色会逐渐恢复到受辐射前的状态。

3.3.2 分子污染

空间环境中紫外线是可能导致材料性能下降的一个诱因，还有一个影响材料性能的重要因素为空间环境中的污染。对于航天器而言，空间环境中的污染源并非完全来自外界，如果污染的诱因为出气过程，那么即使航天器在地面环境十分洁净，一旦进入空间环境，自身也可能成为污染源。自然界中纯度为 100% 的材料极难获取，对于大部分材料而言，在或深或浅的表面或内部都附着在一定条件会脱离表面的物质，这部分物质可能是某些材料制备过程中的某些催化物质，或者某些特殊工艺导致的残留。时间和空间条件的变化有可能使其从材料的深处转移到浅表，并最终在材料的表面挥发。

电吸引力是保持材料表面的分子稳定存续的关键，一旦电吸引平衡被打破，材料表面的

分子就会离开表面。该过程如果发生在航天器表面,就会导致随机接触到离开表面路径的航天器表面。如果恰巧部分分解接触到敏感的热控或者精密光学部件,将会严重影响载荷的性能。根据实验室数据测得,出气过程表现为三种不同形式,其特征分别为:出气过程的激烈程度是时间的指数函数;出气过程的激烈程度是时间的负指数函数;出气过程的激烈程度只依赖诱导的机理,而与时间无关。解吸、扩散和分解是三种典型的诱导出气机理。若分子释放的过程依赖一定的物理或者化学条件,则为解吸。扩散是由热运动引发的,最终能够使分子运动在各向保持同性。当材料表面的分子具有摆脱表面束缚的热能,则有机会通过热运动进入空间环境中。分解过程与解吸和扩散不同,其引发的原因是化学反应,分解过程通常伴随着构成材料的化合物通过分解反应,形成两种以上简单物质,继而以解吸或扩散的形式完成出气。

激活能是材料表面发生出气过程的重要指标。激活能用于衡量材料对表面分子吸引以及束缚的能力大小。前述三类典型的出气过程需要的激活能水平不同,分别对应不同的过程-时间依赖关系。出气机理的特点见表3-1,相比分解过程,由于解吸过程和扩散过程所需要的激活能均较小,因此更容易发生。根据实验室数据分析,利用解吸过程清除金属表面的污染最为便捷,并且保障过程发生的物质能量损失更小。不同于金属,有机物通过扩散完成出气过程,因为扩散的本质是有机物的热运动,因此过程中伴随着物质损失,而且损失的规模较为可观。

表 3 - 1　出气机理的特点

机 理	激活能 /(kcal · mol^{-1})	时间相关性
解吸	$1 \sim 10$	$t^{-1} \rightarrow t^{-2}$
扩散	$5 \sim 15$	$t^{-1/2}$
分解	$20 \sim 80$	无

因为扩散过程的本质是热运动,所以出气过程中扩散造成的质量损失计算公式为

$$\frac{\mathrm{d}m}{\mathrm{d}t} = \frac{q_0 \, \mathrm{e}^{-E_\mathrm{a}/(RT)}}{\sqrt{t}} \tag{3-29}$$

式中:q_0 是反应常数,一般是在实验室中反复测算获得的;E_a 表示激活能;R 是气体常数;T 表示当前的温度。对式(3-29)两边进行积分求解,能够得到从时间 t_1 到 t_2 的出气过程中损失的物质质量,具体的解析表达式为

$$\Delta m = 2q_0 \, \mathrm{e}^{-E_\mathrm{a}/(ET)} \, (t_2^{1/2} - t_1^{1/2}) \tag{3-30}$$

测试某材料的出气特征需要依赖 ASTM E 595 标准,该标准要求材料样品在 125 ℃、不超过 7×10^{-3} Pa 的气压条件下存续 24 h,通过对比最初和最末的材料质量,确定差值,即为出气导致的总质量损失(Total Mass Loss,TML)。在出气过程中,同时可以测量能够收集到的可凝挥发性材料(Collected Volatile Condensable Materials,CVCM)质量。另一个能够评价材料出气特征的量为水汽量(Water Vapor Regained,WVR),确定材料的 WVR 需要样品在相对湿度为 50%、温度为 23℃ 的环境中存续 24 h,最末相比最初的质量增加值即为WVR。对于航天工程而言,航天器的材料选用要求严格,TML 的值不应超过 1%,CVCM 的

值不应超过 0.1%。表 3-2 给出了部分材料的激活能、TML 和 CVCM 值。

表 3-2　部分材料的激活能、TML 和 CVCM 值

材料	激活能 /(kcal·mol^{-1})	TML/(%)	CVCM/(%)
黏合剂 Ablebond 36-02	16.2	0.19	0.00
黏合剂 Rtv 556	无	0.1	0.02
黏合剂 Scotchweld 2216	11.3	1.25	0.08
黏合剂 Solithane 113/300	12.6	0.66	0.04
保形涂层 Epon 815/v140	31.2	1.07	0.1
薄膜/薄板材料 Kapton H	无	0.77	0.02
油漆/金属漆/清漆 Catalac 486-3-8	12.4	2.14	0.03
油漆/金属漆/清漆 ChemgLaze Z-306	17.2	1.12	0.05
油漆/金属漆/清漆 S13GLO	无	0.54	0.1
油漆/金属漆/清漆 Z-93	无	2.54	0.00
油漆/金属漆/清漆 Zinc Orthotitinate	无	2.48	0.00

实验室数据测算结果显示,出气分子在接触物体表面过程中,分子几乎不会发生沿着几何路径的弹射或者散射,通常,这些分子附着于物体的表面,逐渐保持热平衡状态。

出气过程导致污染物分子逸出材料表面,接触物体表面后将形成表面附着,直到获得足够的激活能或者依靠自身的热运动方可摆脱物体表面,后者过程通常可以描述为量子力学的随机概率事件。具体地,根据实验测算,附着的污染物分子在物体表面的平均停留时间是表面温度的函数,有以下的近似表达:

$$\tau(T) = \tau_0 e^{E_a/(RT)} \tag{3-31}$$

式中:τ_0 表示污染物分子的振动周期,典型值通常约为 10^{-13} s。

如果单位时间内物体表面新增的污染物分子的数量大于零,表明污染过程形成,会在物体的表面逐渐形成污染层。污染层的形成是污染物分子在物体表面停留时间很长导致的,污染物积累速率可以用以下公式估算,即

$$X(t,T) = \gamma(T)\varphi(t,T) \tag{3-32}$$

式中:$\gamma(T)$ 表示与温度相关的黏滞系数,表征污染物分子停留在物体表面的概率;φ 表示的是污染物分子到达物体表面时的相对速率(单位为 μm/s)。

借鉴物体表面的单点出气污染过程,考虑到物体表面实际的污染速率是所有可能的出气源共同作用的结果,因此,需要了解某个出气点与各出气源之间的物理几何关系,其决定了物体表面的能量传递过程。首先定义几何视角因子,其为出气过程中分子离开出气源后撞击到物体表面某一位置的比例。经过实验分析及数据统计,分子到达物体表面的速率是其所在出气源的出气速率和对应的几何视角因子的乘积。

考虑某个面积为 dA_1 的平面,其向外发出的热辐射强度标记为 I_1,根据两个面之间的相对位置关系,dA_1 射向 dA_2 的能量传递速率可以表示为

$$\Delta q_1 = I_1 \cos\theta dA_1 \tag{3-33}$$

式中:θ 表示垂直于 dA_1 的法线和两平面中心连线 r 的夹角。

平面 dA_2 在该过程中实际获取的能量大小取决于 dA_2 的垂直法线和 r 的夹角,标记为 φ,满足以下表达式:

$$d\omega_2 = \frac{\cos\varphi dA_2}{r^2} \tag{3-34}$$

继而,能够计算从表面 dA_1 到表面 dA_2 的辐射能量大小为

$$\Delta q_{12} = I_2 \frac{\cos\theta\cos\varphi}{r^2} dA_1 dA_2 \tag{3-35}$$

进一步考虑当 dA_1 的辐射刚好覆盖了整个半球,φ 满足 $\cos\varphi = 1$,则有

$$dA_2 = 2\pi r^2 \sin\theta d\theta \tag{3-36}$$

对式(3-36)两边进行积分,能够建立辐射强度与能量间的解析描述:

$$E = \pi I \tag{3-37}$$

从表面 dA_1 到表面 dA_2 的辐射能量或强度表示为

$$\Delta q_{12} = E_1 \frac{\cos\theta\cos\varphi}{\pi r^2} dA_1 dA_2 \tag{3-38}$$

继而可以通过如下表达式,计算辐射从表面 dA_1 到表面 dA_2 的几何视角因子为

$$F_{12} = \beta \iint \frac{\cos\theta\cos\varphi}{\pi r^2} dA_1 dA_2 \tag{3-39}$$

通常,对于材料的出气过程,人们更为关心物体的表面、出气源、作用点与收集点的数据情况,因此,这些位置的视角因子计算显得尤为重要。式(3-39)简化后,可得某点的视角因子计算公式为

$$\mathrm{VF} = \int \frac{\cos\theta\cos\varphi}{\pi r^2} dA \tag{3-40}$$

式中:θ 表示出气源的法线和指向收集点之间形成的夹角;φ 表示收集点所处平面的法线和该点半径矢量张成的夹角;r 表示为出气源和收集点之间的相对位置距离。一旦获取各个几何视角因子,能够计算出污染物到达某一点时速率大小为

$$v = \sum_s \mathrm{VF}_s \frac{dm_s}{dt} \frac{1}{\rho_s} \tag{3-41}$$

式中:dm_s/dt 表示物体离开出气源时速率;ρ_s 表示污染物的质量密度,其表征了所有对出气污染有所贡献的出气源综合。对于不在出气源视角内的收集点,将其对应的视角因子赋为 0。

对于航天器表面而言,出气源非常有可能是一个较大的面,如经过出气处理的热控面板;也非常有可能是较小的局部区域,如航天器上某个出气口,或者某个电路元件。航天器通常携带的载荷数量不止一个,因此在进入轨道过程中,载荷自身有可能发生出气现象,导致载荷之间互相形成污染。因此,作为被携带进入空间的载荷本身存在潜在发生污染的风险。

对于某单一的污染源而言,污染敏感表面的污染物传播路径并不能实现直接传播。一种可能的情况是,污染源会通过出气过程在某个可能的中间物体表面形成污染传播的中继,受污染的中间物体继续通过解吸过程将污染物最终传播到视角外的敏感表面。基于上述情况,当对航天器的污染情况进行综合分析时,有必要将反射以及解吸的传递效应考虑在内。此

外,即使污染物离开航天器后,存在和周围的大气分子碰撞的可能,导致再次依附到航天器表面上。显而易见,这种情况在大气密度很高的低轨运行过程中容易发生,需要特别注意。当航天器进入更高的运行轨道时,这种污染出现的概率大幅下降。

航天器处于空间的等离子体环境中会逐渐失去电中性特征,最终表现为带负电荷特征。航天器处于等离子体环境中时,出气过程形成的污染物分子容易在接近航天器处被直接电离,在电场作用下,污染物分子很有可能再次吸附在航天器表面。通过航天器的高空充电污染实验,由航天器带电诱导污染物沉积情况占全部情况约 31%。随着航天器的飞行轨道上升,前述因素诱导的污染物沉积情况加剧,原因在于高轨道等离子体屏蔽厚度会增大。在低地球轨道上,等离子体的屏蔽厚度在 1 cm 左右,在此条件下,污染物分子在被电离之前就有很大的可能摆脱电场力对其的束缚。在高地球轨道上,等离子体屏蔽厚度的量级大幅提升,在几米到几十米之间,污染物分子被电离并被航天器表面重新吸附的可能性更高。常见的污染物分子被航天器表面二次吸引的现象的主要诱因有二:其一为污染物的束流受到太阳光的直接照射;其二则为航天器在等离子体环境中演化,最终表现为带负电荷的状态。

物体表面随着附着污染物增多,污染物薄层增厚,继而会改变物体表面吸收太阳能的效率。利用符号 $\alpha_c(\lambda)$ 表示因污染物附着导致的污染物薄层影响下物体表面对太阳能的吸收率,其表达式为

$$\alpha_s^x = \frac{\int \{1 - R_s(\lambda) \, e^{-2\alpha_c(\lambda)x}\} S(\lambda) d\lambda}{\int S(\lambda) d\lambda} \tag{3-42}$$

式中:x 表示污染物附着形成的薄层厚度;$R_s(\lambda) = 1 - \alpha_c(\lambda)$ 表示纯洁物体表面对太阳能的反射率。上述表达式中,指数项的幂次为 2,原因在于光子需要首先穿越薄层,发生反射后二次穿过薄层,才能保证不会发生表面吸附。根据航天器表面材料特征,出气过程形成的典型混合污染物对紫外线更敏感,具体表现为表面在紫外波段的吸收率高于红外波段,所以,如果航天器携带的遥感载荷需要工作在紫外波段,和工作在红外波段相比,需要更加关注分子污染问题。

测算数据表明,部分航天器在寿命终末阶段时,α_s 能够处于 0.3~0.4 之间,对于航天器的光学太阳能反射器所选用的常规材料,在任务初期时 α_s 初始值为 0.08。为了兼顾热管理性能和较低的太阳能吸收率,散热器不得不做得足够大,方可保证在寿命终末阶段提供所需的散热能力。随之而来的问题是,在任务开始阶段,散热器过大导致需要额外的供热,避免系统温度过低。换言之,通过技术手段保持任务过程中 α_s 的变化幅度不大,对于航天器的体积、质量和费用降低具有重大意义。随着科学家对航天器污染问题的深入了解,当前可以利用选用合适的材料优化航天器的早期设计,保证任务终末阶段的太阳能吸收率不大于 0.2。

前文介绍了热管理的材料表面导致的污染问题,另外一个需要在航天器总体设计中专门注意的是影响光学设备正常运行的污染现象。如果航天器载荷的光学关键部件,如有效载荷的镜头、平面镜或焦平面阵列上发生了污染物沉积,并形成污染物薄层,将直接导致光学探测器的信噪比下降,加之吸收了来自探测目标的光子,进一步加剧了探测器的动态范围受到的影响。随着污染薄层厚度的增加,光学探测器的性能会逐步下降,并最终导致失效。

3.3.3　协同效应

事实上,单一空间环境效应单独作用的情况极少出现.测算数据表明,当存在两种或多种空间环境效应时,其产生的影响通常会诱导协同效应,进一步形成综合效应,最终导致的结果大概率比单一环境效应单独作用导致的性能衰退的直接叠加更加严重.在空间环境中,太阳紫外线和分子污染常发生此类相互作用.太阳能电池阵处于在轨运行状态时长时间处于太阳光照射,电池阵表面的温度通常较高.从理论上分析,高温表面对多数污染物分子吸附能力不强,污染物在这种条件下的太阳能电池阵表面应为短暂逗留,至少不会形成十分可观的污染效应.事实上,大量的试验表明,太阳光中的紫外线照射到太阳能电池阵的高温表面时,会出现洁净的物体表面出现污染现象.从试验数据中能够发现,太阳紫外线激发了分子间的聚合反应,反应结果是直接导致污染物分子吸附在物体表面.容易得到的一个简单结论是,如果暴露在太阳光的紫外线下,那么物体表面的高温无法避免污染物沉积现象.光化聚合反应造成的污染物沉积的速率会随着分子到达速率的降低而增大.基于这一重要事实,即使物体表面的出气速率会随着时间流逝而变小,光化聚合对应的黏滞系数以及污染物的沉积速率减小的幅度也与出气速率差异较大.显而易见的结果是,即使在出气速率处于极小值后的相当长的时间里,航天器表面面临的光化聚合沉积污染问题仍然不会缓解.受到光化聚合沉积污染的一个典型案例是 GPS Block Ⅰ 卫星,其在轨道运行 3 年后,人们注意到卫星功率下降非常严重,学界在认真分析数据后得出结论,GPS Block Ⅰ 卫星极大概率是受到光化聚合沉积污染,导致能源功率下降.结合数据与案例容易发现,航天器在执行在轨任务过程中,表面出气过程会持续相当长的时间,如果关心的污染现象没有减退消失的趋势,就需要设计预案应对污染带来的影响.

3.3.4　压差效应

空间环境中,气体压强与热运动也会诱导一系列的物理或者化学效应,对在轨航天器运行带来挑战,具体包括材料变形与损坏、泄漏、低气压放电效应、微放电效应、真空热交换、冷黑背景以及空间外热流等效应.

当关心的目标结构两侧压强不一致时,压差对结构的影响就需要着重考虑.通常情况下,单位压差能够导致 1 N/m² 的压强,在压差-温度循环的耦合作用下,部分结构会出现开胶、撕裂之类的问题.为了避免固面天线、电池板等蜂窝结构出现这类严重问题,其表面都专门设计了泄压孔,主动加快蜂窝结构内部的压力释放,降低压差效应对结构强度的影响.

如果航天器的内部设计要求有气体,极微小的漏孔也会引发灾难性的气体泄漏事故,防泄漏设计是载人飞船、航天服设计过程中必须考虑的关键环节.漏孔泄压速率通常采用热力学喷管定熵膨胀模型进行数值估算.

低气压放电效应是指在 1 000 Pa 以下时,气体分子的平均自由程增大.如果粒子带电且处于电场中,其运动是持续加速的,当和原子外层的电子发生碰撞时,直接导致气体电离,容易引发低气压放电现象;如果压力继续降低,低气压放电现象减弱,当压力降低到 0.1 Pa 或者更低时,粒子运动过程中发生分子碰撞的概率下降,电离现象难以发生,导致低气压放电现象发生的概率也随之降低。

根据帕邢定律,带电导体间的击穿电压可以通过气压与距离的乘积函数进行描述,函数的曲线如图 3-9 所示,从图中曲线不难发现,相比地球大气环境和真空环境,低气压环境中放电现象更容易出现,因为在这种条件下击穿电压最低。

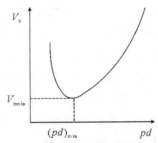

图 3-9　击穿电压与气压和距离的关系图

微放电效应又称为二次电子倍增效应,是在真空条件下发生的一种部件表面的谐振放电现象。当压强低于 0.01 Pa 并接近真空时,如果金属的表面遭到相当能量的电子碰撞,在表面激发出的次级电子通过和其他金属表面发生碰撞,就会激发出更多的次级电子,随着激发不断涌现,多次碰撞下持续形成整体稳定的放电现象,这一过程即称为微放电效应。

微放电效应对部组件的电性能影响较大,严重的会导致谐振类载荷失谐、载荷内部气体发生逸出现象,诱发载波频率附近的窄带噪声、电子侵蚀以及无源互调等现象。

图 3-10 所示为微放电发生机理示意图。微放电效应发生过程可参考图 3-10(a),处于缝隙的上板和下板表面的自由电子在微波场作用下运动,当微波场处于正半周电场状态时,电子加速运动,在微波场的交变电场过零时,运动中的电子撞击到缝隙的上板的下表面,并激发二次电子;在图 3-10(b) 中,初始的运动电子和二次激发的电子共同在微波场的负半周电场作用下加速运动,在微波场交变电场过零时,运动中的电子撞击到缝隙下板的上表面,激发并产生新的二次电子。上述过程往复循环,新的二次发射倍增电子都由撞击激发,最终形成雪崩微放电效应。

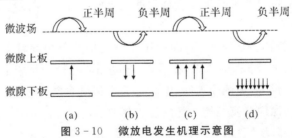

图 3-10　微放电发生机理示意图

在真空条件下,大气环境下导热、对流等散热方式彻底失效,换热的主要模式是热辐射。因此,相较地面环境条件,空间真空条件下的热交换实施难度更高。通过接触实现传热,本质上也是一种导热,这种效应发生在相互接触的表面。在真实物理世界,物体的表面粗糙度是两个表面间接触程度的制约条件,由于表面粗糙度和理想条件有差距,微观上两个物体接触的表面只有部分点或局部的区域是紧密接触的。地面环境中这些缝隙将被空气填满,由于空气充满在缝隙中,对导热过程起到增强解除导热作用;在空间环境中导热气体过于稀薄,接近真空,因此对于航天器上热耗需求高的组件通常会额外增加导热材料,提高组件的换热能力。从反方面看,真空环境造就了卓越的保温条件,航天器利用镀锌膜、多层隔热组件,隔绝热辐射,能够进一步增强隔热效果。

太阳及其附近行星的辐射是太阳系内辐射的主导,来自宇宙的太空背景辐射能量和前者相比微乎其微,数值在各个方向上等量,平均辐射能量为 5×10^{-6} W/m² 左右,等价于温度 3 K 的绝对黑体所辐射出的能量,相应地,宇宙空间这种低温特征常用"冷"进行描述。相比太阳系中的行星及其卫星等天体,在轨卫星的尺寸过小,并且这些卫星和其他天体的距离通常很大,这些因素导致卫星表面所辐射出的能量通常不再返回到卫星表面,即可以理解为宇宙空间直接吸收了卫星表面辐射出的能量,其内涵和吸收系数等于 1 的绝对黑体的光学特征一致,所以"黑"被用来形容宇宙空间背景。

航天器上普遍使用的可伸缩、可延展机构,如展开式太阳帆板、网状甚长天线等,因为宇宙冷黑背景效应会导致活动机构脆弱、老化及变质,严重影响其活动性能。

在地球轨道运行的航天器,太阳辐射、地球红外辐射及反照组成了空间外热流。当航天器离开地球轨道进入深空时,需要依据其具体的运行轨道将其他行星的热辐射和反照纳入空间外热流内加以考虑。太阳光中波长 $0.3 \sim 2.5 \ \mu m$ 内的热辐射和 6 000 K 黑体辐射出的能量相当,航天器受到这类辐射直接加热是在轨飞行过程中遇到的最大外热流,这些辐射有一部分会通过反照效应对航天器表面进行加热。太阳系内航天器所受到的反照主要来自地球、月球及行星,太阳辐射能照射这些天体后会发生反射现象。地球、月球及行星吸收太阳能后,将其部分转化成热能,又以长波辐射的方式回到宇宙空间,这部分辐射能称为地球、月球及行星的红外辐射。

空间外热流会直接影响航天器热管理系统对热量的调节,这部分工作通常在地面预先进行设计,因此在进行热平衡过程中要全面分析工况,考虑各种条件下外热流对航天器的影响。

3.4　小　　结

太阳辐射是空间环境中多种效应的诱导因素之一,其对航天器任务的影响不容小觑。本章介绍了太阳辐射效应的形成原因、太阳结构、太阳活动、太阳风以及太阳能等,了解和掌握太阳辐射及其影响能够提升特殊场合下航天器任务的成功率,同时缩短研制周期。此外,随着先进探测手段的出现,太阳辐射效应及形成机理将迎来新的更为有利的数据与理论支撑。

1.通过文献调研,了解人类开展太阳探测的最新进展情况。

2.回顾"旅行者"系列探测器的成就,调研文献,试着完成探测器的轨道设计与仿真。

3.通过文献调研,了解"帕克"太阳探测器的最新进展,学习探测器的总体设计,并试着进行轨道机动设计与仿真。

4.根据最新的研究情况,谈一谈太阳的发展对未来人类生存的太阳系环境的影响。

第4章 地球电磁场

太阳风和宇宙高能射线共同作用下形成了日光层,太阳风和宇宙高能射线在此处能量均衡,有效保护了太阳系内的天体,特别是人类生存的地球,避免受到银河宇宙射线的影响,同时创造太阳系的独有空间环境。类似地,太阳风也能够和磁场发生相互作用,当一个有大气和非完整磁场的天体遭遇太阳风时,在天体磁层作用下,太阳风运动速度减小,同时运动方向发生变化。与此同时,天体周围的行星际磁场也会随之发生变化。当一个磁场完整的天体遭遇太阳风时,在天体的日侧,磁场受太阳风影响被压缩,而在夜侧发生磁场的延伸,此时,天体的等离子体和太阳风将形成明显的分界,分离的位置称为磁层顶。

假如地球没有完整的磁场,从太阳发出的太阳风在地球附近就不会因为磁场作用而转向,而是直接抵达地球表面。在如此强度的高能粒子轰击下,直接导致的结果是地球大气不复存在,地球上生命体的存续危在旦夕。因此,地球磁场作为地球的"保护伞"的作用不言而喻,其存在对于地球生命体存续重要至极。

4.1 引　言

地球周围数万千米范围内都是地球磁场形成的地球磁圈引力影响的范围。地球磁圈具有屏障太阳风所携带电粒子对地球影响的作用。地球磁场在白昼区,又称向日面,或称日侧,受到太阳风带电粒子的作用力影响处于挤压状态;在地球黑夜区,又称背日面,或称夜侧,则表现出地球磁场向外伸出的特征。

地球磁场通常指地磁场,具体为地球内部天然存在的磁性现象。在研究地球磁场时,通常将地球简化为磁偶极,两极分别位于地球的地理北极附近以及地球的地理南极附近。通过这两个假设的磁极连线和地球的自转轴呈现约 $11.3°$ 的夹角。根据地磁场的稳定程度,可以将其划分为基本磁场和变化磁场两个主要部分。基本磁场是地球磁场的主体,源自固态地球的内部,磁场的表现十分稳定,也常被称为静磁场部分。变化磁场形成的原因十分复杂,表现为地磁场短期的各种变化,研究表明这些变化源自固态地球的外部,表达的现象通常较为微弱。地球磁场中变化磁场部分还可以细分为平稳变化和扰动变化两种。

从古时开始,人们便利用地磁场的特征在行军和航海中进行定向,还可以依据地磁场在地面上表现的分布特征探索矿物。时至今日,地磁场的变化对无线电波的传播也有一定的影响,在太阳黑子高年,地磁场受到太阳黑子活动产生强烈扰动,远距离无线电通信随之受到严重影响,甚至出现中断的情况。自然界中广泛存在利用地磁场进行导航的案例,古代人利用鸽子翻山越岭传递信件,依赖的是鸽子利用地磁场导航的本领。当前的研究结果表明,鸽子是地球生物中为数不多能够感受到地磁场变化的生物之一,这一现象称为生物感磁。

生物感磁效应的内在形成机理当前尚存分歧,主流的生物感磁研究内容基于如下两种假说:神经"磁块"假说以及磁感应蛋白假说。

生物感磁效应的神经"磁块"假说认为,能够感应磁场的动物神经系统里含有小至纳米尺度的类磁物质,它们能够随着地磁场特征变化感知相应影响并形成电信号,实现磁电生物信息转换。为了验证这一说法,生物物理学家进行了一项试验,首先记录秋季时食米鸟迁徙飞行的方向和地磁北极的夹角,接着用药剂对鸟的视神经进行麻痹,再次观测这一夹角数值。从数值结果上看,用药前后的数值差异显著。根据假说,推断类磁物质分布在食米鸟的视神经上,这些生物磁感应器赋予了食米鸟辨别迁徙方向的能力。

生物感磁效应的感应蛋白假说认为,动物神经中含有某种特异蛋白质,本身不具备磁性,当这些蛋白受到光照时,阳光会改变其表面的电荷分布,继而形成生物电信号,帮助动物分辨磁场的变化。这一说法的理论依据为,研究者发现某些磁感应蛋白确实能够随着磁场的变化发生自行转动的现象,即便在它们已经脱离了生物体的情况下,这一特征依然能够保持。研究者开展了进一步的对比试验,发现某些蛋白被彻底破坏后,原本具有生物感磁能力的动物会失去准确导航能力。

值得一提的是,具有磁感应能力并非是擅长长途迁徙的鸟类动物的专属,一些没有翅膀,不能飞行,甚至远距离陆地移动能力都很弱的动物,也能够感应地球磁场。一个较为典型的案例为,基于谷歌地图数据,爱好者抓取了上千只食草动物的卫星照片,并重点分析了它们吃草时的身体朝向,数据结果表明,这些动物的身体朝向不满足随机分布,而是一致地沿着地理的南北方向站立,这与地球磁场方向相同。

4.1.1　地磁场的发现与早期应用

我国对于地磁场的研究最早可以追溯到北宋时期,形成了史料,对地磁场的基本性质和应用方法进行了总结,其中代表人物当属沈括。沈括是北宋时期的著名学者,矢志一生追求科学,在众多学科领域都有很深的造诣,为当时的科学进步做出了卓越贡献,被后人赞誉为"中国整部科学史中最卓越的人物"。沈括的代表作《梦溪笔谈》是一部内容丰富的科学史书,集前人的科学认知与成就之大成,其地位在世界文化史上十分重要,可谓是"中国科学史上的里程碑"的存在。《梦溪笔谈》对于地磁场的应用有如下描述:利用精湛技艺,匠人可以将磁石磨成针状,磁针头部锋利,并且指向南方,但并非是正南方向,通常略微偏向东方。为了使指向性能更好,可以将磁针直接放在水上、手上或者碗边,过程中都会伴随着十分可观的震动摇摆。由于磁针在摆动过程中运动迅速,被放置在坚硬光滑的表面上容易滑落,总结就是这些放置磁针方式达到的效果均不如悬挂好。悬挂法通常直接取当年新产的丝绵中最好的一缕茧丝,用芥菜种子蘸蜡在茧丝上均匀涂抹,将处置好的茧丝系在磁针中段,悬挂在无风的场所,则用悬挂法放置的磁针均指向南方。从沈括在著作中的描述不难发现,他发现了磁针和南北极指向的规律、潜在关系和应用方法,但是没有能细究现象背后的科学原理,考虑到当时的科学基础,沈括没能最终给出合理的、科学的理论说明。

英国人吉尔伯特是西方系统性地磁场原始理论研究和应用的先驱。早在 1600 年,他著述了《磁体》一书,书中总结了当时许多有关磁体性质的案例,并且创造性地进行了划时代的磁体实验:吉尔伯特把一块天然磁石研磨成一个规模可观的磁球,并将小磁石制成的小磁针装在枢轴上,将多个这种小型装置布置在大磁球的附近,实验发现小磁针的各项行为特征和地球指南针所表现的行为完全一样。进一步地,吉尔伯特用石笔按顺序把小磁针排列的指向标记为一条一条的曲线,最终形成了许多子午圈,展现效果和地球经线十分相像,同样存在一条赤道,赤道上的小磁针平行于球面。基于这些实验现象,吉尔伯特提出了一个基本的假说:他认为地球自身可以用一块巨大的磁石描述,磁场的子午线汇交于地球两个相反的地理极点,即磁极之上。结合前述发现,吉尔伯特又进行了更为深入的探索和研究,取得了令人瞩目的研究成果。他在科学上的重大贡献可以总结如下:发现了磁体的两极并给出磁体的同名极相斥、异名极相吸的结论,发现地球的磁场表现和磁体类似,发现了磁与电之间的显著区别。

4.1.2　地磁场假说的发展

地球存在磁场的真实原因还不为人所知,地球磁场形成的机理在学界仍无定论,普遍的说法为其形成的诱导因素是地核内液态铁的运动,业内最具代表性的假说为地球磁场的"发电机理论"。地球磁场的"发电机理论"形成于1945年,当时美国物理学家埃尔萨塞参考磁流体发电机原理,认为液态外地核在初始微弱的磁场中运动,可以类比磁流体发电机发电,电流的磁场对初始弱磁场有增强作用,这种外地核物质与磁场持续相互作用,能够持续加强原来的弱磁场。进一步考虑摩擦生热的消耗,地球磁场增加到相当的程度就会因为能量平衡而稳定下来,最终表达为现在的地球磁场特征。地球磁场的"发电机理论"面临的主要问题在于铁磁介质在770 ℃,即居里温度下磁性会完全消失。在地球深处的高温条件下,铁很容易达到并超过自身熔点并呈现为液态,很难直接形成地球磁场。为了符合基本物理现实,应该采用磁现象的电本质对地球磁场的形成进行解释。根据现有物理学研究成果,在高温、高压条件下,物质原子的核外电子的加速运动会导致其向外逃逸。所以,在6000 K的高温和360万标准大气压的地核环境中,大量的电子会逃逸出来,导致地幔间形成负电层。根据麦克斯韦电磁理论,形成地球南北极式磁场的必要条件是存在旋转的电场,这与地球自转造成地幔负电层旋转形成旋转的电场效应一致。

除了地球磁场的"发电机理论",当前出现的比较有影响力的地球磁场形成假说有十余种,包括最早提出的永磁体学说,认为地球内部本身存在着巨型永磁体,磁场是由该永磁体提供的地球磁场。内部电流学说认为地球内部本身存在巨大电流,然而近现代的持续观测数据无法支持这一观点,因为未观测到这种所谓的巨大电流,而且理论上这种巨大的电流衰减很快,长期存续是一个难题。电荷旋转学说认为地球表面和内部分别分布着符号相反、数量相等的电荷,随着地球自转形成闭合的电流,继而形成磁场,和内部电流学说一样,这种说法缺乏数据支持和理论分析。压电效应学说认为在地球内部的超高压环境下,物质中的电荷发生分离,电子在电场的运动形成电流和磁场,然而经过理论计算,获得的磁场规模不到地球磁场的1/1 000。旋磁效应学说认为地球磁场是由地球内部强磁物质旋转诱导的,但按照假说的模型进行测算,这种旋磁模型形成的效应磁场在数值上相比当前的地球磁场规模可以忽略不计。温差电效应学说将地球磁场的形成原因归结为地球内部的放射性物质,这些物质产生大量热能,诱导熔融物质形成连续但是不均匀的对流,其产生的温差电动势和电流最终形成地球磁场,但理论模型形成的估计磁场规模和实际地球磁场差距也很大。根据少数天体观测数据,研究者发现了一个规律,具有角动量的旋转物体会产生磁矩,继而产生磁场。这一学说称为旋转体效应学说,为了满足理论分析,这一学说需要使用无理论依据的一个常数,研究者为此设计了精密的实验,然而实验结果无法支持这一假说,反而成为了否定其假说的重要依据。磁力线扭结学说考虑到地球磁场的磁力线张力特性和地核的较差自转效应,会放大原本微弱的地球磁场进而形成地球磁场。霍尔效应学说认为在地球内部存在温度不均匀产生的温差电流和初始微弱磁场,二者相互作用之下形成霍尔效应,继而产生霍尔电动势和霍尔电流,并最终形成地球磁场。电磁感应学说认为,地球以外的诱因是导致地球磁场的主要原因,太阳的强烈磁活动导致太阳风到达地球后,根据电磁感应原理和整流作用产生地球内部的电流,共同作用下形成了地球磁场。在上述学说中,发电机学说在数值观测、实验测算和理论分析等研究上得到较多的验证,是当前学界进行研究和应用较多的地球磁场模型。

4.2　电磁场基本原理

变化的电流能产生磁场是电磁基本规律之一,不受限于其存在的场景是电路系统,还是原子环境,还是在地核中。地球固态内核的主要组成元素是铁质元素,包围这些铁质元素的外核由熔融质的铁组成,再向外则是固态地幔。地球磁场的成因离不开地球内核和外核的相对运动,该过程可抽象为磁流体发电效应。

洛伦兹力描述的是质点在电磁场中所受的力,其表达式为

$$\boldsymbol{F} = q(\boldsymbol{E} + \boldsymbol{v} \times \boldsymbol{B}) \tag{4-1}$$

式中:$\boldsymbol{B}$ 表示磁通量密度,也称为磁场矢量,用国际单位制描述为 T 或 $N \cdot A^{-1} \cdot m^{-1}$;$E$ 表示电场强度,用国际单位制描述为 $V \cdot m^{-1}$;F 表示作用力,用国际单位制描述为 N;q 表示电荷电量,用国际单位制描述为 C;v 表示速度,用国际单位制描述为 $m \cdot s^{-1}$。

磁矩是描述载流线圈或微观粒子磁性的常用物理量,也是磁性物质的一种基本物理性质。如果将磁铁置于磁场中,磁铁会受到力矩作用,磁矩的排列方向则沿磁场的磁场线方向。具体地,磁铁的磁矩方向指向为从磁铁的南极指向北极,大小则由磁铁的磁性和量值共同决定。除了磁铁,载流回路、电子、分子以及行星在磁场中都会受到磁矩。

载流回路中的环形电流磁矩如图 4-1 所示进行计算,数学表达为

$$\boldsymbol{m} = IS\boldsymbol{\varepsilon} \tag{4-2}$$

式中:m 表示环形电流的磁矩;I 表示电流的强度,用国际单位制描述为 A;S 表示环形电流形成圆盘覆盖的面积,用国际单位制描述为 m^2;$\boldsymbol{\varepsilon}$ 表示依据右手定则确定的正交于电流回路形成原盘平面的单位矢量。

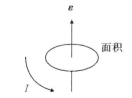

图 4-1　环形电流磁矩示意图

力矩是力施加在物体上时导致物体发生转动效应的物理量。如果磁场的强度已知,那么磁场施加在环形电流的力矩可以用以下公式计算,即

$$\tau = m \times B = IS\varepsilon \times B \tag{4-3}$$

式中:τ 表示力矩,用国际单位制描述为 $N \cdot m$。

在真空条件下,磁感应强度和真空磁场强度呈正相关的关系,满足

$$B = \mu_0 H \tag{4-4}$$

式中:H 表示真空磁场强度,用国际单位制描述为 $A \cdot m^{-1}$;μ_0 表示真空磁导率,用国际单位制描述为 $N \cdot A^{-2}$。

真空磁导率是国际单位制中特别引入的一个有量纲的常量,通常符号标记为 μ_0,主要用于描述真空中两根通过相等电流的平行、无限长细导线间的相互作用力,其计算公式为

$$F = \frac{\mu_0 I^2 h}{2\pi a} \tag{4-5}$$

式中:h 表示平行导线的长度,用国际单位制描述为 m;a 表示导线间距,用国际单位制描述为 m;通过实验测算,真空磁导率的经验值为 $\mu_0 = 4\pi \times 10^{-7} \, N \cdot A^{-2}$。在实际应用中,这个普适的常数主要用来建立力学和电磁学测量间的联系。真空磁导率在其他计算真空条件下磁场相关问题中也常被使用。

附加磁化强度用来描述有介质材料存在时,介质材料在磁场中表现出的磁场强度为

$$M = \chi H \tag{4-6}$$

式中:χ 表示磁化率,为无量纲数;M 表示介质材料的附加磁化强度。

根据物理关系,磁化率是表征磁介质属性的关键物理量。任何处于磁场中的材料都会受到来自磁场的磁化作用,导致材料表现出一定的磁性特征。根据实验数据测算,磁性不能单纯地由介质材料的磁化强度或磁感应强度的大小进行描述,需要特别考虑磁化强度在外磁场变化时的作用特征。

通过实验分析,人们发现材料在磁场中磁化效果会随着材料自身的性质不同而变化。根据磁场对材料附加磁强度特征,磁性材料可以划分为顺磁质和逆磁质两类。如果在材料上形成磁场的附加磁化强度 M 和原始磁场强度 H 的方向指向一致,该材料则为顺磁质,对应式 (4-6) 中 $\chi > 0$;相对地,如果材料在磁场中形成的附加磁化强度 M 和原始磁场强度 H 的指向方向相反,那么该材料属于逆磁质,对应于 $\chi < 0$。综合考虑上述情况,对置于磁场中的介质材料,其磁通量密度的计算公式为

$$B = \mu_0(H + M) = \mu_0(1 + \chi)H = \mu H \tag{4-7}$$

式中:

$$\mu \equiv \mu_0(1 + \chi) \tag{4-8}$$

式中:μ 表示磁导率,用国际单位制描述为 $N \cdot A^{-2}$。相比一般的介质材料,铁磁介质的磁化率比较大,其磁化率远大于1。

磁场中的介质材料磁通量密度和磁场本身强度的关系与材料本身有关,但其并非是单纯的决定性因素,此外初始条件也会对磁化强度结果产生影响。实验数据表明,简单的线性函数无法准确描述附加磁化强度和磁场强度之间的关系,加之方向并非保持不变这一因素,形成了介质材料磁通量变化的磁滞现象。

磁滞现象表现为铁磁介质磁化状态的变化并不是即时的,其变化过程总是落后于外加磁场的变化,在外磁场撤消后,铁磁介质会继续保持当前部分磁性一段时间。

图 4-2 所绘制的轨迹是典型铁磁介质的磁通量密度 $B = (B_x, B_y, B_z)^T$ 随着磁场强度 $H = (H_x, H_y, H_z)^T$ 变化的响应曲线。为了便于描述,在图 4-2 及其分析中,向量和标量是混用的,即它们出现在式中,向量符号表示的是对应的标量幅值。

(1)不失一般性,选定 $B_x = 0$ 和 $H_x = 0$ 为初始条件,随着磁场强度 H_x 的增加,铁磁介质的磁通量密度 B_x 随之增大。当增大到饱和点位置时,继续增加磁场强度 H_x,磁通量密度 B_x 变化并不显著,可以认为达到了饱和。

(2)接着以饱和点为起点,随着磁场强度 H_x 下降,磁通量密度 B_x 的变化轨迹并没有沿着上升时的轨迹返回,而表现为在强度水平更高的位置回退。当穿越磁场强度 $H_x = 0$ 位置时,铁磁介质仍然保有相当的有效磁通量密度,即数值描述满足 $B_x > 0$,该点被命名为剩磁点。

(3)继续减小磁场强度 H_x,当铁磁介质的磁通量密度 B_x 变为零时,磁场强度方向已经发生反转,并保持一定的强度,该点被命名为矫顽磁点。

(4)轨迹越过 $B_x = 0$ 且 $H_x < 0$ 的位置,继续减小磁场强度 H_x,当出现减小 H_x 而 B_x 变化甚微时,表明其达到了负向的饱和点。

(5)从负向的饱和点出发,增大磁场强度 H_x,在其恢复为 $H_x = 0$ 时,即表明其到达了负向的剩磁点。

(6)越过负向的剩磁点,继续增大磁场强度 H_x,可以达到正向的矫顽磁点。

(7)从正向的矫顽磁点(此时 $H_x > 0$ 且 $B_x = 0$)出发,增大磁场强度,则磁通量密度也会增大,直到到达饱和点。

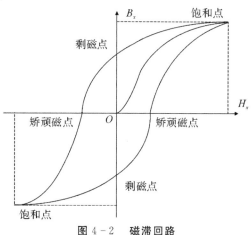

图 4-2　磁滞回路

通过上述变化过程,可以对典型铁磁介质的磁通量密度 B_x 随着磁场强度 H_x 变化过程中剩磁点、矫顽磁点和饱和点的特征分别进行如下总结:剩磁点是指当磁场强度 $H_x = 0$ 时,磁通量密度 B_x 的大小;矫顽磁点是指当磁通量密度 $B_x = 0$ 时,磁场强度 H_x 的大小;饱和点是指当磁场强度增大(减小)时,磁通量密度不再增大(减小)的点。

利用图 4-2 中所绘制的磁滞回线包围的面积可以表征磁滞损耗。

航天器在轨道上运动或转动时,其自身磁场相对于参考系会发生变化,继而产生涡电流。根据法拉第定律,回路中感生电动势和通过回路中磁通量变化率呈现比例关系,即

$$U = \oint_C E \mathrm{d}l = -\frac{\mathrm{d}}{\mathrm{d}t}\iint_S B \mathrm{d}S \qquad (4-9)$$

式中:C 表示描述闭环轮廓;E 表示所处电场强度;U 表示表示感生电动势,用国际单位制描述为 V;$\mathrm{d}l$ 表示轮廓线距离的微元。

变化的磁场在其周围空间激发感生电场,又称为有旋电场,这种感生电场迫使导体内的电荷作定向移动而形成感生电动势。

麦克尔·法拉第在1831年围绕电磁感应现象开展了相关实验,通过对实验效果的观察,法拉第总结出以下几条重要规律:① 通过改变载流导线的电流,其附近的闭电路中可以测量到电流;② 移动磁铁,附近的闭电路中会出现电流;③ 移动位于载流导线或磁铁附近的闭电路,在闭电路上会获得电流。

法拉第于1832年发现产生于不同导线的感应电流与导线的电导率成正比。由于电导率与电阻成反比,这表示感应作用与电动势有关,感应电流则是由电动势驱动导线电荷运动而形成的。值得一提的是,在变化磁场附近形成的电场和电荷附近的静电场存在一定的本质差异,具体总结如下:① 电荷是静电场的激发源,磁场发生的变化是磁场附近形成的电场的诱因,所以激发方式存在本质不同。② 静电场中电场线都是不闭合的,总是自正电荷处出发,在负电荷处终止,如果单位正电荷在静电场中沿着闭合轮廓运动一周,电场力做功为零。变化磁场附近的电场中电场线是完全闭合的曲线,起始点和终止点并不存在,这与磁场中的磁感线类似,所以单位正电荷在变化磁场附近的电场中沿闭合轮廓运动一周后,电场力做功不为零。

应该指出,根据引起磁通量变化原因不同,感应电动势可以进一步划分为动生电动势和感生电动势,二者的主要区别如下:在出现感应电动势时,如果磁场没有发生变化,那么激发形成的电动势是动生电动势;相反地,因磁场发生变化而出现的电动势是感生电动势。

4.3 磁场数学模型

地球磁场可近似为中心置于地心附近的一个磁偶极子,其表现出的基本特征可以做如下归纳:地球的磁极存在两个,在地理北极附近的一个磁极被定义为地球磁场的南磁极,极性为 S 极;相反地,在地球的南极附近的一个磁极被定义为地球磁场的北磁极,极性为 N 极。测算数据表明,地球的磁轴和自转旋转轴并不重合,两轴相交大致呈11.5°。地球上不同纬度的地区,利用磁针的偏转方向可以初步判定磁力线方向;地球磁场是矢量场,在进行磁场研究中需要同时对方向和大小加以关注。

偶极场是描述电磁场源的一种典型模型,具体描述为,在多匝空心环形线圈或磁芯棒状线圈通有谐变或脉冲电流时,在线圈的周围空间形成的一次场。

偶极场可以用3种模型模拟,按照下述顺序,其模拟精确度递增:

(1)地心同轴偶极子模型的一个主要特征是,偶极子轴与地球自转旋转轴平行并且穿过地球的质心。

（2）倾斜偶极子模型的主要特征在于，偶极子轴相对于地球的自转旋转轴倾斜角度不为零，偶极子轴穿过地球质心。

（3）偏心倾斜偶极子模型的主要特征在于，偶极子轴相对于地球自转旋转轴不仅有一定倾斜，而且偶极子轴不穿过天体质心，即与质心有所偏离。

4.3.1　偶极场坐标描述

上述 3 种模型均可以用球面坐标系或笛卡尔坐标系描述，图 4-3 给出了沿 z 轴的偶极子数学描述，即

$$\boldsymbol{B} = B_r \, \boldsymbol{\varepsilon}_r + B_\varphi \, \boldsymbol{\varepsilon}_\varphi + B_\theta \, \boldsymbol{\varepsilon}_\theta \tag{4-10}$$

式中：

$$\left.\begin{array}{l} B_r = -\dfrac{2B_0 \cos\varphi}{(r/R)^3} \\[4mm] B_\varphi = -\dfrac{B_0 \sin\varphi}{(r/R)^3} \\[4mm] B_\theta = 0 \end{array}\right\} \tag{4-11}$$

$B_0 = \dfrac{\mu_0 m}{4\pi R^3}$ 表示赤道的地磁通量密度，用国际单位制描述为 T；m 表示天体的磁偶极矩，用国际单位制描述为 $\mathrm{A \cdot m^2}$；r 表示半径，用国际单位制描述为 m；R 表示天体的参考半径，用国际单位制描述为 m；θ 表示地球的经度，格林威治以指向东为正；φ 表示地球的余纬。

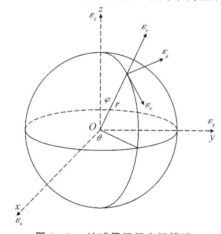

图 4-3　地球偶极场坐标描述

笛卡尔坐标系下的偶极子几何关系可以描述为

$$\boldsymbol{B} = B_x \, \boldsymbol{\varepsilon}_x + B_y \, \boldsymbol{\varepsilon}_y + B_z \, \boldsymbol{\varepsilon}_z \tag{4-12}$$

式中：

$$\left.\begin{array}{l} B_x = -\dfrac{3xzR^3 B_0}{r^5} \\[4mm] B_y = -\dfrac{3yzR^3 B_0}{r^5} \\[4mm] B_z = -\dfrac{(3z^2 - r^2)R^3 B_0}{r^5} \end{array}\right\} \tag{4-13}$$

式中：x,y,z 表示笛卡尔坐标系的三轴坐标，用国际单位制描述为 m。

根据式（4-10）给出的计算方法，可以通过计算获得地球上某地的磁通量密度为

$$B = \frac{\mu_0 m}{4\pi r^3}\sqrt{1+3\cos^2\varphi} = \frac{B_0}{(r/R)^3}\sqrt{1+3\cos^2\varphi} \qquad (4-14)$$

从式（4-14）中不难发现，地球上某地的地球磁场磁通量密度是当地纬度的函数，而与当地的经度关联不大。

4.3.2　地球磁场七要素

为了便于分析地球磁场特征和量化关系，可以选用局部垂直坐标系描述地磁场中的矢量关系，具体实施方法如下：

（1）坐标系构建（见图4-4）：① 首先将观测点 O 定位为局部坐标系的坐标原点；② 局部坐标系的 x 轴指向地理的正北方向，y 轴指向正东方向，z 轴垂直向下。

（2）对所处的观测点的地球磁场矢量 $\boldsymbol{T}$ 依坐标系的各个轴进行矢量分解：① 确定 x 分量，即确定北向分量，可以用矢量 $\boldsymbol{T}$ 在正北方向（x 轴）的投影表示，矢量标记为 $\overrightarrow{OX}$；② 确定 y 分量，即确定东向分量，可以用矢量 $\boldsymbol{T}$ 在正东方向（y 轴）的投影表示，矢量标记为 $\overrightarrow{OY}$；③ 确定 z 分量，可以用矢量 $\boldsymbol{T}$ 在垂直方向（z 轴）的投影表示，矢量标记为 $\overrightarrow{OZ}$。

（3）将当地的地球磁场矢量 $\boldsymbol{T}$ 向平面 Oxy 上投影，将其定义为地球磁场水平分量，矢量标记为 $\overrightarrow{OH}$。

（4）地磁倾角在图4-4中标记为 I，表示地球磁场矢量 $\boldsymbol{T}$ 和平面 Oxy 之间的夹角，此处定义矢量 $\boldsymbol{T}$ 的正方向为垂直向下，因此，图中所示的地磁倾角为正值。

（5）磁偏角在图4-4中标记为 D，表示平面 Oxy 上向量 $\overrightarrow{OH}$ 与地理北向（即 x 轴）的夹角，此处约定磁偏角自地理北向偏东为正，因此图中所示的磁偏角 D 为正值。

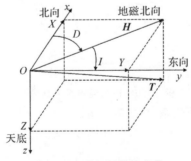

图4-4　磁场矢量的分量

前述介绍的变量包括地球磁场矢量 $\boldsymbol{T}$、x 分量 $\overrightarrow{OX}$，y 分量 $\overrightarrow{OY}$，z 分量 $\overrightarrow{OZ}$，平面分量 $\overrightarrow{OH}$，地磁倾角 I 和磁偏角 D 统称为地球磁场的七要素。运用地球磁场的七要素可以方便地描述地球任一地点的磁场大小以及方向的特征。

地球磁场要素之间的几何关系描述如下：

$$
\left.
\begin{aligned}
OX &= OH\cos D \\
OY &= OH\sin D \\
OH &= T\cos I \\
OZ &= T\sin I = H\tan I \\
T^2 &= OH^2 + OZ^2 = OX^2 + OY^2 + OZ^2
\end{aligned}
\right\}
\tag{4-15}
$$

4.4　地球磁场模型

通过观测地球表面各地地球磁场的关键要素数值,研究人员发现地球磁场矢量 T 是各种不同磁场叠加形成的最终效果,这些磁场的源头有来自地球内部的,也有位于地球以外的。

4.4.1　地球磁场的组成

按照叠加形成地球磁场效应的磁场来源以及变化规律特征,地球表面某地点的磁场组成可以划分为两个主要部分:来自地球内部的稳定磁场 T_s,以及来自地球外部的变化磁场 δT。地球磁场因此可以表示为

$$
T = T_s + \delta T
\tag{4-16}
$$

虽然稳定磁场的组成中,地球内部磁场占大部分,但是也有较为稳定的外部因素贡献,所以稳定磁场的组成具体可以表示为

$$
T_s = T_s^{in} + T_s^{ex}
\tag{4-17}
$$

式中:$T_s^{in} \in \mathbb{R}^n$ 表示地球磁场中的稳定内部组分;$T_s^{ex} \in \mathbb{R}^n$ 表示地球磁场中的稳定外部组分。为了便于描述,约定如下的向量比较关系:对于向量 $T_s^{in} = (T_{s1}^{in}, T_{s2}^{in}, \cdots, T_{sn}^{in})^T$ 和 $T_s^{ex} = (T_{s1}^{ex}, T_{s2}^{ex}, \cdots, T_{sn}^{ex})^T$,如果满足对于任意的 $i = 1, 2, \cdots, n$,都有 $T_{si}^{in} > T_{si}^{ex}$(或 $T_{si}^{in} < T_{si}^{ex}$)成立,则可以用 $T_s^{in} > T_s^{ex}$(或 $T_s^{in} < T_s^{ex}$)描述两个向量的关系。

对于稳定磁场部分,外部的稳定组分对于地球磁场的稳定磁场贡献是十分有限的,即 $T_s^{in} > T_s^{ex}$ 总是成立的,而且各个元素的量化关系基本满足 $T_{si}^{in} \gg T_{si}^{ex}$,所以一般 T_s^{ex} 是忽略不计的。

由此,通常情况下,稳定磁场的组成可以划分如下:地球中心偶极子场,矢量符号标记为 T_0;地球大陆磁场,矢量符号标记为 T_m;地球的地壳磁场,矢量符号标记为 T_a。由此,地球磁场的稳定部分整体可以写作

$$
T_s^{in} = T_0 + T_m + T_a
\tag{4-18}
$$

类似地,变化磁场 δT 的组成也能以源头来自地球内部还是地球外部加以区分,具体可以表述为

$$
\delta T = \delta T^{in} + \delta T^{ex}
\tag{4-19}
$$

式中:δT^{in} 表示源头来自地球内部的变化磁场;δT^{ex} 表示源头来自地球外部的变化磁场。

对于地球磁场的稳定磁场部分,偶极子场 T_0 的贡献远大于大陆磁场 T_m 和地壳磁场 T_a

的和,因此偶极子场 T_0 的特征基本代表了地球磁场空间分布的主要特征。根据测算数据进行分析,地壳磁场是地壳内部岩石矿物等在地球磁场的磁化作用下获得了磁性,这种磁场属于非全球性的磁场,可分为区域性和局部性磁异常,T_a 是研究地质问题的重要依据和主要凭证。

综上所述,地球磁场整体可以表示为上述提及的各类磁场作为组成部分之和,即

$$T = T_0 + T_m + T_s^{ex} + T_a + \delta T^{in} + \delta T^{ex} \qquad (4-20)$$

根据测算的量化值,稳定磁场的成分中,地球内源场占比约为 99%,其余的组分为外源场。在全部的内源场中,偶极子场的贡献占比为 80% ~ 85%,余下的 15% ~ 20% 为大陆磁场和地壳磁场。不同于稳定磁场,在变化磁场的组成部分中,外源场的贡献相对较大,占比约为 2/3,其余的 1/3 为内源场。

测算数据表明,地球磁场的一个较为普遍的特征为外源场的变化周期更长,而内源场的变化周期较短。

4.4.2　地磁图

根据地磁测量资料,研究者们可以根据关心的地磁要素不同,将对应的测算信息根据测量地点的地理坐标在地球地图上进行标记,接着把数据相同的位置点用光滑曲线连接,就能够顺利绘制出地磁要素相关的等值线图。

地磁图用来表示地磁场的地理分布特征,根据地球磁场的 7 种要素,可以绘制各类地磁等值线图:等偏线图、等倾线图、H 等值线图、Z 等值线图、Y 等值线图、X 等值线图和 T 等值线图等。上述等值线图在不同的场景为人们提供地球磁场信息的参考,满足地面定向、航空导航、航海导航、资源勘探以及地磁学本身研究工作的需要。

地磁图的出现最早可以追溯到天文学家哈雷,他于 1701 年编成大西洋磁偏角图。一百多年后,人们参考他的设计,绘制的地磁场水平分量和总强度的等值线图于 1827 年问世。为了绘制全球范围的等值线,在世界各地进行磁场信息的测绘是有必要的。根据目前的地磁测算能力,可完成地磁观测任务的地面测点通常分为两类:① 地测台,能够连续地测定地磁要素的绝对值及其随时间变化的场值,此类地面测点有固定的地理测点位置;② 野外测点,能够在测点上不定时、间断地测定地磁要素绝对值。

整合地测台和野外测点能够组成某地区、某国家乃至全球范围的地磁测网。特别需要指出的是,进行全球性的地磁研究不能忽略超过陆地面积,覆盖地球表面 3/4 面积的海域地磁测量。随着航空航天技术的发展,航空与卫星磁场测量技术日趋完善。充分利用海洋磁测、航空磁测和卫星磁测等相关技术,研究人员可以在短时间内获得关心的大面积区域或全球范围的地磁资料。由于地球磁场并非是一成不变的,测算数据表明,地磁要素是随时空变化的,如果需要准确地了解其分布特征,必须把处于不同时刻观测得到的数值通通归算到某一特定而具体的日期,国际上选定每年的 1 月 1 日零点零分为最新地磁数据的通用日期,这种描述方式被称为通化。考虑到地磁场存在着长期变化,研究者们一般每隔 5 ~ 10 年就需要重新对地磁数据进行测定,并修正相应的地磁图。

图 4-5 所示为等偏线图,从中可以发现,等偏线的曲线族汇聚地点为地球的南北两磁极区,在这两点上磁偏角 D 连续变化,这表明磁北方向在磁极地球的方向不定,磁偏角也不固

定,通常,研究者们认为南北两磁极是磁场源头。图 4-5 所示两条零偏线($D=0°$)分布在全球,可以明显将全球区域划为正、负两个偏角区。在正偏角区,磁南方向指向为地理北偏东;在负偏角区,磁南方向指向为地理北偏西。

图 4-5　等偏线图的轨迹分布特征(图片来源:1980.0 版)

等倾线轨迹分布大致和地球的纬度分布类似,零倾线($I=0°$)位于地理赤道的附近,零倾线可以等效理解为磁赤道,如图 4-6 所示。进一步地,等倾线轨迹分布说明地磁场在赤道附近的方向接近水平,磁场垂直分量近似为 0,满足 $T=H,Z=0$,磁赤道虽然在地理赤道附近,但是分布上并非是笔直的。继续研究等倾线轨迹分布,研究者们发现:在磁赤道以北的地点始终满足 $I>0°$,表明向量 T 是向下倾的;而在磁赤道以南的地点始终满足 $I<0°$,说明向量 T 是向上仰的。另外值得关注的是,随着地球的纬度增大,倾角 I 的幅值随之增大,直至南北磁极地点,满足 $I=\pm 90°$,$H=0$ 以及 $T=Z$。

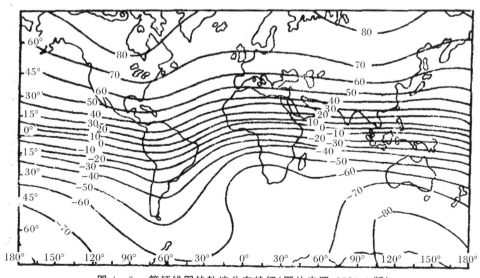

图 4-6　等倾线图的轨迹分布特征(图片来源:1980.0 版)

图 4-7 所示轨迹分布为 H 等值线图,从图中轨迹可以发现 H 等值线和等倾线轨迹类似,也大致沿着地球的纬线分布。H 的最大值出现在赤道附近,近似为 $H_{max} \approx 40\ 000$ nT,随着地球纬度加大,H 的幅值变小,$H = 0$ 发生在磁极处。地球的两磁极除外,全球各个地点的 H 指向均为正北。

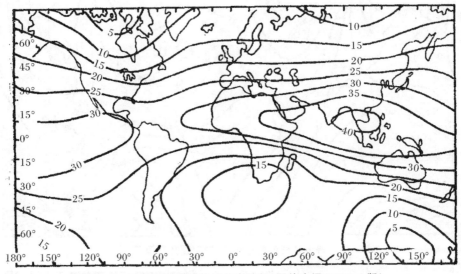

图 4-7 H 等值线图的轨迹分布特征(图片来源:1980.0 版)

由图 4-8 所示轨迹分布可以发现,Z 等值线图与 I 等倾线分布十分相似,分布上和地球纬线接近平行。随着地球纬度增大,Z 的绝对值随之增大,Z 的绝对值最大发生在地球的南北两磁极处,满足 $Z_{max} \approx \pm 6\ 000$ nT;$Z = 0$ 发生在地球磁赤道处,磁赤道以北的地点满足 $Z > 0$,矢量方向垂直向下,反之情况亦然。

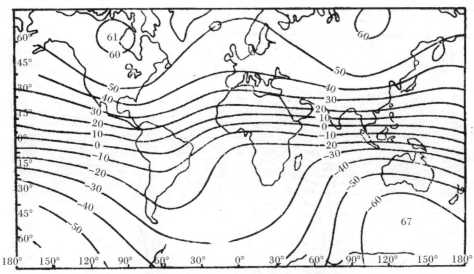

图 4-8 Z 等值线图的轨迹分布特征(图片来源:1980.0 版)

图 4-9 所示轨迹分布为 T 等值线图,从中不难发现,地球大部分地区的 T 等值线近似和地球纬线平行。T 由赤道向两极的方向发展并逐渐增大,极小值出现在赤道处,满足 $T_{min} = H \approx 3\,000$ nT;极大值出现在地球磁极处,满足 $T_{max} = Z \approx 6\,000$ nT。

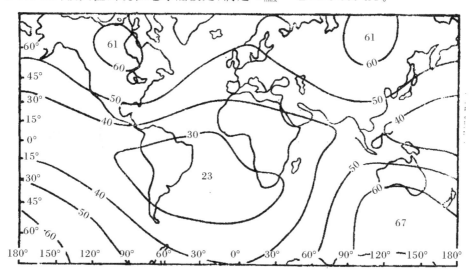

图 4-9　T 等值线图的轨迹分布特征(图片来源:1980.0 版)

图 4-10 所示为大陆磁场的垂直强度轨迹分布,从中不难发现,地球大陆磁场的垂直强度又可以分为四个较为明显的磁场区域,它们是东亚区域、南极大陆区域、非洲西部区域和大洋洲区域。

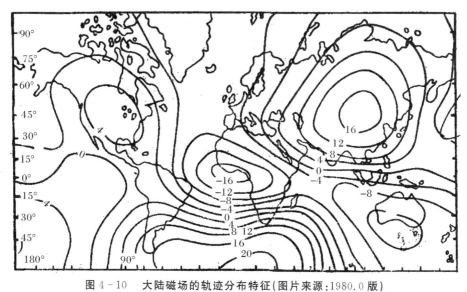

图 4-10　大陆磁场的轨迹分布特征(图片来源:1980.0 版)

4.4.3　地球磁场和磁层的关系

利用以下表达式,能够计算地球磁场的磁通量密度,即

$$\boldsymbol{B} = -\nabla V \tag{4-21}$$

式中：∇V 表示地球标量势场的梯度。

在球坐标系内 B 的各个分量可以按照下式计算，即

$$\left.\begin{array}{l} B_r = -\dfrac{\partial V}{\partial r} \\[2mm] B_\varphi = -\dfrac{1}{r}\dfrac{\partial V}{\partial \varphi} \\[2mm] B_\theta = -\dfrac{1}{r\sin \varphi}\dfrac{\partial V}{\partial \theta} \end{array}\right\} \tag{4-22}$$

标量势场 V 由内源场和外源场组合构成，具体的表达式为

$$V(r,\theta,\varphi) = R\sum_{n=1}^{\infty}\sum_{m=0}^{n}\left(\frac{R}{r}\right)^{n+1}\left[g_n^m(t)\cos m\varphi + h_n^m(t)\sin m\varphi\right]\mathrm{P}_n^m(\cos\theta) +$$

$$R\sum_{n=1}^{\infty}\sum_{m=0}^{n}\left(\frac{r}{R}\right)^{n}\left[\overline{g}_n^m(t)\cos m\varphi + \overline{h}_n^m(t)\sin m\varphi\right]\mathrm{P}_n^m(\cos\theta) \tag{4-23}$$

式中：r,θ,φ 分别表示球坐标系下地球半径、经度和地球的余度；R 表示地球的参考半径；$g_n^m(t)$，$h_n^m(t)$ 表示内源场与时间相关的系数；$\overline{g}_n^m(t)$，$\overline{h}_n^m(t)$ 表示外源场与时间相关的系数；$\mathrm{P}_n^m(\cos\theta)$ 表示斯密特准归一化形式的勒让德函数。

当 $m = 0$ 时，斯密特准归一化形式的勒让德函数可以表示为

$$\mathrm{P}_n(x) - \frac{1}{3^n n!}\left[\frac{\mathrm{d}^n (x^2-1)^n}{\mathrm{d}r^n}\right] \tag{4-24}$$

而当 $m > 0$ 时，斯密特准归一化形式的勒让德函数可以表示为

$$\mathrm{P}_n^m(x) = \sqrt{\frac{2(n-m)!}{(n+m)!}}\left[(1-x^2)^{m/2}\frac{\mathrm{d}^m \mathrm{P}_n(x)}{\mathrm{d}x^m}\right] \tag{4-25}$$

一般而言，在低纬度区域，地球磁场的主要贡献来自内源场；在中纬度区域，可以将地球磁场近似为偶极子模型；在高纬度区域，太阳风和能量物质会影响地球磁场，形成高频率的周期变化磁场，通常周期为 1 d。

目前尚无国际公认的标准模型对外源场进行描述，而利用简单的模型也能够对地球的磁层边界进行计算。

在地球磁层的日侧，磁场压力的量化值为 $2B^2/\mu_0$（考虑了磁压力导致的压缩增益效应），而太阳风动态压力的计算表达式为 $nmv^2/2$，二者能够保持平衡。从地球日侧到地球磁场边界的径向距离，即为磁层顶和地球的相对位置。根据式（4-14），可以获得地球日侧的磁层顶距离的计算方法为

$$L_{\mathrm{MP}} = \left(\frac{4B_0^2}{\mu_0 nmv^2}\right)^{1/6} \approx 10\ 943\ (nv^2)^{-1/6} \tag{4-26}$$

式中：L_{MP} 表示 L 壳数，即从赤道到地球磁场边界的距离，以地球的半径为单位；n 表示太阳风的数密度，用国际单位制描述为 m^{-3}；v 表示太阳风的速度；m 表示质子的质量。

太阳风数密度约为 $8\times10^6\ \mathrm{m}^{-3}$，太阳风的速度接近 $4\times10^5\ \mathrm{m/s}$，当太阳活动增强时，数值会发生很大的变化。在前述条件下，能够计算地球磁层顶的 L 壳数，根据式（4-26）可以进

行以下计算：

$$L_{\mathrm{MP}} = 10\,943(nv^2)^{-1/6} = 10\,943 \times [8 \times 10^6 \times (4 \times 10^5)^2]^{-1/6} = 10.5 \quad (4-27)$$

4.5　磁场对航天器的影响

地球磁场可以视为一个天然的坐标系,能够为地球附近的长寿命在轨航天器提供定向和飞行参考,不过航天器为了满足自身的功能要求,存在电流回路和磁性,因而航天器的在轨运行在一定程度上受到地球磁场的影响。特别是磁暴发生期间,如果磁场短时变化过于激烈,航天器的自旋、定向和轨道飞行控制的稳定都是非常困难的,而且,磁暴伴生的电离层和磁层扰动,严重威胁着航天器的通信有效性和航天员安全。

航天器本身和星上仪器大部分都是铁磁性材料,固有磁矩较为可观,而星上仪器正常工作时形成的电流回路会诱导等效磁矩,所以,受地球磁场影响,航天器的自转方向和姿态控制都面临巨大挑战。进一步地,航天器在地球磁场内旋转还会产生感应电流,导致航天器动能消耗,控制效果下降。

一般而言,地球磁场造成的航天器磁力矩与其转动惯量、自转角速度、磁场强度的关系成正相关,可以描述为

$$m_{\mathrm{c}} \propto I(\boldsymbol{\omega} \times \boldsymbol{B}) \times \boldsymbol{B} \quad (4-28)$$

式中:m_{c} 表示航天器的磁力矩;$\boldsymbol{\omega}$ 表示航天器的自转角速度。该力矩可以进一步分解为自转衰减力矩 $m_{\mathrm{c}}^{\mathrm{d}}$ 和旋进力矩 $m_{\mathrm{c}}^{\mathrm{p}}$,它们的关系可以描述为

$$\left.\begin{array}{l} m_{\mathrm{c}}^{\mathrm{d}} \propto \boldsymbol{\omega} \boldsymbol{B}_{\perp}^{\mathrm{T}} \boldsymbol{B}_{\perp} \\ m_{\mathrm{c}}^{\mathrm{p}} \propto \boldsymbol{\omega} \boldsymbol{B}_{\perp}^{\mathrm{T}} \boldsymbol{B}_{\parallel} \end{array}\right\} \quad (4-29)$$

为了削弱地球磁场对航天器自转稳定和轨道控制效果的影响,除了在地面阶段就进行航天器预先磁性消除工作外,还可以主动在航天器本体上装配闭合线圈,根据对磁场感知,利用适当地调节电流,能够减弱感应电流引起的摄动影响;还有一种策略是主动安装磁棒,让航天器的自转轴始终沿着磁场的方向。

磁力矩器是一种装配于航天器上,用于产生偶极子磁矩的装置。航天器的磁矩与其所在处的地球磁场相互作用产生磁控力矩效应,用以对航天器进行姿态控制或动量管理。

磁力矩器常应用于近地轨道航天器的姿态稳定中,其可以利用地球磁场主动耗散调整航天器位姿态的动量轮能量。相比推进器系统,磁力矩器利用地球磁场可以长期在轨使用,而不消耗航天器自身的有限能量。

地球磁场还可以充当较为稳定的坐标系以支持航天器的在轨定向,通过测量航天器自身相对地球磁场的方向,能够准确获取航天器定姿矢量中的某一轴向的信息,属于一种极低成本的姿态确定方式。另外一个轴向信息可以通过太阳电池获取日照量,确定太阳能电池阵和太阳之间的相对位置。

4.6 地 球 电 场

地球电场可以简化为简单的电场模型。电场可以用施加于单位带电粒子 Q_1 的力进行描述,即

$$E = \frac{F}{q_1} \qquad (4-30)$$

式中:F 表示施加于单位带电粒子的力;q_1 表示电荷,用国际单位制描述为 C;E 表示电场强度,用国际单位制描述为 N/C 或者 V/m。

根据库伦定律,两个带电粒子 Q_1 与 Q_2 之间的作用力可描述为

$$F_{Q_1 Q_2} = \frac{1}{4\pi \varepsilon_0} \frac{q_1 q_2}{r^3} r \qquad (4-31)$$

式中:q_1,q_2 分别为 Q_1 和 Q_2 的带电量,用国际单位制描述为 C;r 表示两个带电粒子之间的距离,$r = \| r \|_2$;ε_0 表示真空介电常数,具体为 8.85×10^{-12} C^2/(N · m^2)。

将上述两个式子联立,获得电场强度的表达式为

$$E = \frac{q_2}{4\pi \varepsilon_0 r^3} r \qquad (4-32)$$

对于分布式的电荷,电场强度可以按照如下公式计算:

$$E = \frac{1}{4\pi \varepsilon_0} \int \frac{\rho}{r^3} r \mathrm{d}r \qquad (4-33)$$

式中:ρ 表示电荷的密度,具体指单位体积的电荷量,单位是 C/m^3。

4.7 小 结

行星电磁场是探测器开展行星探测所必须经历的空间环境,本章以地球磁场的典型行星磁场为例,从地磁场的发现、描述、应用及影响等四个方面进行了介绍。充分认识行星的电磁场是保障航天器探测任务顺利开展的基础,能够有效规避电磁环境导致的任务意外失败等情况。此外,行星磁场的形成机理尚无定论,是当前学界较为关注的课题之一。

思考题

1.通过文献调研,了解人类开展地球磁场探测的最新进展情况。

2.回顾我国进行地球磁场探测相关的航天器任务,并谈一谈已有任务的进一步发展方向。

3.通过文献调研,围绕航天器探测行星磁场的载荷研究进展,谈一谈行星磁场探测发展历史对于当代探测器载荷设计的启示。

4.通过文献调研,试着就现行主流的地磁场模型进行模拟仿真。

第5章 地球引力场

5.1 引　　言

　　自然界的四大基本作用力为引力、电磁力、弱相互作用力和强相互作用力,在这些力中,引力的特点为影响最弱,但在长距离仍可以产生效果。面向航天器的飞行应用方面,经典力学的引力分析、计算和解释已经能够满足需求,值得一提的是,在广义相对论概念中,引力不被认定为一种力,而是物质存在引起的空间弯曲。经典力学的万有引力框架下,引力可以实现瞬间起效,仅与关心的物质位置相关;而广义相对论认为引力是以光速传播的,和物质的位置及速度都有关。在进行航天器应用中引力分析时,对航天器产生引力影响的物质在空间跨度上不大,所以在本章的讨论中,采用经典力学进行分析与计算是合适的。

5.2 万 有 引 力

　　罗伯特·胡克于 1679 年给艾萨克·牛顿的一封书信中提及一项重要命题,认为行星的运动是一种中心作用力产生的效应,这个力的一个重要的特点就是大小和距离的二次方成反比例关系。后来,牛顿于 1687 年刊出的著作《自然哲学的数学原理》中,定量描述了两个物体之间的引力关系,称其为万有引力定律,即

$$\boldsymbol{F}_{\mathrm{g}} = -\frac{GmM}{r^2}\hat{\boldsymbol{r}} = -\frac{GmM}{r^3}\boldsymbol{r} \tag{5-1}$$

式中:$\boldsymbol{F}_{\mathrm{g}}$ 表示引力,用国际单位制描述为 N;G 表示万有引力常数,用国际单位制描述为 $\mathrm{m}^3/(\mathrm{kg \cdot s^2})$;$r$ 表示相对位置矢量,用国际单位制描述为 m;$\hat{\boldsymbol{r}}$ 表示单位矢量 $\frac{\boldsymbol{r}}{r}$;M 表示物体的质量,用国际单位制描述为 kg;m 表示另一个物体的质量,用国际单位制描述为 kg。

　　需要注意的是,式(5-1)中的负号表示的是力的作用效果是相互吸引的。如位置矢量从物体 A(质量为 M)指向物体 B(质量为 m),则位置矢量 $\boldsymbol{r}$ 的方向为从 A 指向 B;而以物体 A 角度考虑引力 $\boldsymbol{F}_{\mathrm{g}}$ 的效果,为从 B 指向 A 的吸引力,方向同位置矢量 $\boldsymbol{r}$ 相反。

　　根据式(5-1)的描述,可以给出重力加速度 g 的描述为

$$g = \left|\frac{\boldsymbol{F}_{\mathrm{g}}}{m}\right| = \frac{GM}{r^2} \tag{5-2}$$

　　根据 1984 年制定的世界大地坐标系统 WGS-84(World Geodetic System—1984 Coordinate

System),地球的平均半径为 6 371.008 771 4 km,以该半径为准,可以计算地球平均半径天体的重力加速度为

$$g_a = \frac{GM_e}{r_e^2} = \frac{(6.674\ 2 \times 10^{-11}) \times (5.973\ 6 \times 10^{24})}{(6.371\ 008\ 771\ 4 \times 10^6)^2} = 9.82\ 2\ \text{m/s} \qquad (5-3)$$

考虑式(5-1),代入关心的天体特征半径 r_0 及对应的重力加速度 g_0,可得表达式为

$$\boldsymbol{F}_g = -m\left(\frac{GM}{r_0^2}\right)\left(\frac{r_0^2}{r}\right)^2 \hat{\boldsymbol{r}} = -mg_0\left(\frac{r_0}{r}\right)^2 \hat{\boldsymbol{r}} \qquad (5-4)$$

式中:
$$g_0 \equiv \frac{GM}{r_0^2} \qquad (5-5)$$

式中:r_0 表示天体的特征半径,用国际单位制描述为 m。

作用力所做的功可以通过计算力对位移的积分获得,即

$$W = \int \boldsymbol{F} \cdot d\boldsymbol{r} \qquad (5-6)$$

式中:W 表示作用力做的功,用国际单位制描述为 N·m;F 表示作用力矢量,用国际单位制描述为 N;r 表示位置矢量,用国际单位制描述为 m。

万有引力是典型的保守力。在物理系统里,假若一个粒子,由于受到作用力,从起始点移动到终结点,且该作用力所做的功不因为路径的不同而改变,则称此力为保守力(见图5-1)。

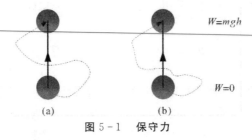

图 5-1　保守力

换言之,如果力所做的功与路径无关,只与做功的起始位置相关,那么可以判定这个力为保守力,数学表达式为

$$\oint_{r_0} \boldsymbol{F} \cdot d\boldsymbol{r} = 0 \qquad (5-7)$$

表达式(5-7)对于任意的闭合路径 r_0 均成立,表明一个力如果仅与位置矢量相关,例如式(5-1)中的引力,能够满足表达式(5-7),即为保守力。

矢量分析中有几个重要的概念需要理解,首先是处于基础地位的操作符号 $\boldsymbol{\nabla}$,本身具有矢量的性质,还有微分的特性,主要用于三个重要描述变量 —— 梯度、散度和旋度的定义,这三者在表达形式上比较相近,需要加以区分,避免混淆。

操作符号(或称算符)$\boldsymbol{\nabla}$ 的数学描述为

$$\boldsymbol{\nabla} = \frac{\partial}{\partial x}\boldsymbol{e}_x + \frac{\partial}{\partial y}\boldsymbol{e}_y + \frac{\partial}{\partial z}\boldsymbol{e}_z \qquad (5-8)$$

式中:x,y,z 表示空间坐标系的轴标识;e_x,e_y,e_z 表示空间坐标系的轴向单位向量。

值得一提的是,该算符单独出现时,没有明确的物理含义,需要结合矢量函数才表征实

际的物理过程。

梯度是算符$\mathbf{V}$作用于某标量函数后产生的效果,考虑标量函数$u(x,y,z)$,其梯度表示为

$$\mathbf{V} u(x,y,z) = \frac{\partial u}{\partial x}\boldsymbol{e}_x + \frac{\partial u}{\partial y}\boldsymbol{e}_y + \frac{\partial u}{\partial z}\boldsymbol{e}_z \tag{5-9}$$

不难发现,一个标量函数的梯度函数是一个矢量函数,自变量为标量函数的自变量(x,y,z)。

接着考察算符$\mathbf{V}$作用于某矢量函数后产生的效果,散度实际为算符与矢量函数做内积的结果。定义矢量函数:

$$\boldsymbol{A}(x,y,z) = A_x(x,y,z)\boldsymbol{e}_x + A_y(x,y,z)\boldsymbol{e}_y + A_z(x,y,z)\boldsymbol{e}_z \tag{5-10}$$

式中:A_x, A_y, A_z分别对应空间坐标系的轴坐标值。

上述矢量函数的散度可以写作:

$$\mathbf{V} \cdot \boldsymbol{A} = \left(\frac{\partial}{\partial x}\boldsymbol{e}_x + \frac{\partial}{\partial y}\boldsymbol{e}_y + \frac{\partial}{\partial z}\boldsymbol{e}_z\right) \cdot [A_x\boldsymbol{e}_x + A_y\boldsymbol{e}_y + A_z\boldsymbol{e}_z] \tag{5-11}$$

考虑到各个轴向的单位矢量关系是垂直的,所以式(5-11)可以简化为

$$\mathbf{V} \cdot \boldsymbol{A} = \frac{\partial A_x}{\partial x} + \frac{\partial A_y}{\partial y} + \frac{\partial A_z}{\partial z} \tag{5-12}$$

不难发现,散度是一个标量函数,自变量是矢量函数的自变量(x,y,z)。

将算符$\mathbf{V}$和矢量函数做叉乘就能够获得矢量函数的旋度,具体可以描述为$\mathbf{V} \times \boldsymbol{A}$。根据叉乘定义,展开后能够获得矢量函数,自变量是矢量函数的自变量(x,y,z)。

$\mathbb{R}^3$上的开尔文-斯托克斯定理(旋度定理)描述"向量场的旋度的曲面积分"和"向量场在曲面边界上的线积分"之间的联系,可表示为

$$\int_S \mathbf{V} \times \boldsymbol{F} \cdot \mathrm{d}\boldsymbol{S} = \oint_{\partial S} \boldsymbol{F} \cdot \mathrm{d}\boldsymbol{S} \tag{5-13}$$

不难发现,如果将保守力视为矢量函数,则式(5-13)的等号左侧为零,根据保守力定义,对于任意路径,等号右侧也为零,因此可得

$$\mathbf{V} \times (-\boldsymbol{F}) = \boldsymbol{0} \tag{5-14}$$

两个向量$\boldsymbol{a} = (l,m,n)^\mathrm{T}$和$\boldsymbol{b} = (o,p,q)^\mathrm{T}$的叉乘可以表示为

$$\boldsymbol{a} \times \boldsymbol{b} = (mq - np, no - lq, lp - mo)^\mathrm{T} \tag{5-15}$$

对于标量函数V,其梯度旋度可以表示为

$$\mathbf{V} \times \mathbf{V}V = \mathbf{V} \times \left(\frac{\partial V}{\partial x}\boldsymbol{e}_x + \frac{\partial V}{\partial y}\boldsymbol{e}_y + \frac{\partial V}{\partial z}\boldsymbol{e}_z\right) = \left[\frac{\partial}{\partial y}\left(\frac{\partial V}{\partial z}\right) - \right.$$
$$\left. \frac{\partial}{\partial z}\left(\frac{\partial V}{\partial y}\right), \frac{\partial}{\partial z}\left(\frac{\partial V}{\partial x}\right) - \frac{\partial}{\partial x}\left(\frac{\partial V}{\partial z}\right), \frac{\partial}{\partial x}\left(\frac{\partial V}{\partial y}\right) - \frac{\partial}{\partial y}\left(\frac{\partial V}{\partial x}\right)\right] = \boldsymbol{0} \tag{5-16}$$

因此,存在一个标量函数,其梯度和保守力存在如下关系:

$$\boldsymbol{F} = -\mathbf{V}V \tag{5-17}$$

对式(5-17)沿着位置矢量积分,得到

$$V = -\int \boldsymbol{F} \cdot \mathrm{d}\boldsymbol{r} \tag{5-18}$$

根据式(5-1),将式(5-18)中保守力替换为万有引力表达式,则有

$$V = -\int -\frac{GmM}{r^3}r \cdot \mathrm{d}r = -\frac{GmM}{r} \qquad (5-19)$$

式中:V 定义为某质点的引力势能,不失一般性,当 $r \to \infty$,积分值为零。

引力位的定义:在引力场中,单位质量质点所具有的能量称为该点的引力位。

引力位的数值等于单位质量的质点从无穷远处移到此点时引力所做的功,其数学描述如下:

$$U = \frac{V}{m} = -\frac{GM}{r} \qquad (5-20)$$

对于质量为 M_o 的物体,其引力位可以通过以下的公式计算获得,即

$$U_o = -G\int_{M_o} \frac{\mathrm{d}M_o}{r} \qquad (5-21)$$

引力位关于位移的一阶导数为单位质量质点受到的引力。

考虑图5-2所示的厚度为 t 的均匀空心球形球体,其半径为 p,密度为 γ,试求其内部及外部的引力位。

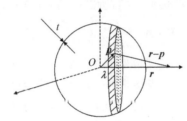

图 5-2 球形壳体的引力势

图5-2中标注的物理量含义如下:t 表示球形壳体的厚度;p 表示球形壳体上某点的半径矢量;r 表示引力作用点的位置矢量;λ 表示向量 p 和 r 之间的夹角;γ 表示球形壳体的平均密度;另外,已知球形壳体的质量可以描述为 $m_s = 4\pi\gamma p^2 t$。

根据式(5-21),球形壳体的引力位可以通过如下表达式计算:

$$U_s = -G\int_{m_s} \frac{\mathrm{d}m_s}{|r-p|} \qquad (5-22)$$

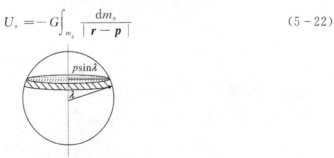

图 5-3 球体薄片质量图示

为了计算式(5-22)中的 $\mathrm{d}m_s$,需要将球体进行切片(见图5-3),如果切片可以用圆心角的微分表示,那么计算球壳质量可转化为将切片沿着圆心角从 0 到 π 进行积分获得。使用球体表面积的微元表示切片质量,根据比例关系可得

$$\mathrm{d}m_s = \frac{m_s}{4\pi p^2}\mathrm{d}S = \frac{m_s}{4\pi p^2}(2\pi p\sin\lambda \cdot R\mathrm{d}\lambda) = \frac{m_s}{2}\sin\lambda \cdot \mathrm{d}\lambda \qquad (5-23)$$

将空壳球体的质量 $m_s = 4\pi\gamma p^2 t$ 和式(5-23)代入式(5-22),可以获得

$$U_s = -G\int_0^\pi \frac{2\pi\gamma p^2 t \sin\lambda \mathrm{d}\lambda}{\sqrt{r^2 + p^2 - 2rp\cos\lambda}} \qquad (5-24)$$

对式(5-24)进行积分获得

$$U_s = -\frac{GM}{2pr}\big[(r+p)\pm(r-p)\big] \qquad (5-25)$$

所以,如果在壳体内部考察引力位,那么引力位为

$$U = -\frac{GM}{p}, r < p \qquad (5-26)$$

如果在壳体外部考察引力位,那么引力位为

$$U = -\frac{GM}{r}, r > p \qquad (5-27)$$

通过上述的计算,容易发现,均匀质量球形壳体内部的引力位只和球体的半径相关,因此在球体内部对引力位求导数,获得的引力为零;球体外的引力位的计算结果和质量集中在球体质心的结果相同。前述研究的意义在于,太阳系内的天体大都可以近似为球形,密度会随着半径增大,从前述的分析可得,引力位同星体的质量关系密切,所以在距离天体比较近时,仍然可以采用将其抽象为质点进行引力分析。如对地球的引力场进行分析时,都是将其视为质点处理的,精度不低于千分之几。

5.3　高阶引力位

在对于引力精度要求高的场合,比如精确计算探测器轨道,需要用到高阶引力位以提升引力计算精度,高阶引力位对于质量分布不均匀的天体——如小行星的高精度引力计算,也很有必要。利用球谐函数描述的引力位函数,可描述为

$$U = -\frac{GM}{a}\sum_{n=0}^{\infty}\sum_{m=0}^{n}\left(\frac{a}{r}\right)^{n+1}\overline{Y}_{n,m}(\varphi,\lambda)Y_{n,m}(\varphi,\lambda) =$$

$$\big[\overline{C}_{n,m}\cos(m\lambda) + \overline{S}_{n,m}\sin(m\lambda)\big]\overline{P}_{n,m}(\sin\varphi) \qquad (5-28)$$

式中:a 表示天体的特征半径;U 表示引力位,用国际单位制描述为 $\mathrm{m}^2 \cdot \mathrm{s}^{-2}$;GM 表示天体引力常数,用国际单位制描述为 $\mathrm{m}^3 \cdot \mathrm{s}^{-2}$;$r$ 表示距离天体质心的距离,用国际单位制描述为 m;n, m 表示球谐函数的级数和阶次;φ 表示地心的纬度;λ 表示地心的经度;$\overline{C}_{n,m}$、$\overline{S}_{n,m}$ 表示归一化引力系数;$P_{n,m}(\sin\varphi)$ 为第一类关联勒让德函数;$\overline{P}_{n,m}(\sin\varphi)$ 为归一化的第一类关联勒让德函数,其表达式为

$$\overline{P}_{n,m}(\sin\varphi) = P_{n,m}(\sin\varphi)\sqrt{\frac{(n-m)!(2n+1)k}{(n+m)!}} \qquad (5-29)$$

上述表达式的约束为当 $m = 0$ 时,$k = 1$;当 $m \neq 0$ 时,$k = 2$。

第一类关联勒让德函数可以通过以下公式计算,即

$$P_{n,m}(\sin\varphi) = (\cos\varphi)^m \frac{\mathrm{d}^m}{\mathrm{d}(\sin\varphi)^m}P_n(\sin\varphi) = \frac{(\cos\varphi)^m}{2^n n}\frac{\mathrm{d}^{n+m}(\sin^2\varphi - 1)^n}{\mathrm{d}(\sin\varphi)^{n+m}} \qquad (5-30)$$

式中：$P_n(\sin\varphi)$ 表示勒让德多项式，满足

$$P_n(\sin\varphi) = \frac{1}{2^n n} \frac{d^n(\sin^2\varphi - 1)^n}{d(\sin\varphi)^n} \tag{5-31}$$

根据定义，天体的质心可以作为参考系原点，此时有如下约束：

$$\overline{C}_{0,0} = 1, \overline{C}_{1,0} = \overline{C}_{1,1} = \overline{S}_{1,1} = 0 \tag{5-32}$$

而当坐标轴沿着天体自转轴时，存在

$$\overline{C}_{2,1} = \overline{S}_{2,1} = 0 \tag{5-33}$$

如果系数不是以归一化形式给出的，那么有如下关系成立，即

$$\begin{bmatrix} \overline{C}_{n,m} \\ \overline{S}_{n,m} \end{bmatrix} = \sqrt{\frac{(n+1)!}{(n-m)!(2n+1)k}} \begin{bmatrix} C_{n,m} \\ S_{n,m} \end{bmatrix} \tag{5-34}$$

5.4 地球引力模型

太阳系内的天体引力模型是大地测量学研究中的一个重要课题，其主要涉及天体的几何描述和引力场等科学探测任务关心的必要信息，对于地理上具有显著特征的位置、规律或长期的地球动力学响应等关键问题也是大地测量研究的热点。

大地测量学研究的基础之一就是引力模型，当前广泛采用的标准是 WSG-84，其包括参考系、地球椭球信息、自转速度、引力常数和表征地球引力场的人地水准面。图5-4所示为 WGS-84 坐标系统，图中标为淡灰色的扇形为国际地球参考系（International Terrestrial Reference System，ITRS）的子午面。WGS-84 坐标系的 X 轴在子午面内，指向子午线；WGS-84 坐标系的 Z 轴指向 IERS 的参考极；Y 轴利用右手定则确定。在 WGS-84 的引力模型框架下，地球表面被建模为一个椭球面，其围绕着 WGS-84 的 Z 轴旋转，确定该椭球面的半长轴 $a = 6378.137$ km，扁率 $f = 298.257\,223\,563$，其计算公式为

$$f = \frac{a-b}{a} \tag{5-35}$$

式中：b 表示半短轴。

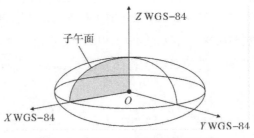

图 5-4 WGS-84 坐标系统示意图

对于地球引力常数 GM，其含一阶标准差的数值具体为 GM = $(3\,986\,004.418 \pm 0.008) \times 10^8$ m³/s²，该式主要包含了大气的质量，如果不含大气质量该值可以修正为 GM = $(3\,986\,000.9 \pm 0.1) \times 10^8$ m³/s²，上述的地球模型中的地球自转角速度为 $\omega = 7.292\,115\,0 \times 10^{-5}$ rad/s。值得注意

的是,地球的经纬度是根据地球椭球确定的。

大地水准面定义为由静止的海水面并向大陆延伸所形成的不规则的封闭曲面。

水准面有无穷多个,其中一个与平均静止海水面重合并向陆地延伸,且包围整个地球的特定重力等位面称为大地水准面。大地水准面包围的形体称为大地体,通常认为大地体可以代表整个地球的形状。从大地水准面起算的陆地高度,称为绝对高度或海拔高。水准面和大地水准面示意图如图 5-5 所示。

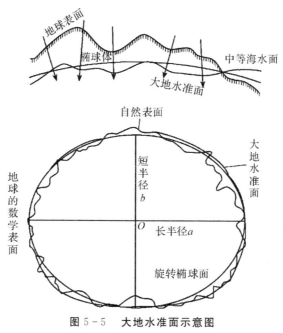

图 5-5　大地水准面示意图

大地水准面是静止海水包覆的等势面,由于地球上各个位置的引力位存在差异,所以大地水准面的形状不完全是一个规则的椭球,但是其能够较为准确地描述地球的真实形状。通常,大地水准面封闭形成的椭球和地球椭球面的差异不会超过 100 m。值得一提的是,不同于经纬度的确定,地球表面的海拔高度和等高线是根据大地水准面确定的。

除了 WGS-84 模型,还有其他的地球引力场模型,例如 GRIM4(Global Earth Gravity Model 4)和联合引力模型-3 等,都是比较常用的引力场模型。根据现有的探测数据,太阳系内的诸多天体也都有相应的引力模型描述。月球常用的引力模型是 $m=n=70$ 的球谐模型,该模型的数据来源是"克莱门汀"探测器、月球轨道探测器和"阿波罗"飞船。火星常用的引力模型是戈达德火星模型 2B,由"火星全球勘测者号"于 1997 年 10 月历时近 3 年测量得到,其基本对应 $m=n=80$ 的球谐引力模型。金星的引力模型球谐参数为 $m=n=60$,主要数据来自"先驱者号"和"麦哲伦号"探测器。

5.5　天体液体和固体潮汐

天体的大小都是有限的,在天体上的不同地点都会受到来自另外天体(常被称为摄动天体)的引力,由于考虑了实际尺寸,这些引力的特征存在差异。根据测算数据,靠近摄动天体侧的被干扰天体上某个地点,受到的引力大于相对位置远于该地点的引力,因此,被干扰天体上的不同地点存在引力差,其效应是使被干扰天体表面的液体和固体物质发生重新分布,地球地貌就是这种效应作用下的长期结果。值得注意的是,被干扰天体的液体表面变形会进一步引起液体的潮汐涨落。考虑到大部分天体都表现出黏性和弹性特征,所以被干扰天体也会出现固体潮汐膨胀变形。图 5-6 所示为受扰体受到的引力。图 5-7 所示为扰动势。

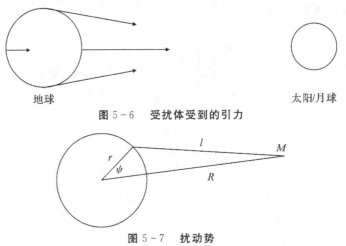

图 5-6　受扰体受到的引力

图 5-7　扰动势

摄动天体产生的扰动势可以表示为

$$U_d = -\frac{GM}{l} = -\frac{GM}{(R^2 + r^2 - 2R\cos\psi)^{1/2}} = -\frac{GM}{R}\sum_{n=0}^{\infty}\left(\frac{r}{R}\right)^n P_n(\cos\psi) \quad (5-36)$$

式中:G 表示万有引力常数,用国际单位制描述为 $m^3 \cdot s^{-2} \cdot kg^{-1}$;$l$ 表示被干扰天体 M 和由 R,ψ 决定的位置之间的距离,用国际单位制描述为 m;M 表示被干扰天体的质量,用国际单位制描述为 kg;R 表示两个天体之间的距离,用国际单位制描述为 m;r,ψ 表示受到的引力点位置坐标;U_d 表示扰动势,用国际单位制描述为 $m^2 \cdot s^{-2}$。

扰动势效应导致被干扰天体产生形变,潮汐引力势的数学描述可用以下表达式近似,即

$$U_t = -\frac{GM}{R}\sum_{n=2}^{\infty} k_n \left(\frac{r}{R}\right)^n P_n(\cos\psi) \quad (5-37)$$

式中:U_t 表示潮汐引力势;k_n 被称为乐甫数,乐甫数的值越大,表示被干扰天体越容易发生形变。当 $n=0$ 时,$P_0(\cos\psi)=1$,式(5-37)的值为零,扰动势简化成 GM/R,这一描述说明其与 r 无关;当 $n=1$ 时,上式仍然等于零,因为 $P_1(\cos\psi)=\cos\psi$,扰动势为 $GM(r\cos\psi)/R^2$,与 r 有关,但其梯度与 r 无关。考虑近似精度,潮汐势表达式中常选择 $n=2$ 为主要表达形式,此时存在:

$$U_t \approx -k_2 \frac{GM}{R}\left(\frac{r}{R}\right)^2 P_2(\cos\psi) = -k_2 \frac{GM}{R}\left(\frac{r}{R}\right)^2 (3\cos^2\psi - 1) \quad (5-38)$$

部分重要天体的 $n=2$ 的乐甫数如下:金星乐甫数为 0.3,地球乐甫数为 0.3,月球乐甫数为 0.03,火星乐甫数为 0.15,固体尘埃乐甫数不大于 0.1。

理论上受月球引力作用的影响,地球在 24 h 内有一个海洋潮汐的最大振幅,高度约为 54 cm,而受太阳引力影响的海洋潮汐的最大振幅约为 25 cm,考虑到地球表面海洋覆盖不

完整,以及全球拓扑结构变化等因素,特别是地球大部分海洋覆盖处深度不大,造成了潮汐的实际观测值和理论计算值存在较大差异。为了得到更为精确的地球潮汐情况,需要考虑多种自然频率的叠加情况。根据测算结果,地球的固体潮汐比海洋潮汐小,太阳引起的地球固体潮汐振幅约为 18 cm,月球引起的地球固体潮汐振幅约为 38 cm,二者均存在少许的相位超前现象。

5.6 探测器运动摄动

地球轨道航天器运动状态受到各种作用力影响,它们包括,来自地球的引力、太阳引力、月球引力、地球大气阻力、太阳的光压摄动力、地球潮汐变化作用力等。综合考虑这些力的作用,航天器运行轨迹设计充满挑战,模型很难用简单、直观而准确的数学方式进行描述。为了探究航天器在轨运行的基本规律,研究者们将航天器受到的前述作用力进行了分类。一种是地球质心对航天器作用的引力,为了便于描述,将地球视为密度均匀的球体,容易证明这个球体对球外某一点的引力作用效果和质量集中于球心的质点等效,这种引力被命名为中心引力。实际情况是,地球是非球形对称的,导致地球引力场对航天器的引力作用利用中心引力描述误差很大,因此需要根据引力位的表面球谐函数计算方法对前述的估计值进行修正。

为了满足航天器精密定位的要求,在计算航天器的运动状态时,需要充分考虑地球引力场的摄动力、月球摄动力、太阳摄动力、地球大气阻力、太阳光压摄动力、地球潮汐摄动力对航天器在轨运行状态的影响。为了研究各种摄动力对于航天器轨迹的影响,采用以下的引力位描述方法,则有

$$U = -\frac{GM}{r}\Big[1 + \sum_{n=2}^{\infty}\Big(\frac{a}{r}\Big)^n J_n \mathrm{P}_n(\sin\phi) +$$

$$\sum_{n=2}^{\infty}\sum_{m=1}^{n}\Big(\frac{a}{r}\Big)^n J_{n,m}\mathrm{P}_{n,m}(\sin\phi)\cos m(\lambda-\lambda_m)\Big] \tag{5-39}$$

式中:

$$\left.\begin{array}{l} J_n \equiv J_{n,0} = \sqrt{2n+1}\,\overline{C}_{n,0} \\[2mm] J_{n,m} = \sqrt{\dfrac{2(n-m)!(2n+1)}{(n+m)!}}\,(\overline{C}_{n,m}^2 + \overline{S}_{n,m}^2)^{1/2}\tan\lambda_{n,m} = \overline{S}_{n,m}/\overline{C}_{n,m} \end{array}\right\} \tag{5-40}$$

根据测算,上述表达式中 J_2 项比地球质心引力条件下二体问题中的该项小近似三个数量级,但是比高阶引力位模型中的其他项都高三个数量级,不难得出如下结论,J_2 是摄动大小的决定性因素。当偏心率较小时,根据球面三角形关系 $\sin\phi = \sin(f+\omega)\sin i$,并考虑 J_2,摄动的引力位可以写作:

$$U_R = \frac{GM}{r}\frac{J_2}{2}\Big(\frac{a_e}{r}\Big)^2[3\sin^2(f+\omega)\sin^2 i - 1] \tag{5-41}$$

长期项对于升交点赤经 Ω、近地点幅角 ω 和平近点角 H 的影响可以描述为

$$\frac{\mathrm{d}\Omega}{\mathrm{d}t} = \frac{3J_2 na_e^2\cos i}{2a^2(1-e^2)^2}\quad \frac{\mathrm{d}\omega}{\mathrm{d}t} = -\frac{3J_2 na_e^2(4-5\sin^2 i)}{4a^2(1-e^2)^2}\quad \frac{\mathrm{d}H}{\mathrm{d}t} =$$

$$n - \frac{3J_2 na_c^2(2-3\sin^2 i)}{4a^2(1-e^2)^{3/2}} \qquad (5-42)$$

式中：e 表示轨道偏心率，通常小于 1；i 表示轨道倾角；Ω 表示升交点赤经；ω 表示近地点幅角；H 表示平近点角；$n = 2\pi/\tau$，表示平均运动角速度；a_c 表示中心体半径；J_2 表示表面球谐系数；τ 表示轨道周期数。

根据式(5-42)不难发现，对于轨道角范围为 $0 \sim \pi/2$ 的顺行轨道，升交点赤经的长期变化率为负；当轨道倾角为 $\pi/2$ 时，探测器运行在极轨道上，变化率为零；对轨道倾角范围为 $\pi/2 \sim \pi$ 的逆行轨道，升交点赤经的长期变化率为正值。根据式(5-42)，半长轴和平均运动角速度分别在分数线的两侧，因此，该变化率随着探测器飞行高度增大而降低。当升交点赤径的变化率和太阳运行角速度相同，即均为 $1°/d$ 时，轨道平面和太阳始终保持一定的相对方向，该运行轨道即称为太阳同步轨道。在该轨道运行的探测器更容易利用太阳光照，采用固定的太阳帆板阵列即可获得相对稳定能量。改变升交点赤径变化率可以改变探测器的相对升交点，可以主动微调轨道倾角，得到满意的轨道面间相对位置后再将轨道倾角调整回原来的大小即可。

5.7 小　结

万有引力是天体在轨运行的直接驱动力。本章介绍了万有引力、高阶引力位、地球引力模型、天体引力潮汐以及探测器运动摄动等内容。本章以地球引力场为例，简要介绍了引力场作用下航天器运动受到的影响及描述方法。引力场对于天体及航天器的影响直观且显著，围绕其效应开展的研究已经十分深入，本章仅就关键影响因素进行了阐述。

思考题

1. 通过文献调研，研究 J_2 摄动对航天器在轨运行、轨道机动及地月探测的影响。

2. 通过文献调研，结合近期地月系统研究，谈一谈地月系统形成的过程以及未来发展。

3. 结合国内外的月球探测及登陆计划，分析各类型探测或登陆计划的差异，谈一谈人类未来在地月系统应用方面的先进发展方向与预期成果。

4. 结合自身专业，谈一谈其与我国探月工程的关系与促进效应。

第6章 地球磁层

6.1 引 言

磁层形成的根本原因是太阳风。太阳风具体为从太阳上层大气射出的超声速等离子体带电粒子流。

太阳风在行星际中是连续存在的,其主要构成为来自太阳的带电粒子流,运动的速度可以达到 $200 \sim 800$ km/s。不同于地球上的空气,太阳风主要是由比气体分子简单得多的基本粒子组成。相比地球上风的密度(典型值为 2 678 亿亿个分子每立方厘米),太阳风的密度低得多,太阳风每立方厘米只有几个到几十个粒子,称其为太阳风的主要原因在于其流动时产生的效应和地球上流动的空气相近。太阳风虽然稀薄,但是运行速度很高,在地球附近时,能够保持 $300 \sim 1000$ km/s 的速度,而地球上的 12 级台风的风速仅为 32.5 m/s。

当太阳风抵达天体附近时,由于天体的磁场及电离层的存在,太阳风携带的等离子体将无法直接抵达天体表面,而是绕过天体流动。太阳风偏转的原因是等离子体带电粒子在天体的内禀磁场中运动受洛伦兹力影响,以及与天体的电离层相挤压导致的,二者共同作用下产生了绕天体流动的等离子体物质。

太阳系中有部分没有完整磁场的行星,如火星和金星,当它们遭遇太阳风时,其大气和太阳风的相互作用也能够降低太阳风的速度并产生使太阳风转向的效果。天体电离层中的等离子体物质和太阳风分离的区域为电离层顶,此处为电离层的热能和太阳风的压力平衡点连接而成的曲面。

具有完整磁场的天体,如地球,遭遇太阳风时,会在日侧被太阳风压缩天体内禀磁场,同时在夜侧形成一个向外延伸的磁场。这种情况下天体的等离子物质和太阳风分离的区域即为磁层顶。磁层包围了天体的完整磁场部分,保证该范围内的带电粒子的运动只受天体内禀磁场的约束,而不会受到太阳磁场的影响。太阳系内的行星中,地球、木星、土星、天王星和海王星都具有完整磁场,具有俘获等离子体的能力继而形成磁层。研究天体的磁层对于理解行星环境形成具有重要意义,通过掌握磁层调节的机理,可以加深对行星附近探测器飞行的受扰因素的认识,随着认识的加深,有望预测并调节行星的磁层,从而降低其对于探测器抵近飞行的影响。

6.2 地球磁层结构

受到太阳风的影响,在地球的日侧区域,地球磁场直面太阳风的冲击,被剧烈压缩;在夜侧,磁场向远端延伸。地球周围的太阳风通常由数量大致相等的正、负带电粒子构成,密度为 $1 \sim 10$ 个粒子每立方厘米,粒子的速度可达 $300 \sim 1\,000$ km/s。

磁层一旦形成,太阳风中的带电粒子源源不断冲击磁层顶,由于粒子飞行速度很高,形成弓形激波效应。通过弓形激波效应的能量转换,多数的粒子已经降速转向进入磁鞘,也会有部分粒子沿着地球磁场的磁力线进入两极,形成磁层的极隙。当能量积累到一定程度时,会形成亚暴,出现极光。地球磁层较为稳定,是保障地球上生命体免受太阳风侵害的关键。

6.2.1 磁层形成机理

磁层的各个区域划分如图 6-1 所示,本节就各区域进行说明,包括其明确的边界和层次关系。

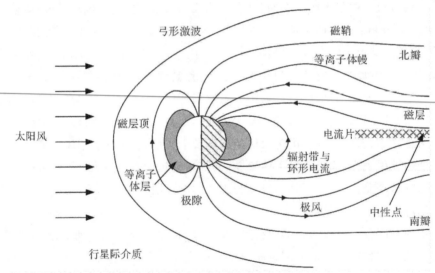

图 6-1 地球磁层示意图

地球是典型的既有磁层也有高导电性电离层的行星,在太阳风的作用下,日侧(即面向太阳的一侧)会形成弓形激波,改变绕地球流动的太阳风方向。

弓形激波的定义:弓形激波是太阳风与天体的磁层或电离层的最外层发生碰撞而形成的一种超声冲击波,其改变了太阳风的方向,使之绕天体运动并且使渗透于其中的等离子体物质的速度降低至亚声速。

在弓形激波形成的区域,太阳风中粒子的能量变化是从动能为主转化为热能为主。因此,在弓形激波形成的区域,越接近日侧,太阳风中的粒子速度越低、压缩程度更高并且热能越大。地球的弓形激波形成区域位于磁层顶朝向太阳的方向,距离磁层顶约 2 倍地球半径的距离。磁层特征值见表 6-1。

表 6-1　磁层特征值

磁层特征值	粒子密度 cm^{-3}	电子速度 $(km \cdot s^{-1})$	电子温度 K	质子速度 $(km \cdot s^{-1})$	质子温度 K	磁感应强度 nT
太阳风	$1 \sim 10$	$200 \sim 600$	$6 \sim 30 \times 10^4$	$200 \sim 600$	$2 \sim 20 \times 10^4$	$2 \sim 15$
磁鞘	$2 \sim 50$	$200 \sim 500$	$1 \sim 10 \times 10^5$	$200 \sim 500$	$5 \sim 50 \times 10^5$	$2 \sim 15$
高纬边界	$0.5 \sim 50$	—	$1 \sim 10 \times 10^5$	$100 \sim 300$	$5 \sim 80 \times 10^5$	$10 \sim 30$
等离子体鞘边界	$0.1 \sim 1.0$	$500 \sim 5\,000$	$2 \sim 10 \times 10^6$	$100 \sim 1\,500$	$1 \sim 5 \times 10^7$	$20 \sim 50$
等离子体鞘	$0.1 \sim 1.0$	$10 \sim 50$	$2 \sim 20 \times 10^6$	$100 \sim 1\,000$	$8 \sim 80 \times 10^6$	9
尾瓣	$0.001 \sim 0.01$		2×10^6	—	$< 10^7$	—

1. 磁层顶

磁层顶是太阳风和地球磁场相互作用下形成的边界,即为磁层的边界。磁层顶是太阳风和磁层的交界区,它区分出太阳风和磁层的磁场和等离子体。磁层顶属于磁鞘和磁层内部的过渡区域,磁鞘与磁层之间的等离子体在此处发生混合。磁层顶外侧行星际磁场较小,太阳风等离子体密度较大、温度较低;磁层顶磁场较大,等离子体密度较小、温度较高。

1931 年,Chapman 和 Ferraro 在研究地磁暴时就预言地球磁层顶存在,并指出磁层顶大小受太阳风动压控制。当时,他们认为来自太阳的微粒流是间歇性的,仅发生在太阳活动期间,因而产生的地球磁层顶也具有间歇性。1951 年,Bierman 通过对彗尾分析表明,太阳风是任何时候都存在的。这也就说明了地球磁层顶具有永久性特点。随后,地球磁层顶存在被大量观测卫星所证实。

太阳风中的带电粒子回转半径通常大于磁层顶厚度,由于其进入磁场产生的洛伦兹力比较小,不能完成反射过程,因此粒子通常可以进入该区域。

对于磁层顶位形研究,研究者们使用的理论模型要比经验模型发展得早,主要集中在 20 世纪 60—70 年代初期。这些理论模型的基本机理为磁层顶两边太阳风动压(或磁鞘压强)和磁层顶内侧磁层磁压是相互平衡的。这些理论模型能够较好地描述全球磁层顶基本形态,是磁层顶位形经验模型发展和完善的基础,相比实际观测,该模型定量结果较差。

太阳风动压力实际为太阳风在磁层顶滞止时施加的压强,可以通过以下公式计算,即

$$Nmv\mathrm{d}v = \mathrm{d}p_\mathrm{d} \tag{6-1}$$

式中:v 表示太阳风的速度,用国际单位制描述为 m/s;m 表示太阳风粒子的质量,用国际单位制描述为 kg;N 表示太阳风粒子的密度,用国际单位制描述为 m^{-3};Nm 表示太阳风密度,用国际单位制描述为 kg/m^3;p_d 表示太阳风的动压,用国际单位制描述为 $N \cdot m^{-2}$。

对式(6-1)进行积分,获得动压表达式为

$$p_\mathrm{d} = \frac{1}{2} Nmv^2 \tag{6-2}$$

直接给出磁压的计算公式为

$$p_\mathrm{m} = \frac{B^2}{2\mu_0} \tag{6-3}$$

式中：p_m 表示磁压，用国际单位制描述为 N/m^2；B 表示磁场的磁通量密度，用国际单位描述为 T；μ_0 表示真空磁导率，用国际单位制描述为 N/A^2。

根据磁层顶处的太阳风压和磁压平衡，联立式（6-2）和式（6-3），可以建立如下等式，即

$$\frac{B^2}{\mu_0} = Nmv^2 \tag{6-4}$$

根据前面章节的学习，地球磁场可以近似为偶极场，则其赤道磁场的磁通量可以表示为

$$B_b = \frac{B_0}{(r/R)^3} \tag{6-5}$$

式中：B_0 表示半径取为地球参考半径时的磁通量密度，用国际单位制描述为 T；r 表示赤道处的半径，用国际单位制描述为 m；R 表示地球的参考半径，或称其为地球的平均半径，用国际单位制描述为 m。

考虑到在磁层顶，日侧会被太阳风冲击造成挤压，因此在相同距离下，偶极子压缩会导致磁通量密度上升。引入增益参数 k，其为一个大于 1 的系数，因此考虑磁层顶受太阳风冲击形成磁场压缩时，赤道磁场的磁通量表示为

$$B_p = \frac{kB_0}{(r/R)^3} \tag{6-6}$$

式中：k 的具体数值以实际测量为准。将式（6-6）代入式（6-4），可得

$$\frac{r}{R} = \left(\frac{k^2 B_0^2}{\mu_0 Nmv^2} \right)^{1/6} \tag{6-7}$$

【例 6-1】根据磁层顶处的地球磁场压力与太阳风压平衡，可以估算地球磁层的平衡距离。已知磁层平衡位置处太阳风的速度为 450 km/s，粒子的质量为 $m = 1.6726 \times 10^{-27} \text{ kg}$，约等于质子的质量，粒子密度为 $N = 8 \times 10^6 \text{ m}^{-3}$，对应赤道处的磁通量密度为 $B_0 = 30036.6 \text{ nT}$，由于受到太阳风的挤压，磁层顶平衡位置的磁场的压缩增益参数为 $k \approx 2$。

解 根据式（6-1）～式（6-6）的推导，可以获得

$$\frac{r}{R} = \left(\frac{k^2 B_0^2}{\mu_0 Nmv^2} \right)^{1/6} = \left[\frac{4 \times (30.0367 \times 10^{-6})^2}{(4\pi \times 10^{-7}) \times (8 \times 10^6) \times (1.6726 \times 10^{-27}) \times (4.5 \times 10^5)^2} \right]^{1/6}$$
$$= 10.1 \tag{6-8}$$

结果表明，地球磁层的平衡位置距离约为 10.1 个地球参考半径。

2. 磁鞘

如图 6-1 所示，在弓形激波和磁层顶之间，存在一个磁场强度弱，但是紊乱的区域，该区域为磁鞘。

磁鞘的具体定义为，对于有内禀磁场的天体，在日侧的磁场与超声速的太阳风粒子相遇时，便在磁层顶外面形成一个受扰动的磁端区，叫作磁鞘。

在太阳风压和地球内禀磁场磁压平衡区域附近，磁鞘的等离子体物质比太阳风中的热能更高、密度更大、速度更低。磁鞘区域的粒子密度可以达到 $2 \sim 50 \text{ cm}^{-3}$，温度为 $5 \sim 60 \times 10^6 \text{ K}$。在弓形激波的下游区域，随着激波强度降低，等离子体物质的速度增大，最终接近太

阳风的速度,性质也恢复为和太阳风相近。

3. 磁尾

磁尾位于地球磁层的夜侧,同日侧被太阳风严重挤压的磁层结构不同,磁尾在夜侧延伸很远的距离。磁尾区域的活动十分活跃,太阳风将地球磁场的偶极磁力线拓扑结构拓展为赤道电流片,此处的磁力线几乎和地球和太阳的连线平行。磁尾的边界近似为一个圆柱形,半径接近 22 个地球半径。目前对磁尾的长度尚无一致的看法,根据探测资料,磁尾可能延伸到几百个地球半径之外。磁尾中的等离子体密度稀薄,密度为 0.1 个粒子每立方厘米。

4. 中性点

磁力线聚合之处为中性点,其只存在于磁尾中磁通量密度接近零的位置。在中性点处,地球磁场的磁力线两侧的等离子体能够发生分离,并与不同的磁力线进行重新连接。根据现有的研究显示,在中性点形成时,磁尾中储存的能量通过磁重联过程释放。

磁重联和地球磁层活动中的亚暴密切相关,可以说,磁重联在地球磁层活动中扮演着至关重要的角色。由于太阳风的作用,地球磁尾被拉长,形成南北两瓣近乎于反向平行的磁场结构,南北两瓣磁尾中间存在电流片,或称之为等离子片。磁尾处发生的磁场重联将等离子体能量和磁通向近地侧运输,由于电离层和极区并不能完全消耗掉这部分能量,耗散过慢的原因积累的部分能量就在磁尾近地侧产生堆积,直到堆积足够的能量后,近地侧磁尾电流片中断,发生磁重联。近地侧磁场重联与磁尾远端磁场重联共同导致了等离子体团。等离子体团被重联加速远离地球,地球磁尾恢复平静,等待下一个磁暴来临。

5. 中性片

中性片为较薄的表面,在中性片上的点南北半球的地球磁场相互抵消,将等离子体分为地球磁层的北瓣和南瓣,中性片是北瓣向内的地球磁场磁力线和南瓣向外的地球磁场磁力线的分界面。

6. 等离子体幔

等离子体幔是从极隙延伸到磁层顶内侧的边界层,兼具太阳风携带的行星际磁场和地球磁场的特征。

7. 电流片

电流片,又称等离子片,位于中性片两侧,以赤道为中心,由磁性较弱的磁场和稠密的热等离子体构成。

在等离子片的北部,地球磁场的方向指向地球;而在等离子片的南部,地球磁场的方向则相反,被牵引远离地球。在太阳活动不剧烈的时候,太阳风能够保持比较稳定的状态,等离子片的平衡容易保持。一旦这种平衡被打破,等离子片的尺度将会发生根本性变化,如发生磁重联现象,进而导致整个磁层的变化。

稳定时等离子片的厚度为 $4R \sim 8R$(R 代表地球半径),密度通常为 $0.1 \sim 10$ 个粒子每立方厘米。等离子片区域是磁层内磁活动最为活跃的地方,特别是当磁暴发生时,其磁活动愈加频繁。宁静期等离子片主要包含来自太阳风中的等离子体物质;在活跃期,来自电离层的等离子体将变为主导。

8.等离子体层

等离子体层处于电离层和磁层之间,内部充盈着低温大密度等离子体,主要形成原因是电离层等离子体沿着地球磁场的磁力线外流。

等离子体层的定义:地球等离子体层位于内磁层中,是连接电离层和磁层的重要区域。在内磁层中环电流、辐射带和电离层上层相互作用,共同影响着等离子体层的结构变化。

9.极隙

极隙位于地球磁场的北极和南极附近,区域形状像两只漏斗。在极隙处的磁力线呈现双叉伞状分布,地球磁场的磁力线一部分向着日侧运动,另一部分向着夜侧运动。在太阳风压作用下,极隙从地球磁场偶极子的极点向地球磁场的赤道偏移。太阳风中带电粒子沿着磁力线运动几乎不受阻力,极隙能够引导太阳风中带电粒子向电离层运动,使得带电粒子和电离层、大气层作用,当太阳活动剧烈时,会形成极光。

10.尾瓣

在磁层的等离子体幔和等离子片之间的主要部分是南北尾瓣。在北尾瓣区域,磁力线的方向为向着北极隙靠近地球;而在南尾瓣区域,磁力线背向南极隙。尾瓣中粒子密度比较低,为 $0.001 \sim 0.01$ cm^{-3}。带电粒子可以比较轻易地沿着尾瓣磁力线方向运动,直到被太阳风带走。太阳风中带电粒子逆风运动很少,所以有较少的粒子接近地球,造成了尾瓣中等离子体物质密度比较低。

6.2.2 磁刚度

磁刚度是用来表征带电粒子穿透磁场能力的物理量,具体定义如下:
磁刚度的定义为每个单位运动粒子动量的量度。
根据磁刚度的定义,其可以通过计算线动量与光速乘积再除以单位电荷获得,即

$$S_m = \frac{pc}{|q|} = \frac{1}{|q|}(E^2 - E_0^2)^{1/2} = \frac{1}{|q|}(E^2 - m_0^2 c^4)^{1/2} =$$

$$\frac{1}{|q|}(E_k^2 + 2m_0 c^2 E_k)^{1/2} \tag{6-9}$$

式中:S_m 表示磁刚度,用国际单位制描述为 V;$p = c^{-1}(E^2 - E_0^2)^{1/2}$ 表示线动量,用国际单位制描述为 eV/C;c 表示光速,用国际单位制描述为 m/s;q 表示电量,用国际单位制描述为 C;$E = E_k + E_0$ 表示总能量,用国际单位制描述为 J 或者 eV;E_k 表示动能,用国际单位制描述为 J 或者 eV;$E_0 = m_0 c^2$ 表示静能,用国际单位制描述为 J 或者 eV;m_0 表示粒子静质量,用国际单位制描述为 kg。

【例 6-2】对于具有 25 MeV 动能的质子,试计算其磁刚度。已知质子静能 $E_0 = 938.26$

MeV,电子静能 $E_e = 0.511$ MeV,中子静能 $E_n = 939.6$ MeV,质子质量 $m_0 = 938.26$ MeV/c^2,电子质量 $m_e = 0.511$ MeV/c^2,中子质量 $m_n = 939.6$ MeV/c^2,1 eV $= 1.602 \times 10^{19}$ J。

解　根据式(6-9),具有 25 MeV 动能的质子磁刚度为

$$S_{m_0} = \frac{1}{|q|}(E_k^2 + 2m_0c^2E_k)^{1/2} = 0.218 \text{ GV} \tag{6-10}$$

粒子的磁刚度可以用于评价其在地球磁场中抵抗磁场影响,或称穿透磁场的能力,即磁刚度小的粒子更容易受磁场影响而出现偏转运动,使其对磁场的穿透距离有限。磁刚度的阈值称为截止刚度,当带电粒子的磁刚度低于截止刚度时,则粒子无法从特定方向到达磁场中的指定点。

根据国际地磁参考场 1980 偏置倾斜偶极子模型,可以根据以下公式计算地球偶极场中正电荷粒子的磁截止刚度,则有

$$R_c = \frac{59.4}{(r/R)^2} \frac{\cos^4\lambda}{\left[1 + \sqrt{1 - \sin\kappa^* \sin\zeta\cos^3\lambda}\right]^2} \tag{6-11}$$

式中:R_c 表示粒子的磁截止刚度,用国际单位制描述为 GV;R 表示地球平均半径,用国际单位制描述为 m;r 表示地心距,用国际单位制描述为 m;λ 表示磁纬度;κ 表示从磁北极出发顺时针度量获得的方位角;κ^* 表示当粒子为正电荷时,κ^* 为 κ,当粒子为负电荷时,κ^* 为 $\kappa + \pi$;ζ 表示天顶角。

地球的屏蔽效应并未在式(6-11)中表达,因此其计算出的磁截止刚度比真实值小。根据式(6-11)中的数学描述,相比靠近地表区域,磁层外层区域的地心距显然更大,带电粒子到达该区域更为容易;当地心距一定时,相比靠近地球磁场偶极赤道的区域,靠近磁极区域,λ 的值趋向于 $\pi/2$,继而存在 R_c 趋于零,说明带电粒子到达该区域更为容易。垂直入射的粒子磁截止刚度可以近似通过以下表达式计算,即

$$R_c \big|_{\zeta=0} = \frac{14.9 \cos^4\lambda}{r^2} \tag{6-12}$$

天顶角的定义为光线方向和天顶方向的夹角,当太阳在正空上方时,天顶角为零,天顶角是高度角的余角。表6-2为地球表面天顶方向的粒子磁截止刚度。图6-2所示为全球磁截止刚度等值线。

表 6-2　地球表面天顶方向的粒子磁截止刚度

磁纬度 /(°)	磁截止刚度 /GV
磁场赤道	14.9
15	12.9
30	8.35
45	3.71
60	0.928
75	0.066 6

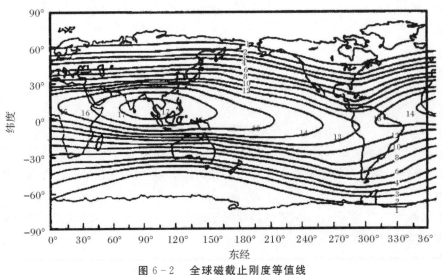

图 6-2　全球磁截止刚度等值线

6.3　地球磁层辐射环境

磁层相关的自然辐射环境可以分为以下 4 类：太阳风，天体磁场的俘获辐射，银河宇宙射线，太阳粒子事件。太阳日冕的温度很高，能够保持稳定的辐射流，其中包含光子、质子和电子，沿着辐射方向源源不断冲向地球的日侧，这些粒子是俘获辐射非常重要的来源。具有内禀磁场的天体具有俘获粒子的能力，包括电子和质子，这些粒子通常由高能宇宙射线和行星大气层碰撞、太阳风衰减以及磁暴效应诱导的太阳粒子事件等产生。

银河宇宙射线的源头在太阳系以外，主体组成为失去电子的原子核。根据测算数据，宇宙射线在近百万年来很可能一直在加速，银河系磁场对其有一定的俘获作用，形成数次穿越银河系的情况。太阳粒子事件的诱因为日冕抛射物，太阳活动的频繁程度是太阳粒子事件出现的重要指标。

由于地球磁场的存在，磁层中的电子和质子运动受到影响，整体的运动规律可以分成三个组成部分：粒子沿着地球磁场的磁力线做回旋轨道运动，沿着地球磁场的磁力线在回旋轨道的两侧持续振荡，以及在回旋轨道中心上方进行纵向漂移运动。

6.3.1　磁层俘获辐射

地球磁层俘获粒子行为的主要对象是电子和质子等带电粒子，太阳风以及银河宇宙射线和地球大气相互作用会导致中子衰变，继而产生可供俘获的电子和质子。俘获辐射运动可以分为以下 4 种。

（1）带电粒子旋转或者沿着地球磁场的磁力线做回旋运动，回转半径表示该回旋运动的半径，研究者们定义回转周期为一次回转经历的时间，根据测算数据，回转周期通常不超过 1 s。

（2）由于受力作用，带电粒子会进行漂移运动，漂移方向垂直于地球磁场，也垂直于方向垂直于磁场方向的作用力场分量。

（3）镜像反射现象为带电粒子沿着磁力线运动，并在地磁场南北半球间进行往复振荡运动。粒子方向在磁力线上发生反转的位置为镜点。振荡周期描述了粒子从处于一个半球的镜点开始运动，在到达另一个半球的镜点后，进行返回运动再次到达起始位置的时间，其典型值为 1 s。

（4）带电粒子围绕地球的地磁轴纵向漂移，其漂移运动轨迹会在地球周围形成类似壳的包络，漂移运动周期的典型值为几分钟。正电粒子和质子运动特征为漂移运动方向向西；负电粒子和电子等运动特征为漂移运动方向向东。典型的俘获辐射中带电粒子的特性见表 6-3。

表 6-3　典型的俘获辐射中带电粒子的特性

动力学行为描述	1 MeV 的正电荷	1 MeV 的负电荷
在铝材料中的穿透距离 /mm	2	0.4
赤道全向通量的峰值 /($cm^2 \cdot s^{-1}$)	4×10^6	3.4×10^3
峰值通量的径向位置 /R	4.4	1.7
500 km 处回旋半径 /km	0.6	50
20 000 km 处回旋半径 /km	10	880
500 km 处回旋周期 /s	10^{-5}	7×10^{-3}
20 000 km 处回旋周期 /s	2×10^{-4}	0.13
500 km 处振荡周期 /s	0.1	0.65
20 000 km 处振荡周期 /s	0.3	1.7
500 km 处纵向漂移周期 /min	10	3
20 000 km 处纵向漂移周期 /min	3.5	1.1

6.3.2　磁层力学环境

带电粒子在磁层中的运动比较复杂，为了了解其基本运动特征，将其简化等效为带电粒子在电磁场中的运动。电磁场中带电粒子受到的洛伦兹力的计算公式为

$$\boldsymbol{F} = q(\boldsymbol{E} + \boldsymbol{v} \times \boldsymbol{B}) \tag{6-13}$$

式中：$\boldsymbol{F}$ 表示洛伦兹力，用国际单位制描述为 N；q 表示电荷量，用国际单位制描述为 C；$\boldsymbol{E}$ 表示电场矢量，用国际单位制描述为 N/C；$\boldsymbol{v}$ 表示粒子运动的速度矢量，用国际单位制描述为 m/s；$\boldsymbol{B}$ 表示磁场的磁通量密度，用国际单位制描述为 T。

考虑带电粒子的质量为 m，则根据牛顿第二定律，粒子受力可以通过以下表达式描述，即

$$m \frac{\mathrm{d}\boldsymbol{v}}{\mathrm{d}t} = q(\boldsymbol{E} + \boldsymbol{v} \times \boldsymbol{B}) \tag{6-14}$$

式中：m 表示运动粒子的质量，用国际单位制描述为 kg；t 表示时间，用国际单位制描述为 s。

在式（6-14）等号两边同粒子速度矢量做内积，可得表达式为

$$m \frac{\mathrm{d} \boldsymbol{v}}{\mathrm{d}t} \cdot \boldsymbol{v} = q(\boldsymbol{E} + \boldsymbol{v} \times \boldsymbol{B}) \cdot \boldsymbol{v} \tag{6-15}$$

由于运动的带电粒子在磁场中运动受力的方向始终垂直运动方向,有以下等式始终成立,即

$$(\boldsymbol{v} \times \boldsymbol{B}) \cdot \boldsymbol{v} = 0 \tag{6-16}$$

由此,式(6-15)变为

$$m \frac{\mathrm{d} \boldsymbol{v}}{\mathrm{d}t} \cdot \boldsymbol{v} = q\boldsymbol{E} \cdot \boldsymbol{v} \tag{6-17}$$

式(6-16)的实际物理意义为带点粒子在电磁场运动中的瞬时功率,根据其定义,可以表示为

$$\frac{\mathrm{d}}{\mathrm{d}t} \left(\frac{1}{2} m \boldsymbol{v}^{\mathrm{T}} \boldsymbol{v} \right) = q\boldsymbol{E} \cdot \boldsymbol{v} \tag{6-18}$$

式中:$\frac{1}{2} m \boldsymbol{v}^T \boldsymbol{v} = E_k$ 是粒子的动能。

从前述的分析中能够发现,粒子在电磁场中运动的速度变化和磁场没有关系,主要原因是带电粒子在磁场中运动受到的磁力方向总是和速度正交,磁力做功为零。所以,在电磁场中运动的带电粒子速度方向变化的原因是磁场,速度大小与磁场无关。进一步地,当电场不存在时,$\boldsymbol{E} = 0$,或者电场的方向同速度方向正交,即 $\boldsymbol{E} \cdot \boldsymbol{v} = 0$ 时,带电粒子的动能和速度不会发生变化。

6.3.3 磁层磁场环境

如果电磁场中的电场为零,并且假设地球磁场是均匀的,那么地球磁场的磁通量密度稳定且恒定不变。在笛卡尔坐标系中,将带电粒子的运动速度定义为

$$\boldsymbol{v} = v_x \boldsymbol{\varepsilon}_x + v_y \boldsymbol{\varepsilon}_y + v_z \boldsymbol{\varepsilon}_z \tag{6-19}$$

式中:v_x, v_y, v_z 为笛卡尔坐标系下速度向量的坐标值描述;$\boldsymbol{\varepsilon}_x, \boldsymbol{\varepsilon}_y, \boldsymbol{\varepsilon}_z$ 为笛卡尔坐标系各坐标轴向的单位向量。

按照垂直方向和水平方向分解,可用公式描述为

$$\boldsymbol{v} = \boldsymbol{v}_{\perp} + \boldsymbol{v}_{\parallel} \tag{6-20}$$

式中:$\boldsymbol{v}_{\parallel} = v_z \boldsymbol{\varepsilon}_z$ 表示平行于笛卡尔坐标系 z 轴的速度分量,用国际单位制描述为 m/s;$\boldsymbol{v}_{\perp} = v_x \boldsymbol{\varepsilon}_x + v_y \boldsymbol{\varepsilon}_y$,表示垂直于笛卡尔坐标系 z 轴的速度分量,速度为 m/s。

在地球磁场中,令笛卡尔坐标系的 z 轴沿着磁场方向,则有

$$\boldsymbol{B} = B\boldsymbol{\varepsilon}_z \tag{6-21}$$

则根据式(6-21)和式(6-17),带电粒子的加速度可以表示为

$$\frac{\mathrm{d}(\boldsymbol{v}_{\perp} + \boldsymbol{v}_{\parallel})}{\mathrm{d}t} = \frac{q \boldsymbol{v}}{m} \times B\boldsymbol{\varepsilon}_z = \frac{qB}{m} \boldsymbol{v} \times \boldsymbol{\varepsilon}_z = \omega_{\mathrm{p}} \boldsymbol{v} \times \boldsymbol{\varepsilon}_z \tag{6-22}$$

式中:ω_{p} 表示带电粒子的回转角速率,有

$$\omega_{\mathrm{p}} = \frac{qB}{m} \tag{6-23}$$

由此可见,带电粒子的回转角速率的大小取决于粒子的电荷质量比以及所处磁场的磁

通量密度。基于回转角速率，可以计算回转周期及回转频率，即

$$T_{\mathrm{p}} = \frac{2\pi}{\omega_{\mathrm{p}}}, \quad f_{\mathrm{p}} = \frac{1}{T_{\mathrm{p}}} \tag{6-24}$$

式中：T_{p} 表示粒子在磁场中的回转周期；f_{p} 表示粒子在磁场中的回转频率。

在仅有磁场力作用下，磁场力对带电粒子做功为零，即运动方向上的速度始终不变，亦即加速度为零。由式（6-20）可知

$$\dot{\boldsymbol{v}}_{\parallel} = \boldsymbol{0} \tag{6-25}$$

而垂直方向的加速度即为

$$\dot{\boldsymbol{v}}_{\perp} = \omega_{\mathrm{p}} \boldsymbol{v} \times \boldsymbol{\varepsilon}_z \tag{6-26}$$

继而根据向量积计算，可以求解磁场力作用下粒子运动的加速度，有

$$\left. \begin{aligned} \dot{v}_x &= \omega_{\mathrm{p}} v_y \\ \dot{v}_y &= -\omega_{\mathrm{p}} v_x \\ \dot{v}_z &= 0 \end{aligned} \right\} \tag{6-27}$$

从式（6-27）中不难发现，加速度坐标描述各个轴向上存在耦合，继续能够对式（6-27）进行微分，可以获得其解耦表达式为

$$\left. \begin{aligned} \ddot{v}_x &= -\omega_{\mathrm{p}}^2 v_x \\ \ddot{v}_y &= -\omega_{\mathrm{p}}^2 v_y \\ \ddot{v}_z &= 0 \end{aligned} \right\} \tag{6-28}$$

上述方程的通解为

$$\left. \begin{aligned} v_x &= \overline{v} \sin(\omega_{\mathrm{p}} t + \phi) \\ v_y &= \overline{v} \cos(\omega_{\mathrm{p}} t + \phi) \\ v_z &= \widetilde{v} \end{aligned} \right\} \tag{6-29}$$

式中：$\overline{v} = \sqrt{v_x^2 + v_y^2}$，表示垂直方向的积分常数；$\widetilde{v}$ 表示水平方向的积分常数。

对式（6-29）沿着时间 $0 \to t$ 积分，可以获得以下关系式：

$$\left. \begin{aligned} x(t) - x(0) &= -\frac{\overline{v}}{\omega_{\mathrm{p}}} \cos(\omega_{\mathrm{p}} t + \phi) + \frac{\overline{v}}{\omega_{\mathrm{p}}} \cos\phi \\ y(t) - y(0) &= -\frac{\overline{v}}{\omega_{\mathrm{p}}} \sin(\omega_{\mathrm{p}} t + \phi) - \frac{\overline{v}}{\omega_{\mathrm{p}}} \sin\phi \\ z(t) - z(0) &= \widetilde{v} t \end{aligned} \right\} \tag{6-30}$$

令 $\phi = 0, x(0) = -\overline{v}/\omega_{\mathrm{p}}, y(0) = 0$ 且 $z(0) = 0$，式（6-30）可以写作

$$\left. \begin{aligned} x(t) &= -\frac{\overline{v}}{\omega_{\mathrm{p}}} \cos(\omega_{\mathrm{p}} t) \\ y(t) &= -\frac{\overline{v}}{\omega_{\mathrm{p}}} \sin(\omega_{\mathrm{p}} t) \\ z(t) &= \widetilde{v} t \end{aligned} \right\} \tag{6-31}$$

带正电的粒子在磁场中受洛伦兹力的方向判定采用左手准则，带负电的粒子运动方向判定采用右手准则。

基于前述公式中位置坐标，位置矢量的大小可以通过以下表达式进行计算，即

$$R_{\mathrm{p}} = \sqrt{x(t)^2 + y(t)^2} = \frac{\bar{v}}{\omega_{\mathrm{p}}} = \frac{m\bar{v}}{qB} \tag{6-32}$$

根据式(6-20)～式(6-32),可得磁场中的带电粒子的运动轨迹处于垂直磁场矢量的一个平面内,如图6-3所示,其回旋半径R_{p}也称为拉莫尔半径。

在磁通量恒定的磁场中,带电粒子的运动为沿着磁力线的方向做圆周运动,该运动称为回旋,运动的中心定义为导向中心。如果一个恒定磁场中的带电粒子具有沿着磁力线方向的运动分量,即$v_{\parallel} \neq 0$,那么沿着磁力线方向的运动速度矢量叠加带电粒子的平行速度矢量,最终导致带电粒子在磁场中表现出螺旋运动行为,其示意图如图6-3所示。

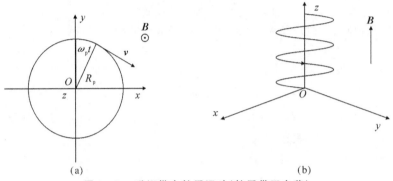

(a)   (b)

图6-3 磁场带电粒子运动(粒子带正电荷)

【例6-3】试计算典型地球磁场中(假设地球磁场恒定,磁通量密度稳定)的运动电子的回转频率f_{p}、回转周期T_{p}以及拉莫尔半径R_{p}。已知电子在磁场中做回旋运动的速度是400 km/s,磁场的磁通量密度为2 000 nT,电子的电荷量为1.602×10^{-19} C,质量为9.042×10^{-31} kg。

解 由式(6-24)可以计算带电粒子在磁场中做回旋运动的频率为

$$f_{\mathrm{p}} = \frac{qB}{2\pi m} = \frac{1.602 \times 10^{-19} \times 2 \times 10^{-6}}{2\pi \times 9.042 \times 10^{-31}} \ \mathrm{kHz} = 56.4 \ \mathrm{kHz} \tag{6-33}$$

基于该结果,可以计算回旋运动的周期为1.77×10^{-5} s,以及拉莫尔半径为

$$R_{\mathrm{p}} = \frac{\bar{v}}{\omega_{\mathrm{p}}} = \frac{\bar{v}}{2\pi f_{\mathrm{p}}} = \frac{4 \times 10^5}{2\pi \times 5.64 \times 10^4} \ \mathrm{m} = 1.1 \ \mathrm{m} \tag{6-34}$$

6.3.4 磁层内粒子运动

前一节讨论了磁场中磁力线稳定及电场为零条件下带电粒子的运动,在更一般的情况下,磁场不是均匀且稳定的,电场常常叠加在磁场内形成电磁场,这样一来,粒子运动分析的复杂性进一步提升。

从上一节的结论出发,对于受某些力作用的带电运动粒子形成的运动距离远小于拉莫尔半径,则这些力形成的效应可以视为其对带点粒子做回转运动的摄动。

首先给出因各类作用力而产生的漂移速度。

力$\boldsymbol{F}$作用导致的漂移速度,数学描述如下:

$$\boldsymbol{v}_{\mathrm{F}} = \frac{\boldsymbol{F} \times \boldsymbol{B}}{qB^2} \tag{6-35}$$

受电场影响(电场矢量为$\boldsymbol{E}$)的漂移速度,数学描述为

$$v_e = \frac{E \times B}{B^2} \qquad (6-36)$$

地球引力作用的漂移速度,数学描述为

$$v_g = \frac{m\boldsymbol{g} \times \boldsymbol{B}}{qB^2} \qquad (6-37)$$

磁场梯度导致的漂移速度,数学描述为

$$v_v = \frac{m\overline{v}^2}{2qB^3}\boldsymbol{B} \times \nabla \boldsymbol{B} \qquad (6-38)$$

磁力曲线变化导致的漂移速度,数学描述为

$$v_R = \frac{mv_{\parallel}^2}{qB^2R_c^2}\boldsymbol{R}_c \times \boldsymbol{B} = \frac{mv_{\parallel}^2}{qB^4}\boldsymbol{B} \times (\boldsymbol{B} \cdot \nabla)\boldsymbol{B} \qquad (6-39)$$

极化漂移速度,数学描述为

$$v_b = \frac{1}{\omega_p B}\frac{\mathrm{d}E}{\mathrm{d}t} = \frac{m}{qB^2}\frac{\mathrm{d}E}{\mathrm{d}t} \qquad (6-40)$$

式(6-35)～式(6-40)中具体参数定义如下:B 表示磁通量密度,用国际单位制描述为 T;E 表示电场矢量,用国际单位制描述为 V/m;F 表示作用于带电粒子的力,用国际单位制描述为 N;g 表示地球的重力加速度,用国际单位制描述为 N/kg;m 表示带电粒子的质量,用国际单位制描述为 kg;q 表示带电粒子的电荷量,用国际单位制描述为 C;R_c 表示磁场的曲率半径,用国际单位制描述为 m;t 表示时间,用国际单位制描述为 s。图6-4所示为磁场带电粒子运动导向中心描述。

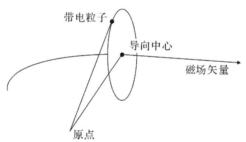

图 6-4　磁场带电粒子运动导向中心描述

在有外力作用于磁场中运动的带电粒子时,根据牛顿第二定律,带电粒子的受力平衡可以描述为

$$\frac{m\mathrm{d}v}{\mathrm{d}t} = \boldsymbol{F} + qv \times \boldsymbol{B} \qquad (6-41)$$

式(6-41)可以进一步表示为

$$\dot{v}_{\parallel} + \dot{v}_{\perp} = \frac{\boldsymbol{F}}{m} + \frac{q}{m}v \times \boldsymbol{B} \qquad (6-42)$$

根据磁场矢量 $\boldsymbol{B}$,可以将力矢量按照垂直方向和平行方向分解为

$$F = \boldsymbol{F}_{\perp} + \boldsymbol{F}_{\parallel} \qquad (6-43)$$

类似地,带电粒子在磁场中的运动速度矢量也可以进行分解为

$$v = \boldsymbol{v}_{\perp} + \boldsymbol{v}_{\parallel} \qquad (6-44)$$

考虑式(6-42)中的 $v \times \boldsymbol{B}$ 的方向始终垂直于磁场矢量,因此可以对式(6-42)进行分

离,即

$$\dot{\boldsymbol{v}}_\parallel = \frac{\boldsymbol{F}_\parallel}{m} \tag{6-45}$$

以及

$$\dot{\boldsymbol{v}}_\perp = \frac{\boldsymbol{F}_\perp}{m} + \frac{q}{m}\boldsymbol{v} \times \boldsymbol{B} \tag{6-46}$$

又因为 $\boldsymbol{v}_\parallel \times \boldsymbol{B} = \boldsymbol{0}$,所以式(6-46)可以改写为

$$\dot{\boldsymbol{v}}_\perp = \frac{\boldsymbol{F}_\perp}{m} + \frac{q}{m}\boldsymbol{v}_\perp \times \boldsymbol{B} \tag{6-47}$$

考虑回旋运动过程中,参考坐标系受到力 $\boldsymbol{F}$ 作用导致导向中心产生运动,则粒子的稳态速度可以描述为

$$\boldsymbol{v}_\perp(\infty) = \boldsymbol{v}(\infty) + \boldsymbol{v}_F(\infty) \tag{6-48}$$

继而可得

$$\dot{\boldsymbol{v}}_\perp = \frac{q}{m}(\boldsymbol{v}_\perp - \boldsymbol{v}_F) \times \boldsymbol{B} \tag{6-49}$$

根据式(6-42)和式(6-49),可得

$$\boldsymbol{F}_\perp = -q\,\boldsymbol{v}_F \times \boldsymbol{B} \tag{6-50}$$

继而有

$$\boldsymbol{F}_\perp \times \boldsymbol{B} = -q(\boldsymbol{v}_F \times \boldsymbol{B}) \times \boldsymbol{B} \tag{6-51}$$

根据拉格朗日公式

$$(\boldsymbol{a} \times \boldsymbol{b}) \times \boldsymbol{c} = \boldsymbol{b}(\boldsymbol{a} \cdot \boldsymbol{c}) - \boldsymbol{a}(\boldsymbol{b} \cdot \boldsymbol{c}) \tag{6-52}$$

存在下述表达式成立:

$$\boldsymbol{F}_\perp \times \boldsymbol{B} = q[B^2\,\boldsymbol{v}_F - \boldsymbol{B}(\boldsymbol{B} \cdot \boldsymbol{v}_F)] = B^2\,\boldsymbol{v}_F \tag{6-53}$$

由此可得

$$\boldsymbol{v}_F = \frac{\boldsymbol{F}_\perp \times \boldsymbol{B}}{qB^2} = \frac{\boldsymbol{F} \times \boldsymbol{B}}{qB^2} \tag{6-54}$$

式(6-54)考虑了在力 $\boldsymbol{F}$ 的作用下,主要对回转运动产生影响的为垂直于磁场矢量的分量,而平行于磁场方向的分量会形成粒子沿着磁场矢量方向的加速度。图6-5所示为电磁场中带电粒子漂移示意图。

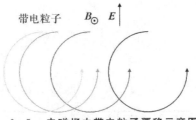

6-5 电磁场中带电粒子漂移示意图

在电场作用下,带电粒子在磁场中的回转运动受到的影响可以用电场力 $\boldsymbol{F}_e = q\boldsymbol{E}$ 代替式(6-54)中的 $\boldsymbol{F}$ 获得,即

$$\boldsymbol{v}_e = \frac{\boldsymbol{E} \times \boldsymbol{B}}{B^2} \tag{6-55}$$

从式(6-55)可以知道,带电的粒子在电磁场中运动时,受到电场力影响的速度漂移的方向和带电的属性无关,正负带电粒子的速度漂移方向一致,而且和质量及电荷量也都无关。上述结论也解释了,等离子体在电磁场的回转运动形成等离子体流,但是并无电流产生的现象。

在地球磁场中,运用式(6-54),将 $\boldsymbol{F}$ 用重力 $\boldsymbol{G} = m\boldsymbol{g}$ 代替,可得

$$\boldsymbol{v}_g = \frac{m\boldsymbol{g} \times \boldsymbol{B}}{qB^2} \tag{6-56}$$

图 6-6 所示为重力场中带电粒子漂移示意图。

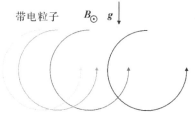

带电粒子　$B_\odot$　$g\downarrow$

6-6　**重力场中带电粒子漂移示意图**

重力场中的漂移速度方向垂直于引力方向和磁场方向,而且正负带电粒子的速度方向相反。根据重力场中漂移速度的数学描述,其与粒子质量的关系为正比例,因此从数值上看,正离子的漂移速度大于电子的漂移速度。

磁场中运动的带电粒子,受到磁场中梯度的影响,会产生梯度漂移速度,即

$$\boldsymbol{v}_\nabla = \frac{m\overline{v}^2}{2qB^3}\boldsymbol{B} \times \nabla\boldsymbol{B} \tag{6-57}$$

对于相同的带电粒子,在存在梯度的磁场中,较强磁场中的带电粒子回转运动的圆周轨迹曲率小于磁场较弱的区域。如图 6-7 所示,带电粒子在存在磁场梯度的磁场中,漂移速度矢量垂直于磁场方向和梯度方向构成的平面。

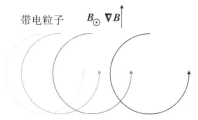

带电粒子　$B_\odot$　∇B

图 6-7　**磁场梯度作用下带电粒子漂移示意图**

作用于粒子上的力成因为磁场梯度导致的磁力矩,则有

$$\boldsymbol{F} = -\mid \boldsymbol{m} \mid \times \nabla\boldsymbol{B} \tag{6-58}$$

式中:

$$\mid \boldsymbol{m} \mid = SI = (\pi R_p^2)\left(\frac{q\overline{v}}{2\pi R_p}\right) = \frac{m\overline{v}^2}{2B} \tag{6-59}$$

从而有如下的表达式成立:

$$\boldsymbol{F} = -\mid \boldsymbol{m} \mid \times \nabla\boldsymbol{B} = -\frac{m\overline{v}^2}{2B}\nabla\boldsymbol{B} \tag{6-60}$$

将式(6-60)和式(6-54)联立,获得磁场梯度作用下的电粒子速度漂移表达式:

$$v_{\mathrm{V}} = -\frac{m\,\overline{v}^2}{2B}\nabla B \times \frac{\boldsymbol{B}}{qB^2} = \frac{m\,\overline{v}^2}{2qB^3}\boldsymbol{B}\times\nabla\boldsymbol{B} \qquad (6-61)$$

考虑到这种场景中离子的质量和电荷量比要大于电子,因此离子的漂移速度要大于电子的漂移速度,并且运动方向相反,从而会形成电流。

磁曲率漂移速度 v_{R} 是由于导向中心沿着磁场曲率运动所需的向心力产生的,计算过程较为复杂,本章将其略去。

更一般的情况,磁场中的磁力线不是处处平行的,磁力线将会在终端聚合,形成磁力线包络构成的圆锥体,具体形状如图6-8所示。作用于粒子且与磁力线方向相反的力将减缓粒子运动,并最终在某一个速度过零的点发生运动反向,这个点即称为镜点或者反射平面。

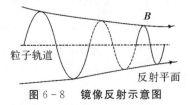

图 6-8　镜像反射示意图

考虑质量为 m、带电量为 q 的粒子在磁通量密度为 $\boldsymbol{B}$ 的磁场中沿着磁力线做螺旋运动,回转半径为拉莫尔半径 R_{p},速度 $v_\perp$ 垂直于磁场矢量,我们定义俯仰角 α 为运动的总速度 v 和磁力线之间的夹角,从而有以下的数学描述成立,即

$$\sin\alpha = \frac{|\boldsymbol{v}_\perp|}{|\boldsymbol{v}|} \quad \tan\alpha = \frac{|\boldsymbol{v}_\perp|}{|\boldsymbol{v}_\parallel|} \qquad (6-62)$$

对式(6-62)等号两边取二次方并代入动能和磁矩,可得变量间表达式为

$$\frac{\sin^2\alpha}{B} = \frac{\mu}{E_{\mathrm{k}}} \qquad (6-63)$$

如果磁场中没有叠加电场,则 μ 和动能恒定不变(磁场对回转运动不做功),所以式(6-63)可以写作

$$\frac{\sin^2\alpha}{B} = c \qquad (6-64)$$

式中:c 表示常值。

由此,可以得到如下的简单结论:在仅给定磁通量强度的情况下,能够计算磁力线上任一粒子的俯仰角。进一步地,如果沿着磁力线上某一点的磁通量 B_{m} 足够大,能够使得对应的俯仰角 $\alpha_{\mathrm{m}} \to \pi/2$,即粒子的运动速度垂直于 B_{m} 的方向,继而反转,该位置即定义为镜点,该点处的磁通量可以通过以下的公式计算,即

$$B_{\mathrm{m}} = \frac{B}{\sin^2\alpha} \qquad (6-65)$$

在给定地球余纬或者地球的地磁纬度时,可以通过以下表达式描述镜点位置的粒子赤道俯仰角,即

$$\sin^2\alpha_{\mathrm{e}} = \frac{B_{\mathrm{e}}}{B_{\mathrm{m}}} = \frac{\sin^6\phi_{\mathrm{m}}}{\sqrt{1+3\cos^3\phi_{\mathrm{m}}}} = \frac{\cos^6\phi_{\mathrm{m}}}{\sqrt{1+3\sin^3\phi_{\mathrm{m}}}} \quad \phi_{\mathrm{m}} = \frac{\pi}{2}-\lambda_{\mathrm{m}} \qquad (6-66)$$

式中:α_{e} 为赤道俯仰角,表示赤道平面上的俯仰角;ϕ_{m} 表示镜点的地球的磁余纬;λ_{m} 表示镜点的磁纬度。

对于磁场中带电运动的粒子,赤道俯仰角比较大的粒子运动的平行速度比较小,所以其镜点在较高纬度,靠近地球磁极;相应地,赤道俯仰角比较小的带电粒子速度比较大,因此其镜点在磁赤道附近,磁纬较低。赤道损失锥的定义如下,其描述的是一个表示带电粒子速度的圆锥,锥体的顶点在赤道上,轴沿着磁力线方向,锥内的带电粒子将会在和大气或表面的相互作用下损耗掉。对能够到达天体表面的粒子,可以用赤道损失锥半角α_l估计撞击大气或者天体表面并沉积与否。赤道损失锥半角满足:

$$\sin\alpha_l = \pm\sqrt{\frac{B_e}{B_m}} = \pm\sqrt{\frac{\sin^6\phi_m}{(1+3\cos_m^\phi)^{1/2}}} \qquad (6-67)$$

考虑地球自转旋转轴偶极子磁力线的方程,有

$$r = LR\sin^2\phi_m \qquad (6-68)$$

式中:L 表示 $\phi = \pi/2$ 处磁力线与赤道面交点到地心的距离;R 表示天体的参考半径。

在镜点处,存在 $r = R$,从而有

$$\sin^2\phi_m = \frac{r}{LR} = \frac{1}{L} \qquad (6-69)$$

联立式(6-69)与式(6-67),得到

$$\sin\alpha_l = \pm[4L^6 - 3L^5]^{-1/4} \qquad (6-70)$$

从上述计算结果可以得到如下基本结论,对于 $\alpha_e \leqslant \alpha_l$ 的任何粒子都会发生沉积现象。在地球同步高度上,有 $L \approx 6.5$ 成立,通过计算可得 $\alpha_l = \pm 2.5°$,这说明在极镜点上仅仅粒子的沉积现象并不明显。

6.4　银河宇宙射线

银河宇宙射线的源头在太阳系外,根据测算数据,银河宇宙射线组成包含 85% 的质子,14% 的 α 粒子以及 1% 的电子与重离子,此外,银河宇宙射线中还包括太阳系中能量高达 10^{20} eV 的高能粒子辐射,仅凭地球自身磁场不足以改变高能粒子的运动状态。

宇宙射线的活跃程度与太阳活动相关,关系为负相关。当时间处于太阳活动高年时,宇宙射线流量和强度普遍较小;而时间处于太阳活动低年时,宇宙射线流量和强度则较大。形成上述现象的原因初步猜想为,当处于太阳活动高年时,太阳的抛射物中具有较强的局部磁场成分,能够诱导部分能量不超过 10^9 eV 的低能银河宇宙射线粒子运动轨迹偏转。太阳系内的条件具备形成能量低于 10^9 eV 的粒子的能力,不具备产生能量高于 10^9 eV 的高能粒子的能力,因此银河宇宙射线中高能粒子来自于太阳系之外。

宇宙射线能谱可以用幂律近似表示为

$$I = I_0 E^{-\gamma} \qquad (6-71)$$

式中:I 表示通量密度,用国际单位制描述为 $m^{-2} \cdot s^{-1} \cdot sr^{-1}$;$I_0$ 表示典型值为18 000,用国际单位制描述为 $m^{-2} \cdot s^{-1} \cdot sr^{-1}$;$E$ 表示总能量,用国际单位制描述为 GeV;γ 表示光谱指数,约为 2.7。

6.5   太阳粒子事件

太阳粒子事件描述的是太阳在日冕物质抛射时,同步释放出大量粒子束的现象。大量的测算数据表明,太阳粒子事件和太阳耀斑同时发生的概率很高,其可以作为太阳耀斑发射开始的一个重要信号。在部分观测结果中,太阳粒子事件仅为日冕物质抛射。太阳粒子事件释放出能量,加速粒子运动,导致太阳出现磁流体动力学激波现象。活跃的太阳活动能够促进太阳粒子事件,产生辐射的通量密度变大;相应地,时间处于太阳活动低年时,产生辐射的通量密度比高年时要更低。例如,一次大规模太阳粒子事件发生在 1972 年 8 月,过程中产生了超过 $10^6 \text{ m}^{-2} \cdot \text{s}^{-1} \cdot \text{sr}^{-1}$ 的峰值通量密度,能量超过了 10 MeV。根据当前的统计数据,太阳粒子事件发生的时刻、大小、持续时间和成分,至今没有准确的模型进行精准预测,通常持续数天到一周的时间,峰值辐射将持续数小时。

6.6   小   结

地球磁层是太阳辐射与地球内禀磁场共同作用的结果,其典型的结构是地球生态存续的重要保障。本章对地球磁层结构、磁层辐射环境及相关效应的影响进行了简要介绍。地球磁层形成过程复杂,诸多效应的机制尚未明晰,也给地球在轨航天器顺利开展任务带来了不小的挑战。磁层的多种复杂机制探究是揭开磁层对航天器影响等问题的重要突破口,是当前天文领域关注的重点课题。

思考题

1. 通过文献调研,了解行星磁层研究的最新进展,重点关注磁重联现象的形成机制、数学模型描述与数据观测研究。

2. 结合文献调研,基于当前的在轨探测技术,设计新型的地球磁层探测器(组),实现大规模磁层行为的跨时空观测与联合分析。

3. 通过文献调研,深入学习航天器穿越地球磁层时,与等离子体作用的机制,受到的多重影响,以及故障预防措施,并展望下一代地球磁层探测器的设计概念。

第7章　地球中性环境

7.1　引　言

　　围绕在地球周围的气体构成了大气层,其构成了地球空间的中性环境,本章重点关注中性大气成分及其随空间和时间的变化、气体的数密度、质量密度、温度分布、热平衡以及中性气体平稳运动和各种波动特征。

　　太阳系内行星在形成的初期,大气成分主要是氢元素和氦元素。类地行星如金星、水星、火星或地球受到太阳风的影响,大气层热力学速度增大,最终的结果是大气中质量较小成分的速度比克服重力场所需要的逃逸速度更大,导致大气中质量较小的成分消失,这也是太阳系中部分行星的大气缺失及成分不丰富的直接原因。水星基本上没有大气层,其他的太阳系内类地行星情况类似,即使存有大气,也是分子量较大的气体,例如二氧化碳、氮气、氧气、臭氧和氩气等。距离太阳比较远的行星通常为气态巨行星,如木星、土星、天王星和海王星的大气层中能够保有较大分量的氢气和氦气,测算数据表明,冥王星存在薄层大气,甲烷和氮气是其主要成分。

　　随着时间推移,粒子撞击表面及行星上火山活动释放出较多的挥发性气体,其受到行星引力俘获渐渐形成了类地行星的大气层。沿着行星半径矢量,大气层高度升高,其距离地心的距离不断增加,大气压强和密度不断降低,延绵不断地连接到星际环境。对于地球而言,50%的大气质量集中分布在高度 5 km 以下,75%集中分布在 11 km 以下。行星大气的另一个作用是吸收太阳的能量,并重新分布大气层的成分,同电磁场力一同作用下形成行星的气候。

7.2　气体定律

　　大气压力的定义:给定高度情况下,大气压力是从该高度到大气层顶端之间的气体体积质量。图 7 - 1 所示为大气压力示意图。

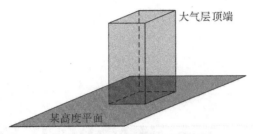

图 7 - 1   大气压力示意图

常用的描述压强的单位是毫米汞柱(mmHg)、标准大气压(atm)、帕斯卡(Pa)或千帕(kPa)、巴(bar)或者毫巴(mbar),这些单位之间的换算关系为 1 atm = 760 mmHg = 101 325 Pa = 101.325 kPa = 1.013 25 bar = 1 013.25 mbar。地球海平面上的平均大气压一般为 1 013.25 mbar 或者 760 mmHg。

7.2.1   理想气体公式

理想气体公式如下:

$$pV = \frac{m}{M}RT = nRT \tag{7-1}$$

式中:m 表示气体质量,用国际单位制描述为 kg;M 表示气体的摩尔质量,用国际单位制描述为 kg/kmol;n 表示气体的摩尔数,用国际单位制描述为 kmol;p 表示压强,用国际单位制描述为 N/m²;R 表示摩尔气体常数,用国际单位制描述为 J/(kmol·K);T 表示温度,用国际单位制描述为 K;V 表示体积,用国际单位制描述为 m³。

理想气体公式可以写作有关数量密度的数学描述,则有

$$p = \frac{nRT}{V} = \frac{n N_A}{V} \left(\frac{R}{N_A} \right) T = NkT \tag{7-2}$$

式中:$k = R/N_A$ 表示玻耳兹曼常数,用国际单位制描述为 J/K;N_A 表示阿伏伽德罗常数,用国际单位制描述为 kmol^{-1};$n N_A/V$ 表示数量密度,用国际单位制描述为 m^{-3}。

摩尔质量的定义描述如下:摩尔质量是一个由质量和物质的量导出的物理量,将质量和物质的量联系起来,不同于单一的质量和物质的量。摩尔质量指的是单位物质的量的物质所具有的质量。

7.2.2   道尔顿分压定律

英国科学家约翰·道尔顿在 19 世纪初把原子假说引入了科学主流。他所提供的关键的学说,使化学领域自那时以来有了巨大的进展。

道尔顿分压定律:在任何容器内的气体混合物中,如果各组分之间不发生化学反应,那么每一种气体都均匀地分布在整个容器内,它所产生的压强和它单独占有整个容器时所产生的压强相同。

道尔顿分压定理指出,在由多种气体混合而成的气体中,每一种参与混合的气体都单独

产生分压,该分压的大小等于该气体独自存在于该容器空间内部的压强。

图 7-7 所示为道尔顿分压定理示意图。

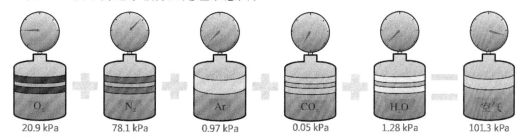

$$O_2 \quad N_2 \quad Ar \quad CO_2 \quad H_2O \quad 空气$$

20.9 kPa　　78.1 kPa　　0.97 kPa　　0.05 kPa　　1.28 kPa　　101.3 kPa

图 7-2　道尔顿分压定理示意图

根据气体混合后的压强和各个气体压强总和相等,分压定律的数学表达式可以写为

$$p = p_1 + p_2 + \cdots + p_n \tag{7-3}$$

式中:$p_1,p_2,\cdots,p_n$ 表示混合气体的成分 1,成分 2,$\cdots$,成分 n 气体的分压;p 表示总压强。

考虑到参与组成混合气体的理想气体公式,存在:

$$p_i = \frac{n_i R T}{V} \tag{7-4}$$

当温度和体积一定时,混合气体的总压强主要取决于气体的摩尔数,则有

$$p = \sum_i p_i = \sum_i \frac{n_i R T}{V} = \frac{n R T}{V} \sum_i \frac{n_i}{n} = \frac{n R T}{V} \sum_i X_i = \frac{n R T}{V} \tag{7-5}$$

式中:$n = \sum_i n_i$ 表示混合气体的总摩尔数,用国际单位制描述为 kmol;n_i 表示混合气体中组分气体 i 的摩尔数,用国际单位制描述为 kmol;p,p_i 表示混合气体的总压强和组分气体 i 的分压强,用国际单位制描述为 N/m^2;T 表示温度,用国际单位制描述为 K;V 表示体积,用国际单位制描述为 m^3;$X_i = n_i/n$ 表示混合气体中组分气体 i 的摩尔分数。

根据阿伏伽德罗定律描述,等体积的气体在同温同压条件下,所含分子数相同,气体的化学及物理特性都不会对此产生影响。

根据阿伏伽德罗定律,可以建立等式:

$$X_i = \frac{n_i}{n} = \frac{V_i}{V} \tag{7-6}$$

式中:V_i 表示组分气体 V_i 的体积,$V = \sum_i V_i$。

【例 7-1】　一份压强为 6.34 atm 的气体样本,已知数量为 1.39 mol,其中 0.5 mol 是氮气,试求氮气的分压。

解　根据道尔顿分压定理可知,氮气的分压可以表示为

$$p_N = \frac{n_N R T}{V} \tag{7-7}$$

结合理想气体公式,混合气体的压强可以表示为

$$p = \frac{n R T}{V} \tag{7-8}$$

上述两个等式两边相除,可得

$$p_N = \left(\frac{n_N RT}{V}\right) \bigg/ \left(\frac{nRT}{V}\right) = \frac{n_N}{n} = X_N \qquad (7-9)$$

式中：$X_N = n_N/n$ 是氮气的摩尔分数，根据已有数据，可得

$$X_N = 0.5/1.39 = 0.36 \qquad (7-10)$$

所以存在

$$p_N = X_N p = 0.36 \times 6.34 \text{ atm} = 2.3 \text{ atm} \qquad (7-11)$$

根据 1atm = 760 mmHg = 101 325 Pa，可得

$$p_N = 1\ 748 \text{ mmHg} = 233\ 047.5 \text{ Pa} \qquad (7-12)$$

【例 7 - 2】 阿波罗飞船指挥舱内的体积为 5.9 m^3，含氧气量为 100%，已知条件如下：

$$p = 5 \text{ psia}^{①} \times \frac{1.013\ 25 \times 10^5 \text{ N/m}^2}{14.7 \text{ psia}} = 3.446 \times 10^4 \text{ N/m}^2$$

$$R = 8\ 314.472 \text{ J/(kmol} \cdot \text{K)}$$

$$T = (21 + 273)\text{K} = 294 \text{ K}$$

$$V = 5.9 \text{ m}^3$$

求氧气质量。

解 根据理想气体公式，存在：

$$pV = nRT \qquad (7-13)$$

则有

$$n = \frac{pV}{RT} = \frac{(3.446 \times 10^4 \text{ N/m}^2) \times 5.9 \text{ m}^3}{8\ 314,472 \text{ J/(kmol} \cdot \text{K)} \times 294 \text{ K}} \qquad (7-14)$$

考虑到氧气的摩尔质量近似值为

$$M_O = 2 \times 15.999 \text{ kg/kmol} = 31.998 \text{ kg/kmol} \qquad (7-15)$$

因此，氧气质量为

$$m = nM_O = 0.083\ 2 \text{ kmol} \times 31.998 \text{ kg/kmol} = 2.662 \text{ kg} \qquad (7-16)$$

7.3 气体的分子运动理论

7.3.1 分子热运动

气体分子运动理论的建立需要依赖以下 3 个假设条件：

(1) 在各个方向上的气体分子运动是随机的。

(2) 相比分子间的碰撞距离，分子的大小是很小的，近乎可以忽略不计。

(3) 在发生分子碰撞过程中，认为它们是完全弹性碰撞。

定义气体分子在笛卡尔坐标系中沿着三维坐标轴的速度分量分别为 v_x, v_y 和 v_z，假设气体的运动被边长为 l 的立方体容器束缚，考虑立方体表面受到的力垂直于 x 轴方向，则当第 i 个气体粒子运动碰撞容器壁表面时，力的大小可以通过单位时间内动量变化计算，则有

---

① 1 pisa = 6.896 kPa

$$F_{i,x} = \frac{2mv_{i,x}}{\Delta t} = \frac{2mv_{i,x}}{2l/v_{i,x}} = \frac{mv_{i,x}^2}{l} \tag{7-17}$$

式中：Δt 表示气体粒子运动距离为 $2l$ 所消耗的时间，用国际单位制描述为 s；$F_{i,x}$ 表示第 i 个气体粒子作用在容器表面的力，用国际单位制描述为 N；l 表示受限运动空间的长度，用国际单位制描述为 m；m 表示每个气体粒子的质量，用国际单位制描述为 kg；$v_{i,x}$ 表示第 i 个气体粒子运动的速度，用国际单位制描述为 m/s。

根据表面压强的定义，可以用所有粒子的作用力之和与碰撞容器壁面积进行计算，则有

$$p = \frac{\sum_i F_{i,x}}{S} = \frac{m}{Sl}\sum_i v_{i,x}^2 = \frac{nm\,\overline{v_x^2}}{V} = \frac{Nm\,\overline{v^2}}{3} = \frac{2N}{3}\left(\frac{1}{2}m\overline{v^2}\right) = \frac{2N\,\overline{E_k}}{3} \tag{7-18}$$

式中：$S = l^2$ 表示碰撞容器壁面积，用国际单位制描述为 m^2；n 表示气体粒子数；$N = n/V$ 表示气体的粒子数密度，用国际单位制描述为 m^{-3}；$\overline{E_k} = \frac{1}{2}m\overline{v}^2$ 表示气体粒子的平均动能，用国际单位制描述为 $kg \cdot m^2/s^2$；p 表示气体压强，用国际单位制描述为 N/m^2；V 表示气体的体积，用国际单位制描述为 m^3。

考虑到

$$\overline{v^2} = \overline{v_x^2} + \overline{v_y^2} + \overline{v_z^2} \tag{7-19}$$

且

$$\overline{v_x^2} = \overline{v_y^2} = \overline{v_z^2} \tag{7-20}$$

因此有

$$\overline{v_x^2} = \frac{\overline{v^2}}{3} \tag{7-21}$$

由理想气体公式 $p = NkT$，气体的平均动能可以用以下的表达式描述为

$$\overline{E_k} = \frac{1}{2}m\overline{v^2} = \frac{3}{2}kT \tag{7-22}$$

式（7-22）构建了气体的平均动能和温度之间的联系。

7.3.2　麦克斯韦速度概率分布

气体粒子在速度 $v_{x,j}$ 和 $v_{x,j} + dv_{x,j}$ 之间的粒子数量为

$$N_d = N\rho_{x,j}(v_{x,j})dv_{x,j} \tag{7-23}$$

式中：N 表示气体粒子数密度；$\rho_{x,j}(v_{x,j})$ 表示气体粒子关于 $v_{x,j}$ 的概率密度函数，其为未知的。

对于全部的 v_i 进行积分，则概率密度分布得到的结果为 1。根据上述的定义，在笛卡尔空间内，考虑三个轴向的气体粒子运动，可知速度在 $v_x + dv_x$、$v_y + dv_y$ 和 $v_z + dv_z$ 的粒子数为 $N\rho_x(v_x)dv_x\rho_y(v_y)dv_y\rho_z(v_z)dv_z$，虽然概率密度函数不同，但是考虑到气体粒子的各向同性假设，存在函数 P 满足如下关系：

$$P(v_x^2 + v_y^2 + v_z^2) = P(v^2) = \rho_x(v_x)\,\rho_y(v_y)\,\rho_z(v_z)$$

式中：P 表示未知函数；$v = \sqrt{v_x^2 + v_y^2 + v_z^2}$ 表示气体粒子的速度标量，用国际单位制描述为

m/s。

麦克斯韦推测未知密度函数满足：

$$P(v_i) = a\exp(-bv_i^2) \tag{7-24}$$

式中：a 和 b 都是待定的参数。容易计算速度在 v 到 $v+dv$ 之间的包含在半径为 v，厚度为 dv 的球壳中的粒子数为

$$P(v)dv = 4\pi v^2 \left[\prod_i^{x,y,z} a\exp(-bv_i^2)\right]dv = 4\pi v^2 a^3 \exp(-bv^2)dv \tag{7-25}$$

通过以下公式可以计算气体的平均动能，即

$$\frac{1}{2}m\overline{v^2} = \frac{3kT}{2} = \frac{\int_0^\infty \frac{1}{2}mv^2 P dv}{\int_0^\infty P dv} \tag{7-26}$$

将式(7-25)代入，可得

$$P(v)dv = 4\pi v^2 \left[\prod_i^{x,y,z} a\exp(-bv_i^2)\right]dv = 4\pi v^2 a^3 \exp(-bv^2)dv \tag{7-27}$$

通过以下公式可以计算气体的平均动能；即

$$\frac{1}{2}m\overline{v^2} = \frac{3kT}{2} = \frac{\int_0^\infty \frac{1}{2}mv^2 P dv}{\int_0^\infty P dv} \tag{7-28}$$

将式(7-27)代入式(7-28)，可得

$$\frac{3kT}{2} = \frac{m}{2}\frac{\int_0^\infty v^4 \exp(-bv^2)dv}{\int_0^\infty v^2 \exp(-bv^2)dv} \tag{7-29}$$

根据通积分公式

$$\int_0^\infty x^{2n}\exp(-cx^2) = \frac{3(2n-1)}{2^{n+1}c^n}\sqrt{\frac{\pi}{c}} \tag{7-30}$$

可以确定

$$b = \frac{m}{2kT} \tag{7-31}$$

由于密度函数积分值为 1，可以获得以下关系式：

$$\int_0^\infty P dv = 1 = \int_0^\infty 4\pi v^2 a^3 \exp(-bv^2)dv = \frac{a^3 \pi^{3/2}}{b^{3/2}} \tag{7-32}$$

从而有

$$a = \sqrt{\frac{m}{2\pi kT}} \tag{7-33}$$

因此，可得气体粒子在温度 T 时，麦克斯韦速度密度分布为

$$P(v) = 4\pi\left(\frac{m}{2\pi kT}\right)^{3/2}v^2\exp\left(-\frac{mv^2}{2kT}\right) = 4\pi\left(\frac{M}{2\pi RT}\right)^{3/2}v^2\exp\left(-\frac{mv^2}{2kT}\right) \tag{7-34}$$

继而对于各轴向的气体速度可以描述为

$$P(v_{x,y,z}) = \left(\frac{m}{2\pi kT}\right)^{1/2} \exp\left(-\frac{mv_{x,y,z}^2}{2kT}\right) = \left(\frac{M}{2\pi RT}\right)^{1/2} \exp\left(-\frac{mv_{x,y,z}^2}{2kT}\right) \qquad (7-35)$$

图 7-3 所示为温度在 1 500 K 时,原子氧、氦以及原子氢的速度概率密度。

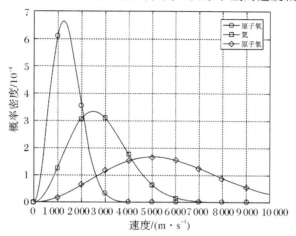

图 7-3　气体在温度为 1 500 K 时的速度概率密度

粒子的平均速度可以通过以下的公式计算,即

$$v_m = \int_0^\infty vP(v)\,\mathrm{d}v = \left(\frac{8kT}{\pi m}\right)^{1/2} = \left(\frac{8RT}{\pi M}\right)^{1/2} \qquad (7-36)$$

速度的均方根可以类似地计算获得;即

$$v_{\mathrm{rms}} = \left[\int_0^\infty v^2 P(v)\,\mathrm{d}v\right]^{1/2} = \left(\frac{3kT}{m}\right)^{1/2} = \left(\frac{3RT}{M}\right)^{1/2} \qquad (7-37)$$

7.4　隙　透　效　应

如果把一个严格密封的容器从地球表面直接转移到地外空间,那么密闭的容器材料所受到的气压从 1 atm 变化为接近真空,压力差将造成严重的结构负载,容易造成薄壁容器的损坏。隙透指气体通过小孔或者半透膜进入真空的现象。

半透膜是一种只让某些分子和离子扩散进出的薄膜,一般来说,半透膜只允许离子和小分子物质通过,而生物大分子物质不能自由通过半透膜。原因是半透膜的孔隙的大小比离子和小分子大,但比生物大分子例如蛋白质、淀粉等小,如羊皮纸、玻璃纸等都属于半透膜。

1748 年的一天,法国物理学家诺勒为了改进酒的制作水平,设计了这样一个试验:在一个玻璃圆筒中装满酒精,用猪膀胱封住,然后把圆筒全部浸在水中。当他正要做下一步的工作时,突然发现,猪膀胱开始向外膨胀,随即发现水通过膀胱渗透进了圆筒,最后膀胱竟然被撑破。这是现代科学试验中最早发现膜及膜的穿透作用的记录。

1830 年,法国生理学家杜特罗夏做了膜内、外渗透压试验,他用一个钟罩形的玻璃容器,下面用羊皮纸密封,从上面插进一支长玻璃管,容器中分别放入各种不同浓度、不同物质的溶液,然后把它浸入水槽中。于是观察到玻璃管内液面上升,发现其升高值与溶液的浓度成正比。他解释说,这个压力是由于外面的水通过羊皮纸向溶液方向逸出而产生的,并命名这种现象为"渗透"。直到 1854 年英国科学家格雷厄姆在试验中发现,放置在半透膜一侧的晶体会比胶体更快地扩散到另一侧,并应用到超纯水机设计里,提出了透析的概念。这时人们才对半透膜产生了兴趣,德国生物化学家特劳白·莫里茨在 1864 年制造出了人类历史上第一张人造膜 —— 亚铁氰化铜膜。

1960 年,对于膜发展技术的历史来说具有跨时代的意义。这一年人类终于实现了从苦咸水中制取淡水的梦想,工作于美国加利福尼亚大学洛杉矶分校的科学家研制出了世界第一张非对称醋酸纤维素反渗透膜,这种膜与以前的均质醋酸纤维素反渗透膜具有同样高的脱盐率,不同之处是在形态结构上是非对称的,而且水的渗透量增加了近 10 倍。这种反渗透膜的成功研制,使反渗透过程从实验室走向了工业应用。与此同时,这种用相转化法制造非对称分离膜的新工艺引起了学术、技术和工业界的广泛重视。

考虑隙透对于密封性能的影响,防止舱体破裂造成大气泄漏是航天工程必须要考虑的重要因素。密封容器上的缝隙泄漏气体的速度是能够估算的。考虑到航天器在轨环境比较稳定,因此本章节分析和讨论的前提是泄漏均发生在恒温条件下。

根据理想气体公式,有以下的表达式成立,即

$$p = \frac{nRT}{V} = \frac{m_t RT}{VM} \tag{7-38}$$

式中:m_t 表示容器内气体的质量,用国际单位制描述为 kg。

在温度恒定的条件下对式(7-38)关于时间求导,可得

$$\frac{\mathrm{d}p}{\mathrm{d}t} = \frac{\dot{n}RT}{V} = \frac{\dot{m}_t RT}{VM} \tag{7-39}$$

继而,质量的流率可以描述为

$$\dot{m}_t = -\rho S \, \overline{v_i} = -\frac{m_t}{V} S \, \overline{v_i} \tag{7-40}$$

式中:ρ 表示质量密度,用国际单位制描述为 kg/m^3;$\overline{v_i}$ 表示沿着小孔方向速度分量的平均值。

根据速度分量平均值的计算公式(7-35),可得小孔方向速度分量的均值为

$$P(v_{x,y,z}) = \left(\frac{m}{2\pi kT}\right)^{1/2} \exp\left(-\frac{mv_{x,y,z}^2}{2kT}\right) = \left(\frac{M}{2\pi RT}\right)^{1/2} \exp\left(-\frac{mv_{x,y,z}^2}{2kT}\right) \tag{7-41}$$

将式(7-40)和式(7-41)代入式(7-39)并进行积分,可得从最初的压力 p_i 到最终压力 p 所需的时间为

$$t = \frac{V}{S}\left(\frac{2\pi M}{RT}\right)^{1/2} \ln\frac{p_i}{p} \tag{7-42}$$

式(7-42)给出了对于体积为 V,小孔面积为 S 的容器进行减压所需要的时间计算公式。

空气减压时间和压强变化率的关系如图 7-4 所示。

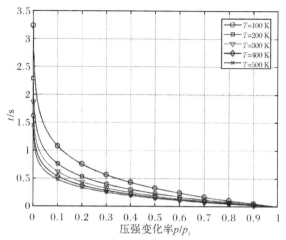

图 7-4 空气减压时间和压强变化率的关系

7.5 地球大气环境

环绕在地球周围的气体形成了地球的大气层,大气层的特性和高度的关系密切。区分大气层分层的一个显著特性指标为温度,根据温度的不同,地球大气层可以分为以下 5 层:

(1) 对流层:地球表面至 14 km 高度。

(2) 平流层:对流层顶向上至 50 km 高度。

(3) 中间层:平流层顶向上至 80 ~ 90 km 高度。

(4) 热层:中间层顶向上至 400 ~ 600 km 高度。

(5) 外逸层:热层顶到星际空间。

大气层层次划分以及相应的温度变化如图 7-5 所示。

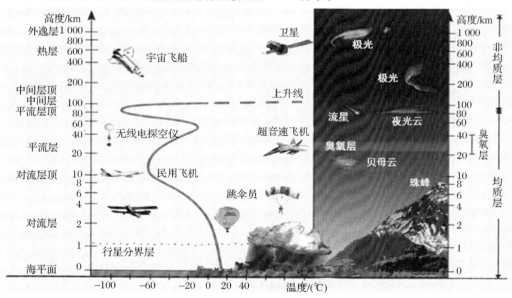

图 7-5 大气层高度和温度图

1. 对流层

对流层是大气层的最底层,其起始于地球的表面,覆盖的高度可以延伸至 8 ~ 14 km,密度是地球大气层中最为稠密的一层。随着大气层高度升高,气温以 6.5 K/km 的速度从 293 K 下降至 223 K,温度降低的速度称为温度直减率。大气层随着高度升高温度并不是一直下降的,在对流层某些区域中,温度反而会随着大气层高度升高而升高,这一现象被研究者们称为大气层的温度逆增。这一显著的逆温效应能够有效限制或防止不同大气层的混合,同时,温度逆增有概率造成空气污染。观测数据表明,所有天气现象几乎都在对流层中发生,对流层的较高位置中还会出现射流。对流层和平流层的区分边界为对流层顶。

2. 平流层

平流层的范围为对流层顶向上至 50 km 高度左右的大气层。相比对流层,平流层湿度更低,并且气体密度较小。由于在 20 ~ 30 km 高度的臭氧层吸收了大量紫外线辐射,平流层的温度整体是升高的,逐渐从 223 K 提高到 270 K。大气层 99% 的成分都分布于对流层和平流层内。平流层内的温度变化特性为随高度升高而升高,造就了平流层稳定的动力学特性,极少见热传导和湍流。平流层和中间层的边界是平流层顶。

3. 中间层

中间层的范围覆盖从平流层顶向上至 80 ~ 90 km 高度的大气层。中间层的温度变化特征为从 270 K 下降到最高处的 180 ~ 200 K,中间层的气体主要受到太阳能量的影响,太阳辐射作用下中间层大气处于激发状态。中间层另一个值得关注的主要特征是在太阳引力和月球引力作用下,平流层上涌而产生大气潮汐。中间层还扮演着烧蚀大部分流星体的角色。中间层和热层的分界层为中间层顶。

原子或分子的激发状态的定义为,原子或分子吸收一定的能量后,电子被激发到较高能级但尚未电离的状态。激发态一般是指电子激发态,气体受热时分子平动能增加,液体和固体受热时分子振动能增加,但没有电子被激发,这些状态都不是激发态。当原子或分子处在激发态时,电子云的分布会发生某些变化,分子的平衡核间距离略有增加,化学反应活性增大。所有光化学反应都是通过分子被提升到激发态后进行的化学反应,因此光化学又称激发态化学。电离辐射(或电磁辐射)与物质作用中,当转移到原子或分子的能量低于其电离电位而又足以使电子跃迁到较高能级时,原子或分子处于激发态。激发态和基态具有不同的位能曲线和平衡核间距。

4. 热层

热层的范围覆盖从中间层顶向上延伸至 400 ~ 600 km 高度的大气层。在这里,大气直接吸收太阳的能量,大气温度随着高度升高而急剧上升,从底部的 180 ~ 200 K 升高到最高处的 700 ~ 1800 K。热层的大气密度很低,导致大气温度虽然很高,人置于其间也不会感到十分热。为了理解这一点,可以从接触温度都为 373.15 K 的容器中的水与烤炉中的空气给人类带来的不同感觉进行理解。热层大气十分稀薄,温度对太阳活动的微小改变非常敏感。

相比地球上的化学反应速度,热层中化学反应的速度更快。热层与外逸层的边界是热层顶。

5.外逸层

外逸层的范围覆盖从热层层顶到星际空间以外。在外逸层区域中,低密度的氢气和氦气是其主要组分,靠近该层的底层还存在部分原子氧。气体密度过小导致气体分子之间的相互碰撞现象很难发生,可以忽略不计,因此,在考虑粒子的运动时,其轨迹基本可以视为弹道轨迹。热层的温度区间相对较为稳定,在太阳活动影响下,温度变化在 $700 \sim 1\,800$ K 之间。外逸层是大气层的最外层,其尽头便是地球以外的星际空间。星际空间的起始位置并无明确范围,研究者们公认的起始位置约为 $10\,000$ km 左右。外逸层得名的原因在于地球大气层中气体从此处逃逸进入星际空间。

氢和氧是地球原始大气层的基本组成部分,随着时间推移、地质演化,地球大气层主要成分逐渐形成了二氧化碳和氮气主导的格局,在植物光合作用下,地球上二氧化碳能够转化为氧气,氧气含量增至当前的约 21% 的稳定状态。研究者们通常用摩尔分数或体积分数表示大气的组成成分,地球表面大气成分见表 7-1。

表 7-1　地球表面大气成分

大气成分	分子式	相对分子质量	体积分数 /(%)
氮气	N_2	28.014	78.084
氧气	O_2	31.998	20.946
氩气	Ar	39.948	0.934
二氧化碳	CO_2	44.010	0.000 365
氖气	Ne	20.180	0.000 018 18
氦气	He	4.002 6	0.000 005 24
甲烷	CH_4	16.043	0.000 001 745
氪气	Kr	83.798	0.000 001 14
氢气	H_2	2.015 8	0.000 00 055
一氧化二氮	N_2O	44.012	0.000 000 5
氙气	Xe	131.29	0.000 000 09
臭氧	O_3	47.998	0.000 000 07
二氧化氮	NO_2	46.006	0.000 000 02
一氧化碳	CO	28.010	微量
氨气	NH_3	17.031	微量
水	H_2O	18.015	0.01%

除了依据温度不同划分大气层次外,根据大气组成均匀与否,还将大气组成分成两层,即均质层和非均质层,二者的边界为均质层顶。

位于均质层顶下方的大气中气体混合较为充分,称为均质层,其范围覆盖 $80 \sim 100$ km 高度附近。顾名思义,该层均由分布均匀的气体组分构成,主要包括氮气、氧气、氩气和少量其他气体(见表7-1)。均质层内的气体浓度均匀现象是湍流和风共同引起的对流效应导致的。严格意义上,均质层内包含一些不均匀的物质成分,如臭氧和含量不稳定的水蒸气等,除此之外,该层内大部分气体的成分十分稳定。

均质层层顶之上即为非均质层,该处成分特征随着高度改变而显著变化。非均质层属于大气层的外层,开始于均质层层顶,并向星际空间延伸到无限远处。非均质层形成的原因为缺乏混合过程。高度增加导致每种气体组分密度呈现指数下降趋势,其下降的速率取决于气体的相对分子质量大小。氢气和氦气因为相对分子质量小,所以大多分布于非均质层的上方,而氧气、氮气等气体因为相对分子质量大而处于均质层的下方。在非均质层,高度的增加使得大气中氮、氢和氧元素影响依次占据主导位置。

7.6 地球大气压强

对于一个充满空气的容器,可以将其视为一个平行六面体,其受力平衡时,垂直表面受到的压力和重力的作用可以根据图7-6所示分析。

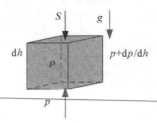

图 7-6 处于平衡的空气单元受力分析

图7-6中,g表示重力加速度,用国际单位制描述为 m/s^2;p表示压强,用国际单位制描述为 N/m^2;h表示高度,用国际单位制描述为 m;S表示横截面积,用国际单位制描述为 m^2;ρ表示气体密度,用国际单位制描述为 kg/m^3。

图中所示场景假设存在流体力学平衡,以方向向上为正,所受合力为零,则有以下关系式成立:

$$-\left(p+\frac{\mathrm{d}p}{\mathrm{d}h}\mathrm{d}h\right)S + pS - \rho g\left(S\mathrm{d}h\right) = 0 \tag{7-43}$$

即
$$\mathrm{d}p = -\rho g\,\mathrm{d}h$$

根据理想气体公式,存在

$$p = \frac{nRT}{V} = \frac{m}{M}\frac{RT}{V} = \frac{m}{V}\frac{RT}{M} = \rho\frac{RT}{M} \tag{7-44}$$

式中:$n=m/M$表示气体摩尔数,用国际单位制描述为 kmol;m表示气体的质量,用国际单位制描述为 kg;M表示气体的摩尔质量,用国际单位制描述为 kg/kmol;R表示摩尔气体常数,用国际单位制描述为 J/(kmol·K);T表示温度,用国际单位制描述为 K;$\rho=m/V$表示气体密度,用国际单位制描述为 kg/m^3。

根据式(7-44)可得

$$\rho = \frac{pM}{RT} \tag{7-45}$$

将式(7-45)代入式(7-43),可得

$$\left.\begin{aligned} \mathrm{d}p &= -\frac{pMg}{RT}\mathrm{d}h \\ \frac{\mathrm{d}p}{p} &= -\frac{Mg}{RT}\mathrm{d}h \end{aligned}\right\} \tag{7-46}$$

令 $\dfrac{Mg}{RT}$ 为常数,对式(7-46)积分,可得

$$p = p_0 \exp\left(-\frac{Mgh}{RT}\right) = p_0 \exp\left(-\frac{h}{H}\right) \tag{7-47}$$

式中,标高 H 被定义为

$$H \equiv \frac{RT}{Mg} \tag{7-48}$$

从上述分析中不难发现,压强随着高度的变化而变化,常用的关系为

$$\left.\begin{aligned} h &= H, p = p_0 \exp(-1) = 0.368p_0 \\ h &= 2H, p = p_0 \exp(-2) = 0.135p_0 \\ h &= 3H, p = p_0 \exp(-3) = 0.05p_0 \end{aligned}\right\} \tag{7-49}$$

根据式(7-45)和式(7-47)可得到密度和高度关系的数学描述为

$$\rho = \frac{pM}{RT} = \frac{p_0 M}{RT}\exp\left(-\frac{Mgh}{RT}\right) = \rho_0 \exp\left(-\frac{h}{H}\right) \tag{7-50}$$

根据前述的内容,地球的均质层覆盖范围可达 $8 \sim 100$ km 处,如果决定大气成分混合均匀过程的因素(如湍流和风的作用)是缺失的,仅依据标高($H \equiv RT/(Mg)$)约束,不难发现:大气中质量较大的物质对应的标高较小,更容易稳定在海拔高度低的位置。在 $80 \sim 100$ km 的均质层上边界附近,气体的相对原子质量不同造成了气体成分分层。根据标高的计算公式,由于 M 在分母中,造成相对分子质量小的分子标高的值更大,而气体压强和密度都与高度的关系为负相关,这也解释了大部分行星大气的上层中含量丰富的分子主要为氢气的原因。

【例 7-3】　结合上述分析,试计算地球表面大气的标高。

解　根据标高计算公式 $H \equiv RT/(Mg)$,地球表面的相关参数为 $M = 29$ kg/kmol;$T = 298.15$ K;$g = 9.806\,65$ m/s²;$R = 8\,314.472$ J/(kmol·K)。

经计算可得

$$H = \frac{RT}{Mg} = \frac{8\,314.472 \times 298.15}{29 \times 9.80665}\ \mathrm{m} = 8.72\ \mathrm{km} \tag{7-51}$$

温度直减率表示大气层中温度随着高度的变化值,数学描述为 $\mathrm{d}T/\mathrm{d}h$,进而可以用温度直减率表示标高变化率,对标高进行微分求解。假设随着温度变化,忽略除了温度以外的参数变化的影响,则存在

$$\frac{\mathrm{d}H}{\mathrm{d}h} = \frac{R}{Mg}\frac{\mathrm{d}T}{\mathrm{d}h} \tag{7-52}$$

根据 $H \equiv RT/(Mg)$，式（7-52）可以写作

$$\frac{\mathrm{d}H}{\mathrm{d}h} = \frac{H}{T} \frac{\mathrm{d}T}{\mathrm{d}h} \tag{7-53}$$

因此，在高度为 5 km 处，标高为 $8.72 - 5 \times 0.2 = 7.72$ km；在高度为 10 km 处，标高为 $8.72 - 10 \times 0.2 = 6.72$ km。

考虑温度随高度的变化近似为温度直减率的线性函数，即

$$T = T_0 + Lh \tag{7-54}$$

式中：$L \equiv \mathrm{d}T/\mathrm{d}h$ 表示温度直接减率，用国际单位制描述为 K/m；T_0 表示在高度为 h_0 处的温度，用国际单位制描述为 K。

由此，式（7-46）可以转化为

$$\frac{\mathrm{d}p}{p} = -\frac{Mg}{RT_0} \frac{\mathrm{d}h}{1 + \dfrac{Lh}{T_0}} \tag{7-55}$$

对式（7-55）等号两侧分别积分，可得

$$p = p_0 \left[\frac{1 + \dfrac{Lh}{T_0}}{1 + \dfrac{Lh_0}{T_0}} \right]^{-\frac{Mg}{RL}} \tag{7-56}$$

根据式（7-54）和式（7-46），式（7-56）可以得到密度随着高度的变化为

$$\rho = \frac{\rho_0 \left(1 + \dfrac{Lh}{T_0}\right)^{-\left(\frac{Mg}{RL}+1\right)}}{\left(1 + \dfrac{Lh_0}{T_0}\right)^{-\left(\frac{Mg}{RL}\right)}} \tag{7-57}$$

式中：ρ_0 表示表面密度，且有

$$\rho_0 \equiv \frac{p_0 M}{RT_0} \tag{7-58}$$

对流层的气温直减率小于零，因此标高会随着海拔的升高而下降。平流层情况恰好相反，气温直减率大于零，因此标高随海拔的升高而上升。

【例 7-4】 求解在地球大气层高度为 5 km 处的压强，请分别考虑受温度直减率影响和不受温度直减率的影响两种情况。

解 不考虑温度直减率情况，已知高度为 5 km，标高为 8.72 km，则由式（7-47），可得

$$p = p_0 \exp\left(-\frac{h}{H}\right) = 760 \exp\left(-\frac{5}{8.72}\right) \text{ mmHg} = 57 \text{ kPa} \tag{7-59}$$

考虑温度直减率，在高度为 5 km 处，已知表面温度为 298.15 K，$h_0 = 0$，气温直减率为 -6.5 K/km，由式（7-56），可得

$$p = p_0 \left[\frac{1 + \dfrac{Lh}{T_0}}{1 + \dfrac{Lh_0}{T_0}} \right]^{-\frac{Mg}{RL}} = 414.0 \text{ mmHg} = 55 \text{ kPa} \tag{7-60}$$

7.7 行星大气环境

行星形成之后,其大气组分也是会发生变化的,早期行星大气基本由氢和氦组成。距离太阳较远的寒冷行星,如木星、土星、天王星和海王星,由于受到太阳风的影响较少,大气的成分和早期行星大气组分接近,即大量的早期大气成分仍存于当前的寒冷行星大气中;而距离太阳较近的类地行星,如水星、金星、地球和火星,非常容易受到太阳风影响,早已失去了行星早期的大部分大气成分。这也解释了远离太阳的气态行星尚存相对较厚的大气层,而距离太阳较近的类地行星大气层相比自身的固体核则比较薄。根据数据测算与分析估计,下述途径是行星早期大气成分消失的主要原因。

(1)热逃逸:因为质量相对较小,温度高的热运动激烈的粒子容易克服行星的引力,而发生逃逸运动。

(2)粒子轰击:大气受到行星外粒子的直接轰击,加速了大气中气体分子的热力学速度,当大质量的分子分裂成小质量的原子和分子时,速度过快的粒子运动可以克服引力作用,从而发生逃逸。

(3)物体撞击:行星受到星外物体的撞击,行星表面受到撞击带来的巨大影响,同时为潜在的逃逸粒子提供了足量的逃逸能量。

(4)冷凝:由于某些因素,原始大气的成分在行星表面发生了凝结,导致原始大气成分损失。

(5)化学反应:原始大气成分与行星表面的物质发生化学反应,造成了原始大气成分损失。

行星大气层在损失气体的同时,也有不同来源的气体对其进行补充,主要途径一般有以下 3 种。

(1)出气:行星的火山爆发会产生水、二氧化碳、氮气、硫化氢和二氧化碳等气体,由于喷发作用,有一部分气体能够进入大气层。

(2)蒸发和升华:行星表面的物质发生形态变化,如液态物质蒸发或固态物质升华,都会产生气体进入大气层。

(3)轰击作用:行星表面发生较强的轰击或者撞击,会造成物质蒸发等形态变化,导致部分气体进入大气层。

如木星、土星、天王星和海王星等气态巨行星,大气层主要组成元素氢和氦通常以气态或压缩液态形式存续,它们的固体表面尚未暴露,由于大气层厚度极大,大气的密度随深度增加而增大。基于此,对于气态巨行星而言,它们的半径、表面密度、表面温度和直径等主要特征,都是以压力中心为参考获得的。行星大气特征见表 7 - 2。

表 7-2　行星大气特征

行　星	表面压力 /bar	表面温度 /K	主要成分
水星	10^{-15}	$90 \sim 700$	42% 氧分子、29% 钠、22% 氢分子、6% 氦、0.5% 钾和小于 1% 的微量元素
金星	92	740	97% 二氧化碳、3% 氮和微量元素
火星	$0.007 \sim 0.01$	$140 \sim 300$	95% 二氧化碳、3% 氮、1% 氩、1% 氧和小于 1% 微量元素
木星	—	125(云顶)	89% 氢分子、11% 氦和小于 1% 微量元素
土星	—	135(气压 1 bar)	96% 氢分子、3% 氦和 1% 微量元素
天王星	—	60(云层)	83% 氢分子、15% 氦、2% 甲烷和小于 1% 微量元素
海王星	—	70(气压 1 bar)	80% 氢分子、19% 氦、1% 甲烷和小于 1% 微量元素

　　太阳系中气态巨行星的固态内核情况尚未探明,因此气态巨行星的表面也是未知的。考虑这些行星的大气密度时,可以选用以下的简化模型,即

$$\rho = \rho_0 \exp\left(-\frac{h - h_0}{H_0}\right) \tag{7-61}$$

式中:h 表示距离行星参考平面的高度,用国际单位制描述为 km;h_0 表示参考平面高度,用国际单位制描述为 km;H_0 表示标高,用国际单位制描述为 km;ρ 表示高度为 h 处的密度,用国际单位制描述为 kg/m^3;ρ_0 表示参考平面的密度,用国际单位制描述为 kg/m^3。

7.8　大气传播效应

7.8.1　路径或传播时延

　　相比信号在真空中传播,中性大气能够改变信号的传播速度,这一影响及导致的现象主要发生在地球的对流层区域,高度一般不超过 10 km。频率高于 30 GHz 的电磁波在对流层中表现为电中性且非分散性。相比在真空中传播,电磁信号在空气中传播慢,所以存在信号延迟现象,即信号在真空中的传播时间少于在空气中的传播时间。

　　为了介绍上述现象,首先定义介质的折射指数 n 如下:

$$n = c/v \tag{7-62}$$

式中:定义折射率 N 为

$$N = 10^6(n - 1) \tag{7-63}$$

式中:c 表示电磁波在真空中的传播速度,用国际单位制描述为 m/s;v 表示电磁波在介质中的传播速度,用国际单位制描述为 m/s。

　　对流层路径的延迟主要描述传播路径不同导致的电磁波传播行程差,具体为信号在介质中分别沿着电磁路径与信号在真空中沿几何路径传播的时间差造成的行程差异,定义为

$$\Delta r = c\left(\int_{r_{\mathrm{e}}} v(s)^{-1}\mathrm{d}s - \int_{r_{\mathrm{g}}} c^{-1}\mathrm{d}s\right) \tag{7-64}$$

式中：Δr 表示路径延迟,用国际单位制描述为 m;s 表示路径,用国际单位制描述为 m;r_{e} 表示电磁路径,用国际单位制描述为 m;r_{g} 表示几何路径,用国际单位制描述为 m。

测算数据表明,电磁信号在电磁路径上传播用时最少。实际情况下,如果几何路径的弯曲不显著,那么电磁路径和几何路径差异不大,式(7-64)可以约简描述为

$$\Delta r = \int_{r_{\mathrm{g}}}[n(s)-1]\mathrm{d}s = 10^{-6}\int_{r_{\mathrm{g}}} N(s)\mathrm{d}s \tag{7-65}$$

根据测算,地球大气的折射率变化受到大气温度、压强和湿度影响。地球对流层路径延迟在垂直方向约有 2.5 m,随着高度降低,该数值增大,接近地球表面时可达 20 m。电磁信号的路径延迟与空气的折射指数相关,该参数由两部分组成:① 干折射指数,指流体静力学部分,主要受大气层中的干燥气体的数量影响;② 湿折射指数,主要受水蒸气数量的影响。因此,地球表面的空气折射率可以描述为

$$\left.\begin{aligned} N(h) &= N_{\mathrm{d}}(h) + N_{\mathrm{s}}(h) \\ N_{\mathrm{d}}(0) &= \frac{77.64\,p(0)}{T(0)} \\ N_{\mathrm{s}}(0) &= -\frac{12.96\,e(0)}{T(0)} + \frac{3.718\times10^5\,e(0)}{T(0)^2} \end{aligned}\right\} \tag{7-66}$$

式中:e 表示水蒸气的分压,用国际单位制描述为 mbar,典型值为 $5\sim70$ mbar;h 表示距离地球表面的高度,用国际单位制描述为 m;$N_{\mathrm{d}}(h)$ 表示高度为 h 处的干折射指数;$N_{\mathrm{s}}(h)$ 表示高度为 h 处的湿折射指数;$N_{\mathrm{d}}(0)$ 表示地球表面处的干折射指数;$N_{\mathrm{s}}(0)$ 表示地球表面处的湿折射指数;$p(0)$ 表示地球表面大气压力,用国际单位制描述为 mbar(1 atm $= 1\,013.25$ mbar);$T(0)$ 表示地球表面温度,用国际单位制描述为 K。

根据特定高度下的压强和温度,此处的折射率可近似地通过以下的表达式描述,即

$$N(h) = N(0)\exp\left(-\frac{h}{H}\right) \tag{7-67}$$

将式(7-66)和式(7-67)代入式(7-65),积分后可得沿着几何路径的延迟、弯曲效应,并且得到忽略弯曲效应时沿几何路径的延迟。

7.8.2 大气闪烁

闪烁现象是传播介质中的小量异常导致信号在振幅和相位发生剧烈变化。在中性大气中,闪烁形成的原因主要是风或对流造成大气密度轻微异常。尺寸异常的表现从 1 m 以下到几十米之间不等。当信号传播的指向仰角大于 $15°$ 时,闪烁效应的影响并不显著;当仰角小到指向接近地平线时,此时传播路径显著增加,闪烁效应相应变得明显。闪烁现象的数学描述是基于概率的,整个过程是非确定性的,原因在于闪烁通常表现为散射,存在大量散射中心是这一现象的诱因。模型的建立能够有效描述电磁光谱受振幅和相位影响与大气密度的

不规则程度之间的联系.测算数据表明,中性气体闪烁在电磁信号频率大于 10 GHz 时效应更显著.中性气体的闪烁显著程度与频率和位置分布相关,因此,在实际电磁信号系统应用时,为了降低大气闪烁的影响,常采用频率分集和空间分集的方式.其中,频率分集技术为采用多种类型频率进行电磁信号传输,而空间分集技术指通过地面或空间设置多个观测点进行信号采集,降低路径效应的影响.

7.9 原子氧效应

太阳的短波紫外线辐射进入地球大气层后,利用光化学反应分解氧分子为氧原子.氧原子在大气中能够稳定存在,大气高度 60 ~ 800 km 区域中富含原子氧.测算数据表明,该处平均自由路径相当大,原子氧化合成臭氧的概率极低,低地球轨道上运行的航天器需要特别考虑原子氧的影响.

原子氧冲击能高、活性强,是非常好的氧化剂,能够腐蚀多种材料.原子氧能够引起航天器表面发生见光辐射,其氧化效应的抑制对于航天器表面设计是一项极具挑战性的工作.根据现有航天器飞行数据,原子氧在聚合材料表面会发生剥蚀,极大降低材料有效寿命.

为了研究原子氧对材料的剥蚀作用,研究者们通常对其进行定量分析,主要的分析步骤如下:① 将不同材料彻底暴露在地面构建的原子氧试验环境,在充分了解和观测发光现象基础上,建立描述该效用的数学模型;② 将紫外辐射的日常和季节性变化因素纳入考虑范畴,分析出原子氧通量与大气高度、太阳活动以及地理分布之间的数学描述关系;先采用机理解析及蒙特卡洛仿真方法综合确定原子氧对材料剥蚀的影响作用,接着将数值仿真结果和曾暴露在真实空间环境中的腐蚀材料数据进行对比分析.

原子氧对材料降解效果利用样本剥蚀率计算,其表达式为

$$E = \frac{\Delta m}{S\rho F} \tag{7-68}$$

式中:S 表示试样的表面积,用国际单位制描述为 cm²;E 表示剥蚀率,用国际单位制描述为 cm³;F 表示原子氧通量,用国际单位制描述为 cm⁻²;Δm 表示试样的质量损失,用国际单位制描述为 g;ρ 表示试样的密度,用国际单位制描述为 g/cm³.

如果剥蚀率已经确定,材料剥蚀深度的计算公式为

$$d = \frac{\Delta m}{S\rho} = EF \tag{7-69}$$

在轨运行后退役返回的航空飞行器、国际空间站返回舱及长期暴露设施都为研究航天器表面的剥蚀提供了丰富的样本数据,还有一部分数据来自地面原子氧作用试验的部分试验样品.测算数据表明,对于低温下某些材料,温度对剥蚀率影响不显著;而有一些材料,其温度变化会引起剥蚀率新变化响应,尤其在高温时,这种现象更为明显.航天器材料剥蚀率相关测算数据见表 7-3.

表 7-3 常见航天器材料的剥蚀率

材　料	剥蚀率 /cm³	材　料	剥蚀率 /cm³
碳	1.3×10^{-24}	环氧树脂	2.2×10^{-24}
聚铣亚胺	3.0×10^{-24}	纤维	6.1×10^{-26}
聚酯薄膜	2.2×10^{-24}	聚酰胺	9.7×10^{-23}
塑料	3.4×10^{-25}		

当某材料剥蚀率确定时,原子氧通量直接影响材料的体积及质量。当材料体积或质量发生较大损失时,需要考虑采用抗原子氧化的涂层处理技术,对航天器的表面材料加以保护。

7.10　氧气对人类活动的作用

大气层独特的气体构成特点,导致人类不同的生理反应。依据人体对对应环境的适应能力,可以把地球大气层分割为生理能力相关的三个区域,具体命名为生理区、生理不充分区和空间等效区。上述三个区域中,人体的最典型反应为,在生理区,人类可以依靠呼吸周围大气进行生产生活活动;在生理不充分区,人类需要直接呼吸纯氧才能正常地存活;在空间等效区,人类的生存需要依赖空气加压条件。

大气层的生理区范围覆盖大气高度可达 6 100 m,该区域空气中氧气充沛,氧气分压能够满足人类基本生理需要。虽然人类在此范围内生存不需要额外的保障条件,但是随海拔高度升高,人类在该区域内活动仍有以下问题需要关注:在高于 1 524 m 处,人类夜视能力开始下降,特别是在此区域开展长时间作业工作的人类,需要吸氧提高夜视能力;在大约 3 048 m 处,需要为负责驾驶的人员提供氧气供应;在 3658 m 处,持续工作半小时以上的飞行员需要全程供应氧气;在 4 267 m 处,飞行器必须为飞行员和乘客提供氧气;在约 5 309 m 处,这一高度是将大气的气体含量一分为二,不采取任何供氧措施的飞行人员基本在半小时内就会失去意识和行为能力。

大气高度范围为 6 100 ~ 13 700 m 区域是生理不充分区。人类在该区域内会感到明显的生理不适,氧气分压过低,不足以保持人类组织内氧气浓度,因此,人类在生理不充分区开展活动必须额外供给氧气。

最显著的组织缺氧导致的生理不适表现为以下症状:

(1)呼吸频率不受控制地加快。

(2)出现头晕或者目眩。

(3)感到刺痛或者发热。

(4)发抖或者四肢发冷现象出现。

(5)人体持续发汗或者心率不受控制地加快。

(6)发生视线模糊,分辨不清色彩等现象。

(7)困倦、失眠或者焦虑感觉加重,皮肤、指甲和嘴唇颜色逐渐发青。

(8)行为或性情变化激烈,轻率、好斗、骄傲自大、焦虑或者兴奋表现更为显著。

空间等效区范围覆盖了 13 700 m 高度以上的区域。在空间等效区,大气压力过低,人类即使处于 100% 的氧气中,仍然会导致人体组织缺氧。原因在于,在此高度上,人类肺部内二氧化碳和水蒸气的压强总和和空间等效区压强近似相等,如何建立人体内外的气体压强差保证氧气能够被顺利输运到肺部和血液中是一个巨大挑战。所以,在空间等效区工作的人类离不开提供压强和氧气的压舱或者加压服。随着大气海拔高度增大,以下现象将逐渐出现:

(1)高度接近 19.2 km,人体的体液开始逐渐蒸发。原因在于人体的体温为 37℃,加上大气压力的作用,人类所处周围环境压强同水的蒸发压强接近。

(2)大气高度超过 24 km,普通航天器的增压系统工作性能显著下降,由于大气中氧和氮的含量过少,航天器上的飞行员和乘客需要额外供氧。需要注意的是,由于臭氧层也处在该高度,而且臭氧对人体有毒害作用,通过压缩周围空气进行直接供氧不能满足实际供氧需求,因此必须进行独立供氧。

(3)高度一旦超过 32 km,氧气严重不足,涡轮喷气机无法正常工作,因为涡轮喷气发动机的作动机制缺乏足够氧气量支撑。然而在此高度,冲压发动机工作正常。

(4)高度到达 45 km,因为氧气量变少,冲压发动机也无法正常工作,航天器的推进系统需要同时提供氧化剂与燃烧剂,实现自给自足,常见的航天器推进系统为火箭发动机。

(5)高度超过 81 km 的大气层中,人类活动需要依赖特定的航天器,为人类提供安全、可靠以及稳定的生存环境。

(6)在高度约 100 km 处的大气中,气动力也严重不足,航天器的舱体和作动机构不能作为控制面使用,声音因为空气密度过低而无法传播,此处的宇宙空间变得黑暗,肉眼能够观测到的天体不再闪烁。

7.11 小 结

地球中性环境是地球自地表以上、行星际空间之下的物质圈层结构,是人类赖以生存的大气环境,也是在轨航天器进行天地通信的重要介质。本章简要介绍了气体定律、气体的分子运动理论、隙透效应、地球的大气环境和压强、行星大气环境、大气传播效应、原子氧以及氧气对人类活动的作用。充分掌握地球中性环境相关知识,能够有效提高设计临近空间探测器的能力,加深中性环境和临近空间探测器相互作用时产生的物理化学效应的理解。

思考题

1.通过调研文献,了解电离层对于天地通信的影响,根据具体案例,进行形成影响的主要因素分析。

2.通过调研文献,结合地球大气作用导致的航天任务失败的典型案例,分析中性气体环境对航天器任务实施过程的挑战与解决方案。

3.通过调研文献,了解运载器经历的地球大气环境及其对运载器设计带来的具体挑战。

第8章 等离子体环境

8.1 引　言

　　宇宙中物质存在的最常见形态是等离子体态,是恒星内部结构、大气、星际物质、行星际太阳风及行星大气的主要构成部分。根据现有的测算数据结果,宇宙中仅有1%的物质不是以等离子体形态存在的。等离子体形态转变过程的要素主要包括高温以及光致电离等。等离子体的组成粒子包括中性粒子、带正电的正离子和带负电的电子。航天器在轨执行任务时要历经各种等离子体环境,例如地球电离层、地球磁层、行星际太阳风以及目标天体自身的电离层等。航天器在等离子体环境中运行是无法避免的,因此其受等离子体影响导致的性能下降是航天器设计需要攻克的一个难题。为此,研究者们在设计航天器时,有必要充分考虑航天器在等离子体环境中暴露时需要的保护措施,防止任务失败。

　　对于航天器及航天系统应用而言,等离子体效应潜在危害多且严重,主要包括以下几种。

　　(1)天地回路通信过程中信号阻塞。

　　(2)航天器难以完成对所处环境的准确测量任务。

　　(3)导航系统容易发数据误报。

　　(4)等离子体效应引发不等量充电和静电放电。

　　(5)破坏航天器可靠接地的条件。

　　(6)等离子体效应容易引发航天器表面的材料侵蚀和污染。

8.2 等离子体特性

　　对于长期生活在地球上的人类,物体的固态、液态和气态是常见的,等离子体作为物质的第四种状态,较为少见。等离子体的组成部分为部分电离或全部电离的气体,气体组分的原子和分子中因为部分电子不具备足够逃逸的能量而无法离开原子核,同时这些带电粒子也不容易重新结合。当带电粒子的密度同时满足两个条件时,其才有机会转化为等离子体。第一,要求带电粒子的密度足够大,从整体的角度进行统计学特性表达上看,相邻粒子间库仑力对粒子的力学状态不起主导作用,而是受其他远距离粒子的库仑力总和影响。在远距离粒子库仑力占主导的前提下,等离子体内粒子呈现出显著的聚集效应。第二,要求等离子体具有导电能力,在电磁场运动中表现出整体行为,且带正电和带负电粒子数量相等。

8.2.1 德拜长度

屏蔽带电电荷是等离子体的重要静态特征之一,同时,等离子体还能改变电荷作用距离,考虑带电荷为 q 的粒子,其每个单位电荷的电势、电场强度和作用在基本电荷上的力可以描述为

$$\left.\begin{array}{l} U = \dfrac{q}{4\pi\varepsilon_0 r} \\ \boldsymbol{E} = -\boldsymbol{\nabla} U \\ \boldsymbol{F} = e\boldsymbol{E} \end{array}\right\} \tag{8-1}$$

式中:e 表示基本电荷(质子所带的电量),用国际单位制描述为 C;$\boldsymbol{E}$ 表示电场强度,用国际单位制描述为 V/m;$\boldsymbol{F}$ 表示电磁力,用国际单位制描述为 N;q 表示电荷量,用国际单位制描述为 C;r 表示测试粒子 e 与电荷 q 之间的距离,用国际单位制描述为 m;U 表示电场电势,用国际单位制描述为 V;ε_0 表示自由空间的介电常数,用国际单位制描述为 F/m。

等离子体中充满了带电粒子,一个正电荷 q 被置入等离子体中,等离子体内电子会受到该电荷吸引力的作用,反之,正离子则受到该电荷排斥力的作用。在上述行为的共同作用下,该电荷周围便形成了电子云,达到了屏蔽电荷的效果。受到电荷置入的影响,电子运动轨迹发生偏转,但并不会接触到正电荷,而是保持在周围做公转运动。在等离子体内部,带电粒子的电场数学描述为

$$U = \dfrac{q\exp\left(-\dfrac{r}{\lambda_D}\right)}{4\pi\,\varepsilon_0\,r} \tag{8-2}$$

式中:λ_D 表示德拜长度。

德拜长度描述的是在等离子体中,相比不受等离子体影响,电场强度衰减到强度的 $1/e$ 时的距离。根据测算数据,等离子体内部的带电粒子的电场作用范围通常在几个德拜长度以内。

德拜长度的数学描述为

$$\lambda_D = \left[\dfrac{\dfrac{\varepsilon_0 k}{e^2}}{\dfrac{n_e}{T_e} + \sum\limits_i \dfrac{j_i^2 n_i}{T_i}}\right]^{1/2} \tag{8-3}$$

式中:e 表示基本电荷,用国际单位制描述为 C;i 表示离子类型,$i = 1,2,3,\cdots$;j_i 表示第 i 类离子具有的单位电荷,$j_i = 1,2,3,\cdots$;k 表示波耳兹曼常量,用国际单位制描述为 J/K;n_e 表示电子密度值,用国际单位制描述为 m^{-3};n_i 表示第 i 类离子密度值,用国际单位制描述为 m^{-3};T_e 表示电子的温度,用国际单位制描述为 K;T_i 表示第 i 类离子的温度,用国际单位制描述为 K;λ_D 表示德拜长度,用国际单位制描述为 m。

如果等离子体内部所有离子的电离方式都是相同的,那么 $j_i = 1$,$n_e = n_i = n$;如果温度条件也相同,即满足 $T_e = T_i = T$,那么式(9-3)可以写作

$$\lambda_D = \left(\frac{\varepsilon_0 kT}{2ne^2}\right)^{1/2} \tag{8-4}$$

当等离子体内部离子温度比电子温度小到可以忽略离子影响时,考虑电子影响,可得

$$\lambda_D = \left(\frac{\varepsilon_0 kT_e}{n_e e^2}\right)^{1/2} \tag{8-5}$$

当一个粒子团整体表现出等离子体的特性时,这个粒子团的直径必须与德拜长度相当或更大。航天器运行在低地球轨道时,德拜长度约在厘米级;而在地球同步轨道上运行时,德拜长度可达数十米。太阳系内等离子体的特征参数见表 8-1。

表 8-1　太阳系内等离子体的特征参数

等离子体	电子密度 n_e / m^{-3}	电子温度 T / K	德拜长度 λ_D / m	等离子体电子频率 f_{pe} / Hz	等离子体参数
地球 300 km	5×10^{11}	1 500	0.003	6.3×10^6	4.0×10^4
地球 1 000 km	8×10^{10}	5 000	0.012	2.5×10^4	6.1×10^5
地球同步轨道	1×10^7	10^7	49	2.8×10^4	4.9×10^{12}
地球磁层	1×10^7	2.3×10^7	74	2.8×10^4	1.7×10^{13}
太阳风	1×10^6	120 000	17	9.0×10^3	2.0×10^{10}
星际介质	1×10^5	7 000	13	2.8×10^3	9.0×10^8
星系际介质	1	1×10^7	1.5×10^5	9.0	1.5×10^{16}

8.2.2　等离子体频率

等离子体电子频率是评判电磁波能否顺利通过等离子体传播的重要指标,其也被简称为等离子体频率,物理意义是等离子体内部的电子相对离子的自然振动频率,数学描述为

$$f_{pe} = \frac{1}{2\pi}\sqrt{\frac{n_e e^2}{\varepsilon_0 m_e}} = 8.979\sqrt{n_e} \tag{8-6}$$

式中: f_{pe} 表示等离子体电子频率,用国际单位制描述为 Hz; m_e 表示电子质量,用国际单位制描述为 kg。

电磁波在等离子体内传播的一个必要条件就是频率需要大于等于等离子体的电子频率。如果电磁波的频率小于等于等离子体电子频率,那么无法顺利穿透等离子体内部,会被等离子体反射回去。等离子体在一定条件下能够反射特定频率的电磁波这一特性可以被良加利用,利用电离层反射并实现电磁波在水平方向上的远距离传播。电磁波和等离子体相互作用的另一个案例是,当航天器再入大气层时,航天器升温导致周围的电子密度迅速增加,形成通信黑障现象。

离子的等离子体频率与等离子体电子频率公式相似,可以表示为

$$f_{pi} = \frac{1}{2\pi}\sqrt{\frac{e^2}{\varepsilon_0}\sum_i j_i^2 \frac{n_i}{m_i}} \tag{8-7}$$

式中: f_{pi} 表示等离子体离子频率,用国际单位制描述为 Hz; m_i 表示第 i 类离子的质量,用国际单位制描述为 kg。

8.2.3 等离子体参数

等离子体的另一个重要的表征描述为等离子体参数,具体指德拜球内电子数量的平均值.德拜球的定义为在等离子体的内部,以选中的某个带电粒子为中心,以德拜长度为半径形成的球状空间,根据式(8-4)可得等离子体参数的计算公式为

$$\Lambda = \frac{4\pi n_e \lambda_D^3}{3} = \frac{4\pi}{3}\left(\frac{\varepsilon_0 kT}{2n_e^{1/3}e^2}\right)^{3/2} \tag{8-8}$$

8.3 行星电离层

行星的电离层处于高层大气区域,该区域内各类粒子热能高,易形成等离子体.受太阳辐射中紫外线、太阳粒子以及宇宙粒子辐射影响,中性大气被激发形成光致电离现象,辐射效应的影响边界决定了电离层的边界范围.

光致电离是指中性原子或分子失去电子成为正离子的过程.

中性原子通常处于基态;当其与电子、正离子、其他原子发生碰撞,或进行光子吸收时,中性原子会获得相当的能量,当能量超过某个边界时,原子将跃迁到较高能态.上述过程导致原子被激发,此时的原子被称为受激原子.当原子获得能量进一步增大时,会出现一个或多个电子脱离原子核的束缚变为自由电子,使原子表现为带正电荷的系统,将其命名为正离子,该过程称为电离或离化.该过程如果原子失去了一个电子,那么该原子被称为一次离化原子;如果失去两个电子,那么该原子称为二次离化原子.如果原子的所有电子都失去了,那么称该原子被完全离化.如果脱离的自由电子运动速度不大,那么它们很有可能依附在某些中性原子上,当有一个或多个电子附加到中性原子上时,则形成了负离子.

在上述概念的基础上,可以定义电子密度的变化速率,描述的是电子的产生速率和再结合速率之间的差异.大气中电子的再结合速率和中性大气的密度密切相关,电子和中性大气碰撞导致动能减少.考虑到大气密度和海拔高度关系负相关,中性大气密度在较低海拔处高,造成当地的电子再结合速率也高,导致电子密度接近零的现象.海拔高度增加,间接导致自由电子的再结合速率变小,继而有电子密度增加,然而这种增加趋势不会一直保持.在高度达到一定值后,电子密度便开始转而下降,发生这一现象的原因在于,海拔过高区域的大气密度过低,使得可供电离的中性大气很少.电离速率还和太阳辐射强度相关,间接地,电离速率受太阳活动影响,这又与所选时间和所处地点的经纬度等因素相联系.如果粒子是均匀电离的,那么可以用以下表达式描述电子密度变化的速率,即

$$\frac{dn_e}{dt} = q - n_e\sum_i \alpha_i n_i \tag{8-9}$$

式中:q表示电子产生的速率,用国际单位制描述为$m^{-3}\cdot s^{-1}$;α_i表示第i类离子的再结合系数,用国际单位制描述为m^3/s.

电子和离子重组并形成电中性粒子的速率可以用离子的再结合系数α_i度量,当产生速率和结合速率达到平衡时,二者相等,有$dn_e/dt = 0$存在,于是此时存在如下的电子密度表

示,即

$$n_{e} = \frac{q}{\sum_{i} \alpha_i n_i} \tag{8-10}$$

针对单一气体,其对太阳光谱内所有波长的辐射吸收的能量是一致的,其可被称作查普曼层,其电子密度可以用以下与海拔高度相关的函数描述为

$$q = q_{m}\exp[1 - z - \exp(-z)] \tag{8-11}$$

式中:q_m 表示电子产生的最大速率,用国际单位制描述为 $m^{-3} \cdot s^{-1}$;$z = (h - h_m)/H$,表示高度参数;h 表示海拔高度,用国际单位制描述为 m;h_m 表示高于电子产生最大速率面的高度,用国际单位制描述为 m;H 表示下层大气的均质大气高度,即标高。

当介质被完全电离时,存在 $n_e = n_i$,考虑单一气体,其电子密度与高度关系可描述为

$$n_{e} = \left(\frac{q_{m}}{\alpha_i}\right)^{1/2}\exp\left\{\frac{1}{2}[1 - z - \exp(-z)]\right\} \tag{8-12}$$

电离层与太阳风的相互作用确定了电离层的上界。如果天体仅具有较弱的或非整体磁场,那么其上界即为电离层顶,而有整体磁场的天体的电离层通常处于磁层内。

8.4　地球电离层

按照不同特性,地球的电离层通常可以划分为一系列的层和区,如图 8-1 所示。

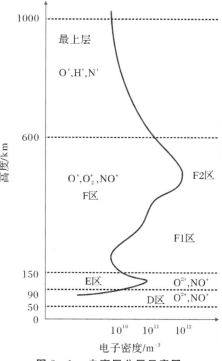

图 8-1　电离层分层示意图

1. D 区

电离层的最底层始于地面高度约 50 km 处,并向星际空间方向延伸至 90 km,该区域被命名为 D 区。在 D 区的离子密度受太阳活动的影响较大,最大值可以在日出后很快出现,接着数值急剧下降,并且在日落时电子密度降低至很低水平,甚至不复存在。该区域的电子形成过程依赖一氧化氮和空气电离,其中太阳的莱曼-阿尔法谱线(波长特征为 121.5 nm)能够电离一氧化氮(NO);太阳耀斑硬 X 射线(波长小于 1 nm)能够电离空气(N_2,O_2,O,NO)。莱曼-阿尔法谱线的能量是电子在氢原子两个最低能级之间跃迁的能量。

NO^+ 和 O_2^+ 离子是 D 区最主要的成分。宇宙射线夜间形成电子的能力变弱。D 区覆盖范围内大气密度较高,导致较高的自由电子再结合速率。受白天太阳辐射的影响,日间 D 区电子密度最大可达 10^9 m^{-3};夜间太阳辐射作用消失,D 区电子密度下降额可达数个数量级,甚至不复存在。下列公式给出日间和夜间 D 区的临界频率:

$$\left.\begin{aligned}
f_{pe,D} \mid_d &= \frac{1}{2\pi}\sqrt{\frac{n_e e^2}{\varepsilon_0 m_c}} = 8.979\sqrt{n_e} = 8.979\sqrt{10^9} \text{ MHz} \approx 0.3 \text{ MHz} \\
f_{pe,D} \mid_n &= \frac{1}{2\pi}\sqrt{\frac{n_e e^2}{\varepsilon_0 m_e}} = 8.979\sqrt{n_e} = 8.979\sqrt{10^2} \text{ Hz} \approx 90 \text{ Hz}
\end{aligned}\right\} \quad (8-13)$$

如果电磁波的频率远远小于临界频率,当其传播到边界层下界时,将被区域下界反射;如果电磁波频率在临界频率附近,那么其将被 D 区吸收;如果电磁波频率远高于临界频率,那么该部分信号可以顺利穿过 D 区。D 区的临界频率对无线电通信影响较大,例如,当电离层扰动加剧时,部分频率小于 90 Hz 的无线电波信号可被 D 区吸收。在夜间,D 区发生的电离显著变少,这一变化导致调幅广播频段(535 ~ 1 605 kHz)的电磁波信号沿水平方向向远方传播的过程需要依赖更高的电离层反射。

2. E 区

E 区覆盖范围包括地面高度为 90 ~ 150 km 处。太阳软 X 射线(波长为 1 ~ 10 nm)对 N_2,O_2 和 NO 的电离,以及太阳紫外辐射(波长为 80 ~ 102.7 nm)对分子氧(O_2)的电离,形成的大量离子对 E 区的形成起着决定性作用。分子氧电离后,通过与 N 化合形成 NO^+ 和 O_2^+。电离过程和离子再结合相互影响的结果与粒子密度相关。E 区存在电子密度的局部峰值,其出现的高度在日间约为 120 km 处。诱导电离的因素在日落后不复存在,导致 E 区的电子密度显著下降,高度越低再结合过程发生概率越大,上述因素造成 E 区峰值对应的高度会有所升高。E 区在日间的峰值最大电子密度较大,约处于 10^{11} m^{-3} 数量级;夜间由于诱导因素缺失,电子密度在数值上减少近两个数量级。E 区的日间和夜间的临界频率计算方法如下:

$$\left.\begin{aligned}
f_{pe,E} \mid_d &= \frac{1}{2\pi}\sqrt{\frac{n_e e^2}{\varepsilon_0 m_e}} = 8.979\sqrt{n_e} = 8.979\sqrt{10^{11}} \text{ MHz} \approx 3 \text{ MHz} \\
f_{pe,E} \mid_n &= \frac{1}{2\pi}\sqrt{\frac{n_e e^2}{\varepsilon_0 m_e}} = 8.979\sqrt{n_e} = 8.979\sqrt{2\times 10^9} \text{ MHz} \approx 0.4 \text{ MHz}
\end{aligned}\right\} \quad (8-14)$$

D 区在夜间几近消失,E 区的电子密度峰值所对应的高度有所升高,因此,利用电离层反射进行的无线电波传播的理论范围增大。

3.F 区

F 区的范围覆盖从地面高度为 $120 \sim 1\,000$ km 之间的空间。形成 F 区域的电子密度来源主要有两个：一是太阳远紫外线对中性气体的辐射作用，导致氧原子转化为 O^+；二是在更高的高度上氢被转化为 H^+。除此之外，还有部分 O^+ 离子运动过程中发电荷转移，直接形成 O_2^+ 和 NO^+。所有区中最高的电子密度区域位于 F 区。F 区在白天受到日光照射时，存在界限明晰的两层，分别是 F1 层和 F2 层，F1 层的电子密度比 F2 层电子密度低。由于太阳远紫外线辐射在夜间不能发挥作用，两个层趋同，它们的峰值也合二为一，并称 F 层。

测算数据表明，F1 层峰值所在的典型高度接近 180 km，在日间电子密度可达 2.5×10^{11} m^{-3}。F1 层在夜间的峰值电子密度会下降，最终结果比日间约少一个数量级。F2 层峰值处于的典型高度为 $300 \sim 500$ km，F2 在日间的电子密度接近 1.2×10^{12} m^{-3}，在夜间的峰值电子密度减少接近一个数量级。综上所述，F2 层是电离层中最大电子密度的所在层。出现这种现象的原因在于该层中电子通过电离产生，虽然 F2 层电离的主要方式和 F1 层的相同，关键的差异之处为 F2 区随着高度的增加，再结合系数显著减少，留有的电子密度更多。F2 区在日间与夜间的临界频率可以用以下表达式计算，即

$$\left.\begin{aligned}
f_{\mathrm{pe,F2}}\big|_{\mathrm{d}} &= \frac{1}{2\pi}\sqrt{\frac{n_{\mathrm{e}}e^2}{\varepsilon_0 m_{\mathrm{e}}}} = 8.979\sqrt{n_{\mathrm{e}}} = 8.979\sqrt{1.5\times10^{12}}\ \mathrm{MHz} \approx 11\ \mathrm{MHz}\\[2mm]
f_{\mathrm{pe,F2}}\big|_{\mathrm{n}} &= \frac{1}{2\pi}\sqrt{\frac{n_{\mathrm{e}}e^2}{\varepsilon_0 m_{\mathrm{e}}}} = 8.979\sqrt{n_{\mathrm{e}}} = 8.979\sqrt{2.5\times10^{11}}\ \mathrm{MHz} \approx 4.5\ \mathrm{MHz}
\end{aligned}\right\}$$

$$(8-15)$$

电离层的整体特性的总结见表 8-2。

表 8-2　电离层特性

区域	高度范围 /km	峰值高度 /km	电子密度 / m^{-3}	再结合系数 /(m^3·s)	主要成分	电离来源
D	$50 \sim 90$	75	$< 10^2$（夜间）	10^{-14}	NO^+, O_2^+	太阳莱曼-阿尔法谱线
			10^9（日间）			太阳硬 X 射线（< 1 nm）
E	$90 \sim 150$	120	$2 \times (10^9 \sim 10^{11})$	5×10^{-14}	NO^+, O_2^+	太阳 X 射线（$1 \sim 10$ nm）
						太阳紫外线（$80 \sim 102.7$ nm）
F1	$120 \sim 200$	180	$(2 \sim 5) \times 10^{11}$	5×10^{-15}	NO^+, O_2^+, O^+	远紫外线（EUV, $10 \sim 100$ nm）
F2	> 200	$300 \sim 350$	10^{12}	1×10^{-16}	O^+, N^+, H^+	远紫外线（EUV, 10 100 nm）

电离层的主要组成等离子体，属于典型的动态介质，其形成过程在空间和时间上都有很强的随机性，同时也伴随着很强的动态扰动，主要包括突发电离扰动、运动电离扰动、电离层暴及 E 偶发区等。导致这些扰动的原因大都与太阳活动相关，而且扰动之间还带有很强的

联系性。

  E 偶发区出现时覆盖范围可达数十千米,该不规则电离高度处在约 100 km 左右,其成因目前尚无明确定论,该现象出现后,通常会存续几分钟到几小时。E 偶发区出现的随机性会影响电磁波传播的效率和路径,容易造成无线电信息传输故障。另一类常见的扰动为太阳活动增强过程中,日冕抛射物引发紫外线辐射强度变高,增大了 D 区的电子密度,影响 D 区作为高频电磁波通信服务层的正常工作效率。除了太阳活动增强,太阳风状况的突变也会影响电离层的稳定。除了太阳活动扰动,由于等离子体内粒子也会受重力波影响,粒子运动受重力波作用导致电子密度增大,会形成一定范围的电子密度非规则变化。

8.5   地球等离子体环境

8.5.1   临界频率

  电离层对电磁波传播的显著影响效应为导致其发生传播折射和路径弯曲。当等离子体同时处于不同的分层中时,如果等离子体内部的电子密度增加,电磁波传播方向将会偏离法线方向;反之,如果等离子体内部的电子密度减少,其会靠近法线的方向。和非电离层传输情况相比,电磁波传播路径因电离层存在而增加。利用电离层反射电磁波的特性,无线电信号具备了在地球表面两点之间通过弯曲传播实现水平方向信息传递的能力,极大地拓展了航天器信号的接收范围。为了实施这一技术,需要了解电离层反射电磁波的频率和电离层电子密度之间的内在联系。

  电离层临界频率确定了电磁波垂直入射并且能够穿透电离层的最小频率。临界频率的计算方式见式(8-6),结果与该区域的最大电子密度相一致。由于电离层各个区域的电子密度情况各不相同,电离层的各个区域都可测算自身的临界频率。作为一个整体考量,电离层的临界频率习惯上选定所有区中临界频率的最大值,具体为电离层日间的 F2 区的临界频率,而夜间的临界频率最大值是 F 区的临界频率。利用科学仪器能够准确地测算某地点电离层的临界频率,具体步骤为,电离层探测仪发射垂直向上且频率持续增高的电磁波信号,同时测量电磁信号返回的时间。理论上,电离层的临界频率是高度的函数,利用式(8-6)则有

$$n_e = \frac{4\pi^2 \varepsilon_e m_e}{e^2} f_{pe}^2 = \frac{f_{pe}^2}{80.62} \tag{8-16}$$

8.5.2   电离层中的相速度和群速度

  相位建立了波的特征点位置与其他位置的同类特征点关系,相速度描述了波的特征传播的速度;群速度也常称为信号速度,描述的是一组波形包络的整体传播速度。群速度描述的是传播信号的能量或者信息传播的速度。可用如下计算方法求取在等离子体内部传播的电磁信号的相速度以及群速度:

$$v_{\mathrm{p}} = c \left(1 - \frac{f_{\mathrm{pe}}^2}{f^2}\right)^{-\frac{1}{2}} \Bigg\}$$

$$v_{\mathrm{g}} = c \left(1 - \frac{f_{\mathrm{pe}}^2}{f^2}\right)^{\frac{1}{2}} \Bigg\} \tag{8-17}$$

式中：c 表示真空中的光速，用国际单位制描述为 m/s；f 表示电磁信号频率，用国际单位制描述为 Hz；f_{pe} 表示等离子体的电子临界频率，用国际单位制描述为 Hz；v_{g} 表示群速度，用国际单位制描述为 m/s；v_{p} 表示相速度，用国际单位制描述为 m/s。

8.5.3　电离层时延

电磁辐射信号在电离层中的传播速度小于真空传播，所以，信息实际在电磁层中传播消耗的时间多于真空中传播时间，多消耗的时间称为时延。以下给出了群时延的计算公式，即

$$\Delta t_{\mathrm{g}} = \int_{s_{\mathrm{a}}} v_{\mathrm{g}}^{-1} \mathrm{d}s - \int_{s_{\mathrm{g}}} c^{-1} \mathrm{d}s \tag{8-18}$$

式中：s 表示路径，用国际单位制描述为 m；Δt_{g} 表示电磁辐射信号群时延，用国际单位制描述为 s；s_{a} 表示实际路径，用国际单位制描述为 m；s_{g} 表示几何路径，用国际单位制描述为 m。

当电磁信号的频率条件满足 $f \gg f_{\mathrm{pe}}$，即远高于等离子体频率时，信号传播路径的弯曲小到可以忽略不计，可以认为信号传播的实际路径和几何路径近似一致。根据式(8-6)、式(8-17)和式(8-18)，研究者们建立了以下关系：

$$\Delta t_{\mathrm{g}} = \int \left[\left(1 - \frac{f_{\mathrm{pe}}^2}{f^2}\right)^{-\frac{1}{2}} - 1\right] / c \mathrm{d}s \approx \frac{1}{2cf^2} \int f_{\mathrm{pe}}^2 \mathrm{d}s \approx$$

$$\frac{e^2}{8\pi^2 \varepsilon_0 m_{\mathrm{e}} c f^2} \int n_{\mathrm{e}} \mathrm{d}s \approx \frac{40.31}{cf^2} \int n_{\mathrm{e}} \mathrm{d}s \approx \frac{40.31}{cf^2} \mathrm{TEC} \tag{8-19}$$

式中：f 表示电磁信号的传输频率，用国际单位制描述为 Hz；TEC 表示总电子含量，用国际单位制描述为 m^{-2}。

从数学描述上看，时延正比于总电子含量，反比于频率的二次方。测算数据表明，总电子含量受多重因素影响，包括但不限于信号接收机所处经纬度、航天器所处仰角、测量所处时刻、太阳活动状态和地球磁场活动等因素，这些影响通常无法估计，且难以预测。用于导航的无线电传播的距离误差可以用以下表达式计算，即

$$\Delta r = c \Delta t_{\mathrm{g}} \approx \frac{40.31}{f^2} \int n_{\mathrm{e}} \mathrm{d}s = \frac{40.31 \mathrm{TEC}}{f^2} \tag{8-20}$$

式中：Δr 表示距离误差，用国际单位制描述为 m。

考虑到电离层是色散的，电磁波的传播特性和频率相关，所以可以采用两个频率不同的电磁波作为输入来估计 TEC 或对该近似值进行矫正。两个频率不同的电磁波信号的实际到达时间满足：

$$t_{\mathrm{g},1} = t_{\mathrm{v}} + \Delta t_{\mathrm{g},1} \Bigg\}$$

$$t_{\mathrm{g},2} = t_{\mathrm{v}} + \Delta t_{\mathrm{g},2} \Bigg\} \tag{8-21}$$

式中：t_{v} 表示以真空中的光速传输时的接收时间，用国际单位制描述为 s；$t_{\mathrm{g},i}$ 表示频率为 f_i 的群信号的实际传输时间，用国际单位制描述为 s；$\Delta t_{\mathrm{g},i}$ 表示频率为 f_i 的信号的电离群时

延,用国际单位制描述为 s。

当电磁波传播弯曲小至可以忽略时,利用式(8-19)提供的计算方法能够得到实际传输时间如下:

$$
\left.
\begin{aligned}
t_{g,1} &= t_v + \frac{40.31\text{TEC}}{cf_1^2} \\
t_{g,2} &= t_v + \frac{40.31\text{TEC}}{cf_2^2}
\end{aligned}
\right\}
\tag{8-22}
$$

式中:f_i 表示电磁信号的传输频率,用国际单位制描述为 Hz。继而可以确定 TEC,或估计在真空传输条件下的传播时间:

$$
\text{TEC} = \frac{cf_1^2 f_2^2 (t_{g,2} - t_{g,1})}{40(f_1^2 - f_2^2)}
$$

$$
t_v = \frac{f_1^2 t_{g,1} - f_2^2 t_{g,2}}{f_1^2 - f_2^2}
\tag{8-23}
$$

将前述的电磁信号传输频率利用一基频 f 信号通过倍频进行表示,重写式(8-23),可得

$$
\left.
\begin{aligned}
\text{TEC} &= \frac{cm_1^2 m_2^2 (t_{g,2} - t_{g,1})}{40.31(m_1^2 - m_2^2)} \\
t_v &= \frac{m_1^2 t_{g,1} - m_2^2 t_{g,2}}{m_1^2 - m_2^2}
\end{aligned}
\right\}
\tag{8-24}
$$

式中:$m_i = f_i / f$ 表示关心的电磁波频率和基频的比。基于此,无须具体数值,仅掌握频率之间的倍数关系,就能够方便地计算 TEC。

8.5.4　电离层相位前移

和真空传播条件相比,根据式(8-17),电磁波在电离层中传播过程的相位到达时间差异可以通过下式计算,即

$$
\Delta t_p = \int_{s_n} v_p^{-1} \mathrm{d}s - \int_{s_g} c^{-1} \mathrm{d}s = \int c^{-1} \left[\left(1 - \frac{f_{pe}^2}{f^2} \right) \right] \mathrm{d}s \approx -\frac{1}{2cf^2} \int f_{pc}^2 \mathrm{d}s \approx
$$

$$
-\frac{e^2}{8\pi^2 \varepsilon m_e c f^2} \int n_c \mathrm{d}s \approx -\frac{40.31}{cf^2} \int n_c \mathrm{d}s \approx -\frac{40.31\text{TEC}}{cf^2}
\tag{8-25}
$$

从而获得波形相位差异量化值为

$$
\Delta \varphi = f \Delta t_p = -\frac{e^2}{8\pi^2 \varepsilon m_e c f} \int n_e \mathrm{d}s \approx -\frac{40.31\text{TEC}}{cf}
\tag{8-26}
$$

式中:Δt_p 表示频率 f 的信号的电离相时延,用国际单位制描述为 s;$\text{TEC} = \int n_e \mathrm{d}s$,用国际单位制描述为 m^{-2}。在这些表达式中,数值前的负号的物理意义是相位前移,相位的前移量正比于总电子含量,反比于电磁信号频率。

8.5.5　电离层多普勒频移

相速度的变化由电离层电子密度随时间的变化,或电子总数突变引发,其变化率被称为多普勒频移,其数学表达式根据式(8-26)可以写作以下形式:

$$\Delta f = \frac{\mathrm{d}}{\mathrm{d}t}\left(-\frac{e^2}{8\pi^2\varepsilon m_e cf}\int n_e \,\mathrm{d}s\right) = -\frac{40.31}{cf}\frac{\mathrm{d}}{\mathrm{d}t}\mathrm{TEC} \tag{8-27}$$

式中：Δf 表示由电离层导致的频率变化，用国际单位制描述为 Hz。

如果路径弯曲小到可以忽略，那么式(8-27)仅用两个频率便可以表述变化率情况，其表达式为

$$\frac{\mathrm{d}}{\mathrm{d}t}\mathrm{TEC} = \frac{cf_1 f_2}{40.31}\left(\frac{f_2 f_{r1} - f_1 f_{r2}}{f_2^2 - f_1^2}\right) \tag{8-28}$$

式中：$f_{ri}(i=1,2)$ 表示电磁信号的接收频率，用国际单位制描述为 Hz；$f_i(i=1,2)$ 表示电磁信号发射频率，用国际单位制描述为 Hz。

8.6　航天器充电效应

航天器在轨过程中不可避免地与外部环境产生相互影响，其中航天器充电是一种非常显著的航天器表面电荷堆积现象，该现象首次被发现是在 20 世纪中叶。这类故障对于航天器在轨运行，轻则造成运行中断，严重的会导致部件故障。航天器充电现象的发生和所处空间环境特征密切相关，具体涉及航天器上受辐射位置、太阳活动的活跃程度、磁层及磁场作用等因素。将航天器视为一个整体，在充电过程中，其相对外部空间环境积累了净电荷，形成了充电现象，该过程称为绝对充电。当航天器积累的电荷的各部分之间存在电势差时，则称此现象为不等量充电。充电现象有可能带来极坏的后果，当航天器表面存在因出气效应而依附的气体分子时，一旦充电现象积累的电势足以击穿航天器表面污染物，电弧放电随之发生，间接产生电、磁或者材料方面的不利影响，造成航天器部件或者表面损伤。因此，无论放电现象发生在航天器内部或者外部，都容易导致整体性能下降。

一般而言，离子质量远大于电子质量，在等离子体中，由于二者的密度相近，电子的运动速度通常大于离子的运动速度，导致二者之间容易形成净向流。依据麦克斯韦-波耳兹曼平均速度计算公式为

$$v_m = \left(\frac{8kT}{\pi m}\right)^{1/2} \tag{8-29}$$

等离子体内处于相同温度条件下，电子运动速度相对离子的平均速度可以用以下表达式描述，即

$$\frac{v_{me}}{v_{ml}} = \left(\frac{m_1}{m_e}\right)^{1/2} \tag{8-30}$$

根据式(8-30)不难发现，电子和离子间的相对平均速度和本身质量有关。

8.6.1　高轨道充电效应

在轨运行的航天器容易发生充电现象，加之等离子体自身的温度条件，粒子处于较高能级，因此，讨论粒子速度和航天器的速度是分析它们之间相互作用关系的关键。在高轨道运行的航天器的速度采用以下公式计算，即

$$v_s = \left(\frac{GM_e}{a}\right)^{1/2} = \left(\frac{3.986\,004\,418\times10^{14}}{42\,164\,000}\right)^{1/2}\,\mathrm{m/s} = 3\,075\,\mathrm{m/s} \tag{8-31}$$

式中:GM$_e$ 表示引力常数,用国际单位制描述为 m^3/s^2;a 表示地球长半轴长度,用国际单位制描述为 m;v_s 表示航天器飞行速度,用国际单位制描述为 m/s。

等离子体中离子的平均速度采用麦克斯韦-波耳兹曼平均速度公式进行计算,即

$$v_i = \left(\frac{8kT_i}{\pi m_i}\right)^{1/2} = \left(\frac{8 \times 1.380\ 650\ 5 \times 10^{-23} \times 10^7}{\pi \times 15.999\ 4 \times 1.660\ 538\ 73 \times 10^{-27}}\right)^{1/2} \text{m/s} = 115\ 023 \text{ m/s}$$

$$(8-32)$$

等离子体中电子的平均速度可以采用如下公式计算:

$$v_e = \left(\frac{8kT_e}{\pi m_e}\right)^{1/2} = \left(\frac{8 \times 1.380\ 650\ 5 \times 10^{-23} \times 10^7}{\pi \times 9.109\ 382\ 6 \times 10^{-31}}\right)^{1/2} \text{m/s} = 19\ 645\ 691 \text{ m/s} \quad (8-33)$$

根据上述的数值结果,不难得到如下关系成立:

$$v_e \gg v_i > v_s \quad\quad (8-34)$$

式中:m_e 表示电子质量,用国际单位制描述为 kg;m_i 表示离子质量,用国际单位制描述为 kg。

实际导致航天器充电现象的电流源众多,在考虑表面充电的速率时,要将所有可能的电流进行综合,用数学公式描述为

$$I_t(V) = I_e(V) - I_i(V) - I_{se}(V) - I_{si}(V) - I_{bse}(V) - I_{ph}(V) + I_c(V) \quad (8-35)$$

式中:$I_t(V)$ 表示电压 V 的表面电流,用国际单位制描述为 A;$I_e(V)$ 表示入射电子电流,用国际单位制描述为 A;$I_i(V)$ 表示入射离子电流,用国际单位制描述为 A;$I_{se}(V)$ 表示二次发射电子电流,用国际单位制描述为 A;$I_{si}(V)$ 表示二次发射离子电流,用国际单位制描述为 A;$I_{bse}(V)$ 表示 I_e 的反向散射电子电流,用国际单位制描述为 A;$I_{ph}(V)$ 表示光电子电流,用国际单位制描述为 A;$I_c(V)$ 表示电子传导电流,用国际单位制描述为 A;V 表示表面相对于空间的电压,用国际单位制描述 V。变量中,I_i,I_{se},I_{si},I_{bse} 和 I_{ph} 是因为表面失去电子,或者离子附着表面形成的,所以是正值;I_e 和 I_c 是电子入射并附着在表面导致的,因此是负值。

考虑放电现象未出现便实现了平衡,容易得到总电流 $I_t(V) = 0$,此时,有电压存在。根据测算数据,球形航天器的一次电流可以用以下公式计算,则有

当 $V < 0$,且极性互斥时,有

$$I_c(V) = J_{c0}S_c \exp\left(\frac{eV}{kT_e}\right) \quad\quad (8-36)$$

当 $V > 0$,且极性相吸时,有

$$I_e(V) = J_{e0}S_e\left(1 + \frac{eV}{kT_e}\right) \quad\quad (8-37)$$

当 $V < 0$,且极性相吸时,有

$$I_i(V) = J_{i0}S_i\left(1 - \frac{eV}{kT_e}\right) \quad\quad (8-38)$$

当 $V > 0$,且极性互斥时,有

$$I_i(V) = J_{i0}S_i \exp\left(-\frac{eV}{kT_i}\right) \quad\quad (8-39)$$

式中:S_e 表示电子聚集区域面积,用国际单位制描述为 m^2;J_{e0} 表示周围环境中的电子流密

度,用国际单位制描述为 A/m²;S_i 表示离子聚集区域面积,用国际单位制描述为 m²;J_{i0} 表示周围环境中的离子流密度,用国际单位制描述为 A/m²;e 表示电子充电量,用国际单位制描述为 C;T_e 表示电子温度,用国际单位制描述为 K;T_i 表示离子温度,用国际单位制描述为 K;k 表示波耳兹曼常数,用国际单位制描述为 J/K。

根据速度计算结果,相比离子和电子的速度,航天器的高轨运行速度过小,可以忽略不计,电流密度采用近似表达式描述,即

$$
\left.
\begin{aligned}
J_{e0} &= \frac{1}{4}en_e v_{em} = \frac{en_e}{4}\left(\frac{8kT_e}{\pi m_e}\right)^{1/2} \\
J_{i0} &= \frac{1}{4}en_i v_{im} = \frac{en_i}{4}\left(\frac{8kT_i}{\pi m_i}\right)^{1/2}
\end{aligned}
\right\}
\tag{8-40}
$$

式中的"1/4"表示速度分量占比。把式(8-40)分别代入式(8-36)和式(8-38)中,可得

$$
I_e(V) = \frac{en_e v_{em} S_e}{4}\exp\left(\frac{eV}{kT_e}\right) = \frac{en_e S_e}{2}\left(\frac{2kT_e}{\pi m_e}\right)^{1/2}\exp\left(\frac{eV}{kT_e}\right)
\tag{8-41}
$$

以及

$$
I_i(V) = -\frac{en_i v_{im} S_i}{4}\left(1-\frac{eV}{kT_i}\right) = -\frac{en_i S_i}{2}\left(\frac{2kT_i}{\pi m_i}\right)^{1/2}\left(1-\frac{eV}{kT_i}\right)
\tag{8-42}
$$

当航天器处于无日照期的地球高轨道运行时,光电电流测算结果为零。因二次电流、反向散射电流和传导电流贡献有限,故忽略,则不难得出电子和离子电流一致的结论。将式(8-41)和式(8-42)联立,可以获得如下关系式:

$$
V = \frac{kT_e}{e}\ln\left[\left(\frac{n_i S_i}{n_e S_e}\right)\left(\frac{T_i m_e}{T_e m_i}\right)^{1/2}\left(1-\frac{eV}{kT_i}\right)\right]
\tag{8-43}
$$

进一步地,利用如下近似关系:

$$
n_i \approx n_e, S_i \approx S_e, T_e \approx T_i
\tag{8-44}
$$

更新式(8-43)可得

$$
V = \frac{kT_e}{e}\ln\left[\left(\frac{m_e}{m_i}\right)^{1/2}\left(1-\frac{eV}{kT_i}\right)\right]
\tag{8-45}
$$

对式(8-45)利用迭代方法求解近似解,进行简化后可得航天器运行在地球同步轨道时,合理电势的近最优估计值接近温度值的 2.5 倍,即

$$
V \approx -\frac{2.5kT_e}{e}
\tag{8-46}
$$

为了降低算法的复杂度,上式求解利用一阶近似方案,航天器运行在地球同步轨道时电势正比于用电子伏特表示的电子等离子体温度。不失一般性,如在地球同步轨道高度上,温度条件满足 $T_e = 10^7$ K,则有

$$
V \approx -\frac{2.5kT_e}{e} \approx -\frac{2.5\times 1.380\,605\times 10^{-23}\times 10^7}{1.602\,176\,53\times 10^{-19}} \text{ V} \approx -2\,155 \text{ V}
\tag{3-47}
$$

8.6.2　低轨道充电效应

考虑运行在 1 000 km 高度圆形轨道的航天器,其在轨速度计算公式为

$$v_s = \left(\frac{GM_e}{a}\right)^{1/2} = \left(\frac{3.986\ 004\ 418 \times 10^{14}}{6\ 478\ 137}\right)^{1/2}\ \text{m/s} = 7\ 844\ \text{m/s} \tag{8-48}$$

在该轨道高度，氧离子和电子运动的平均速度为

$$v_i = \left(\frac{8kT_i}{\pi m_i}\right)^{1/2} = \left(\frac{8 \times 1.380\ 650\ 5 \times 10^{-23} \times 5\ 000}{\pi \times 15.994 \times 1.660\ 538\ 73 \times 10^{-27}}\right)^{1/2}\ \text{m/s} = 2\ 572\ \text{m/s}$$
$$\tag{8-49}$$

以及

$$v_e = \left(\frac{8kT_e}{\pi m_e}\right)^{1/2} = \left(\frac{8 \times 1.380\ 650\ 5 \times 10^{-23} \times 5\ 000}{\pi \times 9.109\ 382\ 6 \times 10^{-31}}\right)^{1/2}\ \text{m/s} = 439\ 291\ \text{m/s}$$
$$\tag{8-50}$$

因此有

$$v_e > v_s > v_i \tag{8-51}$$

上述速度关系表明，航天器运行在低地球轨道时会暴露在尾流效应中，具体现象为离子不会沿着尾流方向撞击航天器表面，但因电子的运动速度高，其可以撞击航天器表面，造成大量的负电荷堆积在航天器表面的尾流方向。分布于低地球轨道的等离子体密度大，平均电子速度高，光致电离不再是等离子体扰动的影响因素。测算数据表明，航天器运行在不穿越两极地区低地球轨道上的充电效应仅为几个伏特级别。考虑到地球磁场在两极区域对粒子的加速效应，航天器运行在穿越两极地区的低地球轨道更容易被电子冲击发生充电现象，过程中形成的电压更高。

航天器运行在低地球轨道的速度更接近离子的运动速度，离子和电子作用下电流密度可以通过以下表达式近似，即

$$J_{e0} = \frac{1}{4}en_e v_{em} = \frac{en_e}{4}\left(\frac{8kT_e}{\pi m_e}\right)^{1/2} \tag{8-52}$$

以及

$$J_{i0} = -en_i v_s \tag{8-53}$$

至此，考虑相对于航天器的运行速度，离子运动速度过小而不将其在尾流方向的影响纳入研究，进一步可以得到电子和离子相互作用下电流关系为

$$I_e(V) = J_{e0}S_e \exp\left(\frac{eV}{kT_e}\right) = \frac{en_e v_{em}S_e}{4}\exp\left(\frac{eV}{kT_e}\right) = \frac{en_e S_e}{4}\left(\frac{8kT_e}{\pi m_e}\right)^{1/2}\exp\left(\frac{eV}{kT_e}\right) \tag{8-54}$$

以及

$$I_i(V) = J_{i0}S_i = -en_i v_s S_i \tag{8-55}$$

航天器运行在阴影期内低地球轨道时，不产生光电电流，二次电流、反向散射电流以及传导电流的影响较小，可忽略不计，此时电子电流和离子电流数值相等条件成立，航天器的电压继而可以用如下数学表达式描述为

$$V = \frac{kT_e}{e}\ln\left(\frac{4n_i S_i v_s}{n_e S_e v_e}\right) = \frac{kT_e}{e}\ln\left[\frac{n_i S_i}{n_e S_e}v_s\left(\frac{2\pi m_e}{kT_e}\right)^{-1/2}\right] \tag{8-56}$$

简化式（8-56），能够得到

$$V = \frac{kT_e}{e}\ln\left(\frac{v_s}{v_e}\right) = \frac{kT_e}{e}\ln\left[v_s\left(\frac{2\pi m_e}{kT_e}\right)^{-1/2}\right] \tag{8-57}$$

根据式(8-57)的计算方法,当电子温度达到 $T_e = 5\,000$ K 时,航天器的电压计算结果为 $V = -17.3$ V。

8.6.3　充电效应防护措施

通过前文的分析,不难发现,航天器充电效应产生的影响显著可观,因此,这一问题在设计初期就得以被研究者们充分重视。有效预防航天器充电影响的措施比较丰富,常见的方法如航天器接地设计、绝缘材料选用与导电线路设计等都能够有效降低充电效应的影响。根据现行的主流航天器设计方案,充电效应的主要防护手段如下:

(1)航天器接地:航天器本身及载荷所使用的电子元件,与其处于表面或是内部无关,均应有效地接入共同的电气地面,连接方式不限于直连,或通过放电电阻连接。

(2)航天器外表面材料选择:利用合适的外表面材料,能够有效降低不等量充电现象出现概率,一个基本的要求为航天器外表面应该具备部分导电能力。

(3)有效屏蔽:航天器的结构、载荷外壳和电缆的外表面需要进行有效地屏蔽,通过设计连续可靠的屏蔽面,防止充电和放电效应。

(4)电子过滤:在航天器系统的关键部件位置加装电子过滤器,可以降低放电过程中出现意外放电产生的影响。

(5)可靠的电力规划程序:定制面向航天器电力系统调度的正确处理、连接、检查以及测试程序,保证航天器电力系统的可靠、连续及稳定工作。

8.7　航天器接地保护

航天器在等离子体内部运动状态稳定时,在航天器表面容易产生相对于等离子体的非零电势,继而形成零净流向。根据前文的理论推导和数据分析,相比等离子体内部离子,电子的质量更小,因此,电子的机动能力更强,运动速度更快,在等离子体温度一定的情况下,电子和等离子体温度相同,最终出现航天器表面电子流量更大的现象。为了保障航天器表面的电荷净流向为零,通常需要在航天器表面增设很大面积的负电压区域,达到吸引离子附着的目的。

现有的航天器均配备典型的现代电子系统,由于各级子系统的供电需求不同,各类的电压调节器成为子系统电源的必要组成部件,电源系统的相关部件正确有效接地是支持系统可靠运行的关键。航天器的电力系统与本体结构的接地分为阴极接地、阳极接地和浮置接地3 种类型:阳极接地采用的是把航天器表面相连到太阳电池阵阳极,这种情况下,如果航天器阳极接地,地电位表现为正电压,电压幅值通常在太阳电池阵电压的 $10\% \sim 20\%$ 之间;当航天器采用阴极接地方式进行接地时,需要把航天器表面和太阳电池阵的阴极连接,此时地电位表现为负电压,电压的幅值情况受集合区的面积大小影响,通常在太阳电池阵电压的 $75\% \sim 90\%$ 之间,航天器采用阴极接地方案需要额外使用等离子体包裹技术,通过发射足够多的高电流电子把航天器电压调节到和等离子体电压相一致的水平;采用浮置接地方案的航天器不需要把太阳电池阵和航天器结构连接。现有大部分在轨航天器采用阴极接地的方案,原因在于航天器本体及载荷所使用的绝大多数电子元件或系统需要保持阴极接地状态,例如,国际空间站的接地方式为阴极接地。当然,也有采用浮置接地方案的航天器,如和平号空间站。

8.8　小　　结

等离子体是宇宙中常见的物质形态,由于其独特的物理特性,飞行于其中的航天器需要进行特别的防护设计。本章简要地介绍了等离体子特征、行星和地球的电离层、地球等离子体环境、航天器充电效应以及接地保护等内容。了解并掌握等离子体对于航天器飞行任务的影响,对于促进航天器飞行任务的保护措施设计与故障预防具有重要意义,针对等离子体防护的航天器关键性能设计也是空间工程的重要研究内容之一。

思考题

1.通过文献调研,结合等离子体导致的航天器失效案例,深入了解等离子体与航天器相互作用以及产生的影响。

2.综合考虑等离子体环境对航天器任务的影响,试着进行航天器面向等离子体环境内飞行的需求分析、载荷加固与相关技术路线设计。

3.通过文献调研,了解当前有关等离子体环境探测的最新成果,谈一谈这些研究工作同自己所在专业的联系与影响。

第9章 空间辐射作用

9.1 引 言

在空间探测活动发展的初始阶段,电子设备受辐射导致的功能衰退或故障吸引了研究者们的高度关注,随着人类掌握了载人航天相关技术,航天员进入空间环境受到辐射影响的相关研究更加引人瞩目。人类在地球上的生产生活受到地球磁层、磁场等的保护,使得免于受到各类空间环境辐射导致的潜在危害。将活动空间由地球表面放大到空间环境,空间辐射效应要求人们需要额外考虑其不利影响。空间环境中常见非电离或电离过程,导致高能质子、电子和重离子与物质产生激烈反应,同时释放出大量能量。分子中的原子受到足量能量激发,出现位移或产生振动等情况,即出现非电离辐射现象,常见的无线电波、微波和可见光等均由非电离辐射过程产生,这种辐射模式以产生热量或原子置换等形式造成材料或组织破坏。电离辐射和非电离辐射的最大差异在于,该过程中存在足量的能量使电子从原子核内脱离,造成离子以及电荷的再次分布。电离辐射对电子设备,特别是半导体设备损伤较大,严重的会导致故障,同时还能够伤害人体组织,造成典型常见的辐射疾病,如癌症等。

航天器运行过程中,电子设备因辐射影响发生故障,故障的来源通常为非电离热损伤、置换损伤、总电离剂量损伤和单粒子效应等。非电离热损伤直接原因是温度骤升,而根本原因在于辐射能量密度对于温度的影响。置换损伤是指材料出现大量的空穴,影响物质内在电平衡。航天器运行过程中电荷重新分布会影响设备的电子参数和特性,这种现象长期累积,会导致总电离剂量损伤效应。单粒子效应是航天器设备故障中较为常见的诱因,设备的电路中一个或少数高能光子或粒子状态突然发生改变(如翻转)导致的设备损伤。电路或系统对空间辐射的耐受程度存在差异,测算数据表明被动电子元件是相对稳定的,不易受辐射影响,而主动电子设备较为脆弱,辐射作用对其影响效果显著。高能量级的辐射作用对于人类的损伤效果也有不同,辐射作用于组织细胞后,有时可能并不会造成组织损伤,或者受损后细胞能够进行自我修复,也有可能将损伤带来的影响遗传给下一代细胞,严重的甚至导致死亡。

如何设计航天器应对辐射的具体策略取决于不同工况下辐射量、航天器材料对辐射的敏感性以及航天器任务可接受的风险等级等一众因素。为了明确空间任务不同工况下的辐射量,有必要对发射日期、任务周期、轨道等基本任务特征有所了解,并掌握任务性质和辐射环境模型的属性,充分研究防护材料、邻近结构的特性及潜在危险的机理后,方可开展相关方案的设计。具体需要开展面向风险最小化的轨道和任务操作流程设计,采用耐辐射进行相关设计,增加防辐射结构。

近地空间环境的自然辐射源主要包括有俘获辐射、太阳风、银河宇宙射线及太阳粒子事件等,而航天器执行行星任务时,抵达的目标行星的辐射环境需要加以考虑。除了自然辐射,航天器自身携带的载荷也有可能是辐射源。

9.2 航天器上核装置的辐射

航天器执行深空探测任务时需要长时间产生系统电力、循环热能和支持数据计算的高精度脉冲,因此,通常会携带核动力装置。美国在1961年发射了海军"子午仪"导航卫星,这颗卫星首次携带了放射性同位素温差电源,以保障空间任务顺利实施,虽然发动机的功率只有2.7 W,但其工作状态稳定,寿命直到其发射后15年。这款电源装置利用同位素放射性衰变过程产生的热量,通过热电转换或热电离效应进行发电,其典型热电转换率接近7%,热电离转化率接近12%。这台带有通用热源模组的发动机标称质量为56 kg,长约113 cm,直径为43 cm,装载10.9 kg氧化钚燃料,装置组成图如图9-1所示。。

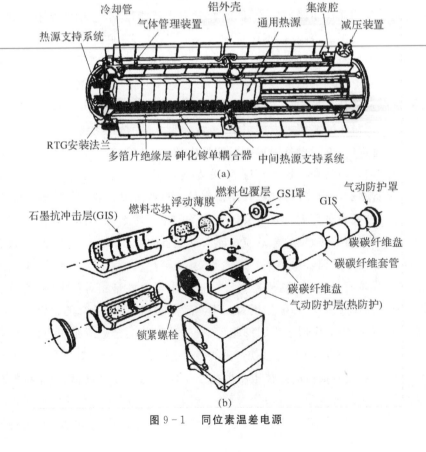

(a)

(b)

图9-1 同位素温差电源

电源装置的设计首先需要考虑降低辐射泄漏问题,为此,燃料被可靠地存放于独立的模块中,电源装置的各个单元都配备了独立的隔热层。抗腐蚀和抗高温的高强度石墨块包裹铱金属作为外壳,对上述装置进行加固防护。作为通用热源,其基本要求为,航天器以小于 8 km/s 的速度从近地轨道再入大气层后仍能完全正常工作。执行深空探测任务的航天器普遍面临太阳能供应不足的问题,放射性同位素加热装置成为了解决该问题的标准配件。"卡西尼-惠更斯号"探测器为了保证长航程需求,携带了将近 117 个同位素加热装置,每个装置利用放射性同位素氧化钚-238 衰变提供热能,衰变过程中每 2.7 g 材料可以提供接近 1 W 的热量。除了供热装置,放射性同位素热电机利用放射性元素衰变过程释放的热量进行发电,该热电机常可被视作电池,并常被装配在在轨航天器上。

9.3　自然空间辐射环境

除了太阳风携带的辐射和行星磁场的俘获辐射,空间环境中辐射环境包括银河宇宙射线和太阳粒子事件两个重要来源。太阳日冕温度极高,日冕抛射物携带大量的辐射流离开太阳大气,当其接近天体的磁场时被磁场俘获,形成俘获辐射,其为探测器执行星际任务所面临的主要辐射环境之一。除了俘获太阳风中的粒子,天体磁场还能俘获部分来自高能宇宙射线与行星大气碰撞后的减速粒子、太阳风经减速作用后产生的低速粒子。银河宇宙射线包含更高的辐射能量,这些能量的来源不在太阳系内,这些高能粒子多为失去了电子的原子核,研究者们认为部分粒子甚至经历了将近数百万年的加速过程,并且完成了很多次的银河穿越过程,才被银河系的磁场俘获。太阳粒子事件和日冕抛射物相关,当太阳处于活动高年时,太阳粒子事件现象更为常见且显著。

9.4　光子作用

德国物理学家普朗克在公元 1901 年发现了和实验现象相符的,在热平衡条件下绝对黑体辐射谱的能量分布规律,该规律是量子理论发展的重要出发点,其假定物质发出光和吸收光都具有不连续的特性,并用光量子描述不连续性导致的间隔效应。光量子,简称光子,是传递电磁相互作用的基本粒子,在 1905 年由爱因斯坦提出,1926 年由美国物理化学家吉尔伯特·路易斯正式命名,其为一种规范玻色子。光子是电磁辐射的载体,在量子场论中,光子被认为是电磁相互作用的媒介子。光子的静止质量约定为零,光子的运动速度为光速,具有能量、动量以及质量。

光子辐射的能量传递方式为电磁辐射,广播电视、无线电通信、微波、紫外线、X 射线以及 γ 射线等都属于典型的电磁辐射。X 射线的辐射来源为原子中电子释放,频率区间为$(3 \times 10^{16}) \sim (3 \times 10^{19})$ Hz,波长区间为 $10^{-8} \sim 10^{-11}$ m,能量范围为 10 eV $\sim$ 100 keV;γ 射线的辐射来源是原子核,其频率超过 3×10^{19} Hz,波长不超过 10^{-11} m,能量高于 100 keV。研究者们总结了电磁波谱的分布,如图 9-2 所示。

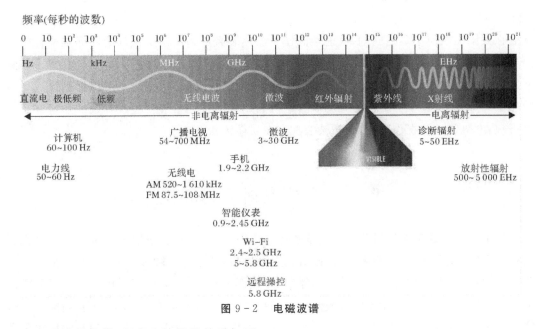

图 9-2　电磁波谱

电磁波的能量、频率和波长的关系如下

$$E = hf \tag{9-1}$$

式中:h 是普朗克常量,典型值为 4.14×10^{-15} eV·s,或 6.626×10^{-34} J·s;f 表示频率,用国际单位制描述为 Hz。

针对某测得的辐射,其能量为 100 keV,根据式(9-1),可计算其频率,则有

$$f = \frac{E}{h} = \frac{1 \times 10^5 \text{ eV}}{4.14 \times 10^{-15} \text{ eV·s}} = 2.42 \times 10^{19} \text{ Hz} \tag{9-2}$$

相应的波长可以通过计算获得,即

$$\lambda = \frac{c}{f} = \frac{3 \times 10^8 \text{ m·s}^{-1}}{2.42 \times 10^{19} \text{ s}^{-1}} = 1.24 \times 10^{-11} \text{ m} \tag{9-3}$$

处理放射源的过程中,需要特别明确的关键点是掌握辐射通量和距离之间的数学关系。例如太阳的典型点状辐射源,其辐射方向是全向的,测算数据表明,某地点的通量密度反比于同太阳距离的二次方,数学描述为

$$F_i = F_0 \frac{4\pi r_0^2}{4\pi r_i^2} = F_0 \frac{r_0^2}{r_i^2} \tag{9-4}$$

式中:$4\pi r^2$ 表示球体表面积;F_i 表示距离 r_i 处的通量,单位时间单位面积内的粒子数,用国际单位制描述为 $\text{m}^{-2} \cdot \text{s}^{-1}$;$F_0$ 表示距离 r_0 处的通量,单位时间单位面积内的粒子数,用国际单位制描述为 $\text{m}^{-2} \cdot \text{s}^{-1}$;$r_0$ 表示通量为 F_0 的点到辐射源的距离,用国际单位制描述为 m;r_i 表示通量为 F_i 的点到辐射源的距离,用国际单位制描述为 m。

9.4.1　光子作用机理

光子与物质主要通过光电效应、康普顿散射和产生电子偶素进行相互影响。入射光子的所有能量都转移到受束缚的电子上，导致电子直接逃离了原子对其的束缚，该过程称为光电效应。光电效应理论上产生的光电子动能和消减掉束缚能的入射光子能量相同。测算数据表明，光电效应在光子能量不超过 50 keV 条件下容易出现，能量过高会抑制该过程形成。入射光子把足够的能量传递给原子核内的电子或者自由电子，促使其激发，该过程称为康普顿散射。康普顿散射发生后，会产生新的且能量更低的光子。能量高的光子能够发生多次康普顿散射，在能量完全耗散前，其每一次散射过程都能形成具备更低能量的二次光子。康普顿散射作用发生的条件为光子能量在 50 keV ～ 5 MeV 之间，典型的 γ 射线辐射容易伴随康普顿散射效应。入射光子受原子核库仑力影响产生正负电子对的过程，被称作产生电子偶素。有一类不稳定电子会携带正电荷，这类电子被称作正电子，测算数据表明，正电子的存活周期极短，其在 10^{-8} s 内会结合自由电子产生湮灭现象。参与湮灭过程的所有粒子携带的能量全部转化为两个 γ 光子并完成释放，单个光子能量为 0.51 MeV。对于大于 5 MeV 的光子，其主要的能量转移方式就是产生电子偶素。

9.4.2　通量密度衰减

散射截面 σ 用来表征光子的通量密度衰减情况，反映了吸收体内原子与辐射作用的概率情况，三种作用的综合效果用来确定散射截面，则有

$$\sigma = \sigma_1 + \sigma_k + \sigma_d \tag{9-5}$$

式中，σ 表示吸收体内各原子的总散射截面，用国际单位制描述为 cm^2；σ_l 表示吸收体内各原子的光电效应散射截面，用国际单位制描述为 cm^2；σ_k 表示吸收体内各原子的康普顿散射截面，用国际单位制描述为 cm^2；σ_d 表示吸收体内各原子产生偶素散射截面，用国际单位制描述为 cm^2。图 9-3 所示为光子衰减示意图。

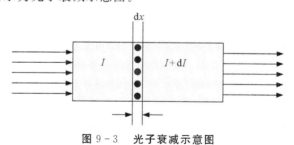

图 9-3　光子衰减示意图

当粒子之间的距离足够大时，所有的原子核在辐射中充分暴露，则如下表达式能够描述粒子的碰撞概率，即通量改变概率，则有

$$dI = -\sigma I N dx \tag{9-6}$$

式中：dI 表示光子通量密度的变化，用国际单位制描述为 $cm^{-2} \cdot s^{-1}$；σ 表示散射截面，用国际

单位制描述为 cm^2；I 表示光子通量密度，用国际单位制描述为 $cm^{-2} \cdot s^{-1}$；N 表示目标核的数量密度，用国际单位制描述为 cm^{-3}；dx 表示目标厚度的微元，用国际单位制描述为 cm。

对式（9-6）进行积分，可得

$$\ln I \big|_{I_0}^{I} = - N\sigma x \big|_0^x \tag{9-7}$$

即

$$I = I_0 \exp(-N\sigma x) = I_0 \exp(-\mu x) = I_0 \exp(-\mu_m \rho x) \tag{9-8}$$

式中，I_0 表示 $x=0$ 时的光子通量密度，用国际单位制描述为 $cm^{-2} \cdot s^{-1}$；$\mu \equiv N\sigma$ 表示线性衰减系数，用国际单位制描述为 cm^{-1}；$\mu_m \equiv \mu/\rho$ 表示质量衰减系数，用国际单位制描述为 cm^2/g；ρ 表示吸收材料的密度，用国际单位制描述为 g/cm^3。

光子衰减程度通常采用线性衰减系数 μ 或者质量衰减系数 μ_m 给予评价，衰减系数能够有效反映吸收体内单位长度上原子和辐射的量化关系。考虑厚度为 x_i 的多层材料，线性衰减系数用符号 μ_i 描述，质量衰减系数记作 $\mu_{m,i}$，密度记作 ρ_i，材料的总衰减率的数学描述为

$$I = I_0 \exp(-\mu_1 x_1 - \mu_2 x_2 - \mu_3 x_3 - \cdots) = I_0 \exp(-\sum \mu_i x_i) =$$
$$I_0 \exp(-\sum \mu_{m,i} \rho_i x_i) \tag{9-9}$$

如果上述材料为不同质量的金属构成的合金，其中各类金属占比描述为

$$X_i = \frac{m_i}{\sum m_i} \tag{9-10}$$

合金总的衰减率数学描述可记作：

$$I = I_0 \exp(-\mu_1 X_1 x - \mu_2 X_2 x - \mu_3 X_3 x - \cdots) =$$
$$I_0 \exp(-\sum \mu_i X_i x) = I_0 \exp(-\sum \mu_{m,i} \rho_i X_i x) \tag{9-11}$$

考虑一束光子穿过 3 cm 厚的铝制防护罩，测算结果表明其衰减了 40% 的通量，通过上述的计算方法可以计算光子初始能量。根据式（9-8），质量衰减系数可以表示为

$$\mu_m = -\frac{1}{x\rho} \ln\left(\frac{I}{I_0}\right) = -\frac{\ln 0.60}{3 \text{ cm} \times 2.7 \text{ g/cm}^3} = 0.063\ 1 \text{ cm}^2/g \tag{9-12}$$

由于铝的密度为 2.7 g/cm^3，通过图 9-4 表示的质量衰减系数和光子能量关系可查，光子的通量接近 1 MeV。

一束光子穿透吸收体过程中，损失一半通量密度消耗的距离称作半值层（Half - Value Layer，HVL），也称为半厚度值（Half - Value Thickness，HTV）。计算方法为将 $I = I_0/2$ 和 $x = $ HVL 代入式（9-8），可得

$$\text{HVL} = \frac{\ln 2}{\mu} = \frac{\ln 2}{\mu_m \rho} = \frac{0.063\ 14}{\mu} = \frac{0.063\ 14}{\mu_m \rho} \tag{9-13}$$

光子每经历一个半值层就要消耗一半的当前通量密度，二者之间的关系可以描述为

$$I = I_0 \left(\frac{1}{2}\right)^{x/\text{HVL}} \tag{9-14}$$

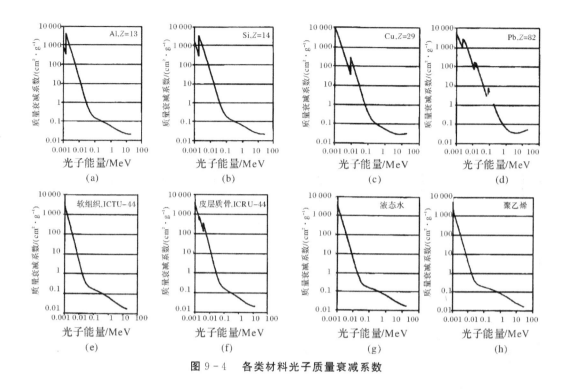

图 9-4　各类材料光子质量衰减系数

9.5　中子作用

中子是电中性的,本身不带电荷,测算数据表明其质量略大于质子。与光子发生反应的是原子核周围的电子云,中子不同于光子,其直接和原子核相互作用,因此形成了截然不同的反应过程。

中子与物质主要发生弹性散射、非弹性散射以及中子俘获反应。中子和核子发生的弹性散射效应可以近似视为动能交换过程,相互作用过程中能量是守恒的,中子消耗的能量直接传递给核子,获得能量的核子称作反冲核,当它们质量相同时,传递的能量最可观。基于此,不难得出如下结论:原子序数为 1 的氢容易成为弹性散射过程中很好的能量吸收体,相对地,原子序数较大的铅则不容易成为好的能量吸收体。所以,实际氢含量高的材料(常见的如塑料和水)十分容易实现对中子的减速。

不同于弹性散射,非弹性散射过程中能量从中子转移到目标核子上,同时发出光子。非弹性散射现象出现的概率正比于核子尺寸及中子能量。当中子损失能量达到中子俘获条件时,核子就会俘获中子,使得相对原子质量加 1,形成同位素。同位素性质稳定性差,容易损失粒子或者光子,甚至发生核裂变。中子俘获的概率正比于中子的能量。

9.6　带电粒子衰减

9.6.1　带电粒子相互作用机理

带电粒子进入介质后,会进行穿行介质的运动,过程中会和介质中的电子发生基于库仑力的相互作用,形成的现象包括激发、电离和轫致辐射。带电粒子自身的一部分能量在传递过程中输运给了介质中的电子,然而这部分能量没有满足使电子摆脱原子束缚的条件,该过程即为激发。激发过程能够产生电子在衰变时释放出的光子,该现象称为荧光。

当带电粒子穿行介质过程中转移给电子的能量满足电子的电离条件时,可以使电子突破原子的束缚,产生电子-离子对,该过程即为电离。产生形成电子-离子对需要的最小能量被定义为平均电离能,又可以称为平均电离势,一次电离反应产生的电子会诱导附加电离 δ 射线。

原子核周围的电场对于进入其作用范围的带电粒子具有加速或偏转能力,该过程会导致能量损失,形成电磁辐射以光子形式释放的现象,该过程即为轫致辐射,也是 X 射线产生的机理。

9.6.2　制动功率和传能线密度

单位距离上带电粒子损失的平均能量被定义为制动功率,S 为其符号表示,用国际单位制描述为 keV/μm;单位路径上吸收体内沉积的平均能量被定义为传能线密度(Linear Energy Transfer,LET),用国际单位制描述为 keV/μm 或 keV·cm²/mg。

制动功率和传能线密度都能描述辐射过程的能量损失情况,二者的概念紧密联系而又略有区分。不同之处在于前者衡量辐射能量的变化,而后者描述吸收体内能量的沉积,二者的量纲一致,数值不一定相等。测算数据表明,实际辐射过程中,并非所有能量都将沉积,也不是全部辐射能量都能够顺利转化成传能线密度,通常情况下满足 LET ≤ S。实际上 LET 和 S 的数值差异很小,除非高精度求解,研究过程中通常将二者的数值作近似相等处理,其满足

$$S \equiv -\frac{dE}{dx} \quad LET \equiv -\frac{dE_d}{dx} \approx -\frac{dE}{dx} \quad LET_\rho \equiv -\frac{1}{\rho}\frac{dE_d}{dx} \approx -\frac{1}{\rho}\frac{dE}{dx} \tag{9-15}$$

式中:S 表示制动功率,指单位路径距离内损失的平均能量,用国际单位制描述为 keV/μm;LET 表示单位路径距离内的吸收体吸收的平均能量,用国际单位制描述为 keV/μm;LET_ρ 表示单位路径距离内的单位密度物质吸收的平均能量,用国际单位制描述为 keV·cm²/mg;E 表示带电粒子的能量,用国际单位制描述为 keV;E_d 表示吸收体内沉积的能量,用国际单位制描述为 keV;x 表示线性距离,用国际单位制描述为 cm;ρ 表示吸收体密度,用国际单位制描述为 g/cm³。

考虑到实际的介质材料和粒子情况等复杂性问题,实际中制动功率的定量评估多采用蒙特卡洛模型。如果粒子的能量范围、类型和介质材料等条件固定,那么解析定量评估方法

也能够运用,贝蒂-布洛赫方程是能够描述带电重粒子制动功率的数学方法,即

$$-\frac{\mathrm{d}E}{\mathrm{d}x} = \frac{4\pi k_e^2 Z^2 e^4 n}{m_e c^2 \beta^2}\left\{\ln\left[\frac{2m_e c^2 \beta^2}{I(1-\beta^2)}\right] - \beta^2\right\} \tag{9-16}$$

式中:c 表示真空光速;$\mathrm{d}E/\mathrm{d}x$ 表示制动功率,用国际单位制描述为 $\mathrm{J/m}$;e 表示电子的电量,用国际单位制描述为 C;I 表示吸收体的平均激发能,用国际单位制描述为 J;k_e 表示库仑常数,用国际单位制描述为 $\mathrm{N \cdot m^2/C^2}$;m_e 表示电子静态质量,用国际单位制描述为 kg;$n = N_a\rho z/A$ 表示单位体积内吸收体的电子数量,用国际单位制描述为 $\mathrm{m^{-3}}$;A 表示吸收体的相对原子质量;v 表示速度,用国际单位制描述为 $\mathrm{m/s}$;Z 表示入射粒子的原子序数;$\beta \equiv v/c$ 表示比例系数;ρ 表示吸入体的密度,用国际单位制描述为 $\mathrm{kg/m^3}$。贝蒂-布洛赫方程适用于质子及离子的制动功率计算,而不能描述电子制动功率。

系统由低能的基态向高能激发态转变过程中,系统需要消耗的离散能总和称为激发能,原子序数 Z 正比于吸收体平均激发能,满足:

$$\left.\begin{array}{l} I \approx 19.0\ \mathrm{eV}, Z = 1 \\ I \approx 11.2 + 11.7Z\ (\mathrm{eV}), \quad 2 \leqslant Z \leqslant 13 \\ I \approx 52.8 + 8.71Z\ (\mathrm{eV}), \quad Z > 13 \end{array}\right\} \tag{9-17}$$

或者可以描述为

$$I = 16 Z^{0.9}\ \mathrm{eV} \tag{9-18}$$

根据贝蒂-布洛赫方程描述,如果吸收体密度高且原子序数 Z 大,能量损失也更大,这与带电量多的粒子规律一致。

如果介质为合金或为多层复合材料,则根据权重分配能够获得

$$\ln I = \frac{1}{n}\sum n_i Z_i \ln I_i \tag{9-19}$$

式中:I 表示合金或多层材料的平均激发能,用国际单位制描述为 eV;n 表示合金或多层材料单位体积内的电子总数,用国际单位制描述为 $\mathrm{m^{-3}}$;I_i 表示材料 i 的平均激发能,用国际单位制描述为 eV;n_i 表示材料 i 的电子密度,用国际单位制描述为 $\mathrm{m^{-3}}$;Z_i 表示材料 i 的原子序数。

根据前述计算方法,能够计算水的平均激发能。具体步骤如下:氢的原子序数为 $Z_H = 1$,氧的原子序数为 $Z_O = 8$,于是根据式(9-17),可以计算得到氢和氧的激发能为

$$I_H = 19.0\ \mathrm{eV}, I_O = (11.2 + 11.7 \times 8)\mathrm{eV} = 104.8\ \mathrm{eV} \tag{9-20}$$

根据式(9-19)可获得水的平均激发能为

$$I = \exp\left(\frac{1}{n}\sum_i n_i Z_i \ln I_i\right) = \exp\left(\frac{2\times1}{10}\ln19.0 + \frac{1\times8}{10}\ln104.8\right)\ \mathrm{eV} = 74.5\ \mathrm{eV} \tag{9-21}$$

传能线密度能够用来描述带电粒子的浸入吸收材料深度 R,则有

$$R = \int_0^x \mathrm{d}x = \int_E^0 \frac{\mathrm{d}x}{\mathrm{d}E}\mathrm{d}E = -\int_0^E \frac{\mathrm{d}x}{\mathrm{d}e}\mathrm{d}E = \int_0^T \frac{\mathrm{d}E}{S} \tag{9-22}$$

$$\int_0^E \frac{\mathrm{d}E}{S} \approx \int_0^E \frac{\mathrm{d}E}{\mathrm{LET}} \approx \frac{1}{\rho}\int_0^E \frac{\mathrm{d}e}{\mathrm{LET}_\rho} \tag{9-23}$$

当不考虑能量损失以及吸收粒子能量时,上述积分函数为常数积分,则有

$$R = \frac{E}{S} \approx \frac{E}{\text{LET}} \approx \frac{E}{\rho \text{LET}_{\rho}} \qquad\qquad (9-24)$$

9.7 辐 射 效 应

高能辐射对于模拟元器件和数字元器件造成短暂错误,乃至彻底失能故障,电子设备受辐射影响会导致移位损伤、总电离计量损伤或单粒子效应等问题。

9.7.1 移位损伤

辐射粒子作用于原子核后,会导致粒子置换,或不再位于原晶格的位置,这种现象被称为移位损伤。移位损伤直接破坏材料晶格的周期规律,导致材料缺陷,如图9-5所示,非电离辐射长期累计效应是产生该损伤的诱因。移位损伤对于半导体的主要影响在于缩减少数载流子寿命,电子是 p 型半导体内的少数载流子,而空穴是 n 型半导体的少数载流子。测算数据表明,移位损伤发生时伴随的能量变化比较大,所以,需要选择特定的粒子能量基准以便于描述量化值,目前通用为以 1 MeV 的电子为该基准。

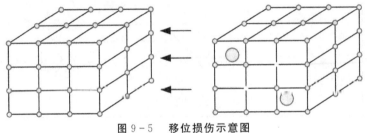

图 9-5   移位损伤示意图

9.7.2 总电离剂量损伤

航天器在执行空间任务期间受到电离辐射累计效应称为总电离剂量。电离辐射作用下半导体以及绝缘体内会产生电子-空穴对,电子和空穴在电场力作用下能够相互结合或进行位移运动。和电子相比,空穴的移动能力弱,运动到半导体和绝缘体的接触面时容易被俘获。空穴俘获会导致漏电电流提升,电力消耗增加,装置的时间常数发生变化,放大器的放大倍数下降,门限电压也会随之改变,严重时会影响设备的功能造成装置彻底故障。图9-6所示为 NMOS(N-Metal-Oxide-Semiconductor)晶体管的结构图,被俘获的正电荷在氧化门附近会影响门限电压,引起电场增加,造成电流泄漏。一旦俘获的电荷足够多,导电电路便随之形成,造成源极与漏极连通,设备的绝缘特性丧失,装置将彻底失效。

测量吸收剂量是间接实施总电离剂量计算的有效方法之一。每单位物质对电离能量的吸收能力被定义为吸收剂量,常用单位为戈瑞(Gy),用国际单位制描述为每千克质量的物质吸收 1 J 能量。另外,总电离剂量也常采用辐射吸收剂量表示,数值关系可以描述为 1 Gy =100 rad(拉德)。商业数字电路承受辐射的剂量不高,正常工作的承受极限通常为数千拉德剂量。

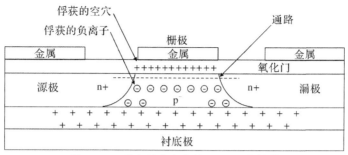

图 9-6　带有俘获电荷的 NMOS 晶体管

9.7.3　单粒子效应

在装置中单个粒子或者若干粒子状态异常引发的短暂或永久失效情况,称为单粒子效应。根据诱因及产生现象的不同,可以分为以下 4 种典型效应。

(1)单粒子效应为单粒子翻转效应,其由辐射引起,容易造成电子设备的暂时可恢复错误,具体为相当数量的辐射诱发电子-空穴出现拖曳现象。模拟器件遭遇单粒子反转容易导致电路瞬时暂停,数字逻辑电路遭遇单粒子反转容易造成某一位与非逻辑发生翻转。这些故障属于瞬时可恢复问题,所以不会影响设备继续正常工作。为了应对数字逻辑中发生的单粒子翻转效应,一般运用检错纠错码技术检测数据的完整与可靠性。

(2)单粒子效应为单粒子硬错误,属于高能辐射引发的设备永久性不可恢复损伤。相比单粒子翻转效应,其能量更高,导致拖曳现象不可恢复,可能在数字器件的逻辑中形成永久性黏连现象。

(3)单粒子效应为单粒子锁定,诱发的机理和单粒子翻转效应类似,辐射导致电子-空穴拖曳现象,差别在于单粒子锁定发生过程中,电子设备吸收的能量远多于单粒子翻转过程,直接短路了电源与接地,造成电路上电流远超设计,出现故障。吸收的能量尚在允许范围内,一般进行硬件重启可以纠正该问题。吸收能量过高,过程中热量释放过高甚至会导致灾难性事故,破坏电路的电镀层或者电缆接线部分。

(4)单粒子效应为单粒子烧毁,诱发的机理同为电子-空穴对拖曳作用导致电压过低,造成永久性故障,这种效应常出现在电源模块的半导体场效应管故障中。

9.7.4　电荷沉积

统计辐射沉积电荷量是评估其对电子器件产生的损坏风险的重要手段。在传能线辐射固定条件下,材料中的辐射粒子穿行距离 s 后,产生的总电荷量沉积可用公式表述为

$$E_d = \text{LET}_\rho \times s \times \rho \tag{9-25}$$

式中:E_d 表示沉积的能量,用国际单位制描述为 eV;LET_ρ 表示线性能量传递,用国际单位制描述为 eV·cm²/g;s 表示穿行距离,用国际单位制描述为 cm;ρ 表示密度,用国际单位制描述为 g/cm³。

继而,所沉积的电荷电量可以通过下式计算,即

$$Q = \frac{E_{de}}{I_i} = \frac{\text{LET}_\rho \times s \times \rho \times e}{I_1} \qquad (9-26)$$

式中:Q 表示沉积电荷的电量,用国际单位制描述为 C;e 表示电子电量,用国际单位制描述为 C;I_1 表示原子在吸收体内的一次电离能,用国际单位制描述为 eV。

电离势描述使电中性的原子中一个或若干个电子摆脱核子束缚的能量,也称为一次电离能,满足常见半导体和绝缘体产生电子-空穴对的能量条件见表9-1。

表 9-1　半导体和绝缘体的特性

材　料	化学符号	类型	相对原子质量 / 相对分子质量	密度 /(g·cm⁻³)	一次电离能 /eV
硅	Si	半导体	28.085 5	2.329	3.62
锗	Ge	半导体	72.640	5.323	2.98
镓砷化物	GaAs	半导体	144.645	5.776	4.8
镉碲化物	CdTe	半导体	240.011	6.200	4.43
二氧化硅	SiO₂	绝缘体	60.084	2.4	17.0
氮化硅	Si₃N₄	绝缘体	140.283	3.29	10.8
氧化铝	Al₂O₃	绝缘体	101.961	3.69	19.1

根据前述分析,能够计算每微米硅的电荷沉积量。已知粒子的 LET 为 10 MeV·cm²/mg,根据表 9-1,可得硅的一次电离能为 $I_1 = 3.62$ eV,密度为 2.329 g/cm³。根据式(9-26),沉积的电荷量为

$$\frac{Q}{s} = \frac{\text{LET}_\rho \times \rho \times e}{I_1} = \frac{1 \times 10^{10} \times 1.6 \times 10^{-19} \times 2.329}{3.62} \text{ C/cm} =$$
$$1.0 \times 10^{-9} \text{ C/cm} = 0.1 \text{ pC/}\mu\text{m} \qquad (9-27)$$

9.7.5　辐射防护与分类

航天器的电子系统需要经历复杂的空间环境,如何确保其在辐射环境中安全、高效、可靠地运行对于航天器设计人员来说是一项巨大挑战。商用电子元器件的耐辐射性能一般,空间辐射环境的辐射剂量远超其标称值。一个可行的方案是根据选用的电子元器件指标,为其设计特定的防护方案。实际上专门面向耐辐射设计的元器件产品十分有限,并且价格高昂,获取周期过长,极大地限制了这些元件的直接使用。作为折中,通常采用降额使用或加固防护技术来克服高剂量辐射带来的潜在危害。

为了防止航天器在轨运行遭受非预期的辐射环境影响,元器件的耐辐射策略在航天器总体设计阶段就已被考虑在内,实现面向辐射环境的风险管理。具体的策略研究经历如下的关键步骤:① 确定航天器所经历的辐射环境,并确定航天器在轨可接受的辐射风险;② 确定面向辐射耐受的安全裕度,列出必要的元器件清单,确定各种工况下受辐射影响的各类元器件;③ 针对受辐射影响的元器件类型,尽量选用辐射耐受力强的型号;④ 考虑尚存辐射影响风险的元器件,面向这部分元器件,建立抵御风险的策略;⑤ 通过地面测试和实验明确元器件的实际耐受能力,并分析和测试抵御风险策略的可能效果;⑥ 在实际的航天器在轨运行

中监控前述措施的有效性。

9.8　放射生物学

辐射是航天员患辐射病的主要诱因。电离辐射在空间环境中较为常见,接触人体后,有一定概率产生系统性的健康问题,其中人们最为关注的是受到辐射的航天员罹患癌症的风险增加与否。辐射对航天员的影响由诸多因素综合决定,主要有航天器的防护结构、航天器的防护材料、航天器的轨道设计、当时的银河宇宙射线情况、经历空间环境的俘获辐射以及太阳活动强度和地磁场的防护情况等。确保辐射剂量低于航天员的耐受标准是人类执行空间任务的首要前提。

放射生物学主要的研究内容是生物分子、细胞、组织和整个器官在辐射条件下的反应以及产生的影响,讨论辐射效应诱导的分子结构改变,例如辐射的致癌作用、诱发基因突变、造成细胞损伤或导致死亡等现象。测算数据表明,高辐射剂量对人类的影响机理对低辐射剂量情况是否适用尚无定论,保守起见,现行辐射防护标准和实施均认为:即使再小的辐射剂量,其对人体的不利影响始终存在。但实际上并非如此,典型的非电离辐射,如常见的无线电波、微波以及红外线,它们向人体组织传递的只有部分热量。真正考虑辐射风险,需要认真了解辐射能量密度。当人体组织遭受较低能级的非电离辐射时,热损害难以形成,便可将该剂量的非电离辐射认为是无害的。

组织受到的辐射影响可以划分为确定性辐射作用和随机性辐射作用两种。确定性辐射作用导致的结果是器官或组织失能,其直接原因是辐射导致细胞死亡或不可恢复的损伤。辐射导致的病理程度正比于受损细胞数量,该数量一旦大于特定阈值将造成组织功能彻底丧失。确定性辐射作用并非一定会导致癌症,很多辐射病如红斑、白内障、暂时性或永久性的不孕不育都是确定性辐射作用导致的。

随机性辐射作用描述的是显性病理现象概率和辐射剂量有关,但影响并不严重,不同于确定性辐射,其不存在辐射阈值。随机性辐射致病情况与组织个体差异相关,严重的随机效应可能导致癌症以及可遗传的基因疾病等。业内认为随机性辐射作用不存在辐射阈值,辐射剂量和致病概率正相关。

放射生物学中,常用的衡量辐射对组织作用的单位在本节中给出。伦琴(R)是描述测量辐射剂量的重要单位,其定义如下:

X 射线辐射和 γ 射线辐射在空气干燥条件下形成的电荷数量,1R 表示每千克干燥空气中形成 2.58×10^4 C 电荷,1 R $\approx$ 0.0093 Gy。吸收剂量 D 描述了材料在单位质量中沉积任意类型辐射的能量,戈瑞(Gy)是常用单位,物理含义是 1 J 的辐射能量沉积在 1 kg 的材料中,国际单位制描述为 J/kg;为了便于实际应用,常用非标准单位拉德(rad),这些单位间的换算关系为 1 rad = 0.01 Gy = 0.01 J/kg。等效剂量 H_T 面向人体组织损害问题,提出了统一评价各种辐射作用于人体组织后形成损伤的方法,对于同等吸收剂量,类型有差异的辐射处于不同的能量水平条件下形成的组织损伤也有所不同。等效剂量建立了人体组织吸收的剂量和 X 或 γ 射线引起的生物学之间的联系,常用单位是希沃特(Sv),通过吸收剂量和无量纲辐射权重系数相乘获得,由此不难得出等效剂量和吸收剂量的单位相同,用国际单位制描述均为 J/kg,而希沃特专门用于区分吸收剂量和等效剂量。业内常用的非标准单位是雷姆(rem),其为辐射权重系数和拉德表示的吸收剂量的乘积,二者的数学关系描述为 1 rem = 0.01 Sv。

根据数学描述,等效剂量可以通过组织或器官的平均吸收剂量 D_T 与辐射权重因子 W_R 的加权乘积获得。考虑到各种辐射的作用有所不同,则对于各种辐射等效剂量可描述为

$$H_{T.R} = W_R D_{T.R} \qquad (9-28)$$

式中:$H_{T.R}$ 表示 T 类组织从 R 类辐射得到的等效剂量,单位为 Sv;$D_{T.R}$ 表示 T 类组织从 R 类辐射得到的吸收剂量,单位为 Gy;W_R 表示 R 类辐射的辐射权重因子,无量纲。表 9-2 所示为辐射类型和能量范围对应的辐射权重因子 W_R。

表 9-2　辐射类型和能量范围对应的辐射权重因子 W_R

辐射类型和能量范围	辐射权重因子 W_R
各种能量的光子	1
各种能量的电子、正电子和介子	1
中子,< 10 keV	5
中子,10 ~ 100 keV	10
中子,100 keV ~ 2 MeV	20
中子,2 ~ 20 MeV	10
中子,> 20 MeV	5
能量大于 2 MeV 的质子	2 ~ 5
α 粒子、裂变碎片、重核子	20

根据上述的理论推导和分析,不难计算 5 Gy 的 γ 射线辐射以及 1 Gy 的 1 MeV 的中子辐射对组织产生的总辐射的等效剂量。根据表 9-2 可知,辐射权重因子 $W_\gamma = 1$,$W_{1MeV} = 20$,因此可以计算该辐射对组织产生的等效剂量为

$$H = \sum_R W_R D_R = (1\times5 + 20\times1)\ \text{Sv} = 25\ \text{Sv} \qquad (9-29)$$

从式(9-29)的计算结果中不难发现,中子的吸收剂量相对比较小,却是组织伤害的主要诱发因素。

测量组织中某一点的吸收剂量需要用到的概念是剂量当量 H,评估因非均匀分布特征,导致不同组织部位吸收辐射强度不同的情形需要用到有效剂量 E 的概念。有效剂量可以通过受辐射影响的组织或器官的等效剂量加权求和获取,其中,组织权重因子 W_T 描述不同器官或组织对辐射的吸收水平,有效剂量 E 可以通过各组织和器官的等效剂量与权重因子乘积再求和获得,即

$$E = \sum_T W_T H_T = \sum_T W_T \sum_R W_R D_{T.R} \qquad (9-30)$$

式中:E 表示有效剂量,单位为 Sv;H_T 表示特定组织或器官的等效剂量,单位为 Sv;W_T 表示组织权重因子,无量纲。根据式(9-30)可得,如果身体充分暴露在强度相同的辐射条件下,则身体全部组织的有效剂量与等效剂量相等。根据前述计算方法,可以计算甲状腺受到的辐

射等效剂量为 0.3 Sv 时的有效剂量。表 9-3 所示为组织权重因子 W_T，根据表 9-3 可知，甲状腺的辐射组织权重因子 $W_T = 0.05$。根据式(9-30)，其等效剂量为 $H_T = 0.3$ Sv，于是有

$$E = \sum_T W_T H_T = 0.05 \times 0.3 \text{ Sv} = 0.015 \text{ Sv} \tag{9-31}$$

因此，0.3 Sv 的等效剂量作用于甲状腺等效于全身充分暴露过程中获得 0.015 Sv 的有效剂量。

表 9-3　组织权重因子 W_T

器官(组织)	ICRP-26	ICRP-60	ICRP—2005
生殖腺	0.25	0.20	0.05
大肠	—	0.12	0.12
骨髓	0.12	0.12	0.12
肺	0.12	0.12	0.12
胃	—	0.12	0.12
膀胱	—	0.05	0.05
胸	0.15	0.05	0.12
肝	—	0.05	0.05
甲状腺	0.03	0.05	0.05
食道	—	0.05	0.05
皮肤	—	0.01	0.01
骨质层	0.03	0.01	0.01
大脑	—	—	0.01
肾	—	—	0.01
唾液腺	—	—	0.01
其他	0.30	0.05	0.10
共计	1.00	1.00	1.00

9.9　小　结

空间辐射作用普遍存在且难以避免，是航天器任务全流程设计需要考虑的关键问题。本章简要介绍了航天器上核装置的辐射、自然空间辐射环境、光子作用、中子作用、带电粒子衰减、辐射效应及放射生物学等内容。空间辐射作用将导致航天器以及航天员遭受潜在的安全风险，必要的防护措施及环境设计是航天器设计及载人航天工程关注的重点问题，也是未来相关技术发展的重要方向。

思考题

1.通过文献调研,了解空间辐射作用对于航天器在轨运行的影响以及防护措施。

2.通过文献调研,掌握载人航天工程对于空间辐射预防的要求与实施措施。

3.面向载人航天需求,试着从总体设计角度进行舱内生存环境的需求分析、载荷要求及技术路线设计。

4.结合自身专业,谈一谈其对未来载人航天事业发展的促进作用。

参 考 文 献

[1] 杨晓宁,杨勇.航天器空间环境工程[M].北京:北京理工大学出版社,2018.

[2] 王江燕.地球极区开闭磁力线边界及开放磁通的变化研究[D].北京:中国科学院大学(中国科学院国家空间科学中心),2017.

[3] 佚名.印度反卫星试验产生大量空间碎片,威胁国际空间站运行[J].空间碎片研究,2019,19(2):44.

[4] 王坤,党爱国,甘松萍.印度导弹项目研发概述:2015—2019 年[J].飞航导弹,2020(8):46-50.

[5] 院小雪,刘国青,易忠,等.空间次生环境研究及探测方法概述[J].航天器环境工程,2014,31(2):217-222.

[6] 宋忠保,李大耀.近地空间资源与探空火箭[J].中国空间科学技术,1986(5):30-35.

[7] 高卫明.空间环境下磁性液体密封设计及性能研究[D].北京:北京交通大学,2014.

[8] 姜启时.太阳系只剩八大行星[J].数理化解题研究(高中版),2007(4):33-34.

[9] 付淑英.了解宇宙[J].江西科学,2005(5):194-196.

[10] 陆迪笙.天文野外观测实时通信系统研究与设计[D].北京:北京邮电大学,2011.

[11] 邢驰鸿,郭丽.英语词源趣谈:源于希腊众神的词汇[J].大学英语,2000(9):30-31.

[12] 闪迪.基于新星云假说地球扁率在地质历史中变化的研究[D].北京:中国地质大学,2012.

[13] 全荣辉.航天器介质深层充放电特征及其影响[D].北京:中国科学院研究生院(空间科学与应用研究中心),2009.

[14] 杨垂柏.地球同步轨道航天器深层充放电探测研究[D].北京:中国科学院研究生院(空间科学与应用研究中心),2007.

[15] 刘海莹.极端条件下介质的抗辐射静电防护技术研究[D].武汉:武汉大学,2004.

[16] 李龙飞.空间光通信粗瞄控制系统终端容错研究[D].哈尔滨:哈尔滨工业大学,2012.

[17] 谢仲生.核反应堆物理理论与计算方法[M].西安:西安交通大学出版社,2000.

[18] 黄定华.普通地质学 [M].北京:高等教育出版社,2004.

[19] 刘春见.行星形成在大轨道半径处的延迟和类木行星的质量和气体含量随着轨道半径递减[D].长春:吉林大学,2015.

[20] 姚智晓,晁超越,郭浩语,等.火星壤采样探测技术研究进展与发展趋势[J].机械工程学报,2021,57(13):83-101.

［21］苗成国.带簧折展机构力学性能研究及展开动力学分析［D］.哈尔滨:哈尔滨工业大学,2021.

［22］吴国兴.航天员出舱活动的发展阶段及启示［J］.航天器工程,2008(5):13-17.

［23］郑永春.火星探测极简史［J］.科学,2021,73(4):6-11.

［24］程亦之.火星探测的现在和未来:各国争相奋进登陆［J］.中国航天,2019(8):33-37.

［25］ASIMOV I,张瑚.无穷之路［J］.世界科学译刊,1979(8):47-52.

［26］DE P I,LISSAUER J J. Planetary sciences［M］. Cambridge:Cambridge University Press,2015.

［27］ROTHERY D A. Jupiter:the planet,satellites and magnetosphere［J］. Eos Transactions American Geophysical Union,2013,86(16):241.

［28］KLIORE A,CAIN D L,FJELDBO G,et al. Preliminary results on the atmospheres of io and jupiter from the pioneer 10 s-band occultation experiment［J］. Science,1974, 183(4122):323-324.

［29］LI C,INGERSOLL A,JANSSEN M,et al. The distribution of ammonia on jupiter from a preliminary inversion of juno microwave radiometer data［J］. Geophysical Research Letters,2017,44(11):5317-5325.

［30］BROADFOOT A L,BELTON M J S,TAKACS P Z,et al. Extreme ultraviolet observations from voyager 1 encounter with jupiter［J］. Science,1979,204(4396):979-982.

［31］SANDEL B R,SHEMANSKY D E,BROADFOOT A L,et al. Extreme ultraviolet observations from voyager 2 encounter with jupiter［J］. Science,1979,206(4421):962-966.

［32］SMITH E J,WENZEL K P,PAGE D E. Ulysses at jupiter:An overview of the encounter［J］. Science,1992,257(5076):1503-1507.

［33］BROWN R,BAINES K,BELLUCCI G,et al. Observations with the visual and infrared mapping spectrometer(vims) during cassini's flyby of jupiter［J］. Icarus,2003,164 (2):461-470.

［34］STERN S A. The new horizons pluto kuiper belt mission:an overview with historical context［M］. New York:Springer,2009.

［35］INGERSOLL A P,MNCH G,NEUGEBAUER G,et al. Pioneer 11 infrared radiometer experiment:The global heat balance of jupiter［J］. Science,1975,188(4187):472-473.

［36］MARCUS P S. Jupiter's great red spot and other vortices［J］. Annual Review of Astronomy and Astrophysics,1993,31(1):523-569.

［37］BORUCKI W J,MAGALHÃES J A. Analysis of voyager 2 images of jovian lightning ［J］. Icarus,1992,96(1):1-14.

［38］VASAVADA A R,SHOWMAN A P. Jovian atmospheric dynamics:an update after Galileo and Cassini［J］. Reports on Progress in Physics,2005,68(8):1935-1996.

［39］JOHNSON T V,YEATES C M,YOUNG R. Space science reviews volume on galileo mission overview［M］. Dordrecht:Springer Netherlands,1992.

[40] WONG M H，MAHAFFY P R，ATREYA S K，et al. Updated galileo probe mass spectrometer measurements of carbon，oxygen，nitrogen，and sulfur on jupiter[J]. Icarus，2004，171(1)：153 − 170.

[41] 焦维新. 20 世纪的空间探测[J]. 国际太空，2000(3)：18 − 22.

[42] 热列兹尼亚科夫，王国鹏. 俄罗斯航天专家眼中的 2016 年世界航天十大事件[J]. 卫星应用，2017(7)：42 − 45.

[43] 佚名. 探索木星[J]. 百科探秘(航空航天)，2021(6)：1 − 2.

[44] 魏强，胡永云. 木星大气探测综述[J]. 大气科学，2018，42(4)：890 − 901.

[45] STEVENSON D J. Thermodynamics and phase separation of dense fully ionized hydrogen-helium fluid mixtures[J]. Phys. Rev. B，1975，12：3999 − 4007.

[46] GUILLOT T A. Comparison of the interiors of jupiter and saturn[J]. Planetary and Space Science，1999，47(10)：1183 − 1200.

[47] BAGENAL F，TIMOTHY E D，WILLIAM B M. Jupiter：The planet，satellites and magnetosphere[M]. Cambridge：Cambridge University Press，2007.

[48] WAHL S M，HUBBARD W B，MILITZER B，et al. Comparing jupiter interior structure models to juno gravity measurements and the role of a dilute core[J]. Geophysical Research Letters，2017，44(10)：4649 − 4659.

[49] HILL T W. Inertial limit on corotation[J]. Journal of Geophysical Research：Space Physics，1979，84(11)：6554 − 6558.

[50] HILL T W. The jovian auroral oval[J]. Journal of Geophysical Research：Space Physics，2001，106(A5)：8101 − 8107.

[51] 郭仲皓. 基于波谱面积比值的 Landsat 8 复杂背景云识别方法研究[D]. 杭州：浙江大学，2018.

[52] COWLEY S，BUNCE E. Modulation of jupiter's main auroral oval emissions by solar wind induced expansions and compressions of the magnetosphere[J]. Planetary and Space Science，2003，51(1)：57 − 79.

[53] BOLTON S J，ADRIANI A，ADUMITROAIE V，et al. Jupiter's interior and deep atmosphere：The initial pole-to-pole passes with the Juno spacecraft [J]. Science，2017，356(6340)：821 − 825.

[54] GE Y S，JIAN L K，RUSSELL C T. Growth phase of jovian substorms[J]. Geophysical Research Letters，2007，34(23)：L231061 − L2310660.

[55] NICHOLS J D，BADMAN S V，BAGENAL F，et al. Response of jupiter's auroras to conditions in the interplanetary medium as measured by the hubble space telescope and juno[J]. Geophysical Research Letters，2017，44(15)：7643 − 7652.

[56] DUNN W R，BRANDUARDI − RAYMONT G，ELSNER R F，et al. The impact of an icme on the jovian X − ray aurora[J]. Journal of Geophysical Research Space Physics，2016，121(3)：2274 − 2307.

[57] YAO Z H,GRODENT D,KURTH W S,et al. On the relation between jovian aurorae and the loading/unloading of the magnetic flux:simultaneous measurements from juno,hubble space telescope,and hisaki[J]. Geophysical Research Letters,2019,46 (21):11632 - 11641.

[58] YAO Z H,BONFOND B,CLARK G,et al. Reconnection and dipolarizationdriven auroral dawn storms and injections[J]. Journal of Geophysical Research:Space Physics,2020, 125(8):1 - 13.

[59] CONNERNEY J,ADRIANI A,ALLEGRINI F,et al. Jupiter's magnetosphere and aurorae observed by the juno spacecraft during its first polar orbits[J]. Science,2017, 356(6340):826 - 832.

[60] BONFOND B,YAO Z H,GLADSTONE G R,et al. Are dawn storms jupiter's auroral substorms? [J]. AGU Advances,2021,2(1):e2020AV000275.

[61] 尧中华,郭瑞龙,袁憧憬,等.巨行星空间环境研究进展[J].地球与行星物理论评, 2021,52(5):543 - 560.

[62] ARRIDGE C,ANDRÉ N,MCANDREWS H,et al. Mapping magnetospheric equatorial regions at Saturn from Cassini prime mission observations[J]. Space Science Reviews,2011,164(1/4): 1 - 83.

[63] DELAMERE P. A review of the low - frequency waves in the giant magnetosphere [M]. New York:John Wiley & Sons,2016.

[64] MASTERS A,ACHILLEOS N,BERTUCCI C,et al. Surface waves on Saturn's dawn flank magnetopause driven by the Kelvin-Helmholtz instability[J]. Planetary and Space Science,2009,57(14):1769 - 1778.

[65] 邢如月.基于大气压辉光放电提高激光诱导击穿光谱灵敏度的研究[D].上海:上海师范大学,2020.

[66] 李三忠,王光增,索艳慧,等.板块驱动力:问题本源与本质[J].大地构造与成矿学, 2019,43(4):605 - 643.

[67] 孙祥飞.东营凹陷盐岩变形机制及其对断层封闭性的影响[D].青岛:中国石油大学(华东),2015.

[68] KULL H J. Theory of the rayleigh-taylor instability[J]. Physics Reports,1991,206 (5):197 - 325.

[69] DELAMERE P A,OTTO A,MA X,et al. Magnetic flux circulation in the rotationally driven giant magnetospheres[J]. Journal of Geo-physical Research:Space Physics, 2015(120):4229 - 4245.

[70] 孙晓英.主相亚暴触发特征及磁暴与太阳极紫外辐射关系的研究[D].北京:中国科学院大学(中国科学院国家空间科学中心),2020.

[71] 濮祖荫,洪明华,王宪民,等.磁层亚暴的磁重联-电流中断-电离层、磁层耦合全球模型[J].空间科学学报,2000(S1):24 - 36.

[72] MANNERS H,MASTERS A. First evidence for multiple – harmonic standing Alfvén waves in Jupiter's equatorial plasma sheet[J]. Geo-physical Research Letters,2019, 46(16):9344 – 9351.

[73] MASTERS A,ACHILLEOS N,BERTUCCI C,et al. Surface waves on Saturn's dawn flank magnetopause driven by the Kelvin-Helmholtz instability[J]. Planetary and Space Science,2009,57(14):1769 – 1778.

[74] PASCHMANN G,SONNERUP B Ö,PAPAMASTORAKIS I,et al. Plasma acceleration at the Earth's magnetopause:evidence for reconnection[J]. Nature,1979,282(5736): 243 – 246.

[75] BAKER D N,PULKKINEN T I,ANGELOPOULOS V,et al. Neutral line model of substorms:past results and present view[J]. Journal of Geophysical Research:Space Physics,1996,101(6):12975 – 13010.

[76] THOMSEN M. Saturn's magnetospheric dynamics[J]. Geophysical Research Letters, 2013,40(20):5337 – 5344.

[77] YAO Z,RADIOTI A,GRODENT D,et al. Recurrent magnetic dipolarization at Saturn: revealed by Cassini[J]. Journal of Geophysical Research:Space Physics,2018,123 (10):8502 – 8517.

[78] PALMAERTS B,YAO Z H,SERGIS N,et al. A long-lasting auroral spiral rotating around Saturn's pole[J]. Geophysical Research Letters,2020,47(23):e2020GL088810.

[79] SITNOV M I,SWISDAK M,DIVIN A V. Dipolarization fronts as a signature of transient reconnection in the magnetotail[J]. Journal of Geophysical Research:Space Physics, 2009,114(4):1 – 17.

[80] 杨宇光."隼鸟 2 号"的巡天之旅[J]. 国防科技工业,2020(1):46 – 49.

[81] YAO Z,GRODENT D,RAY L,et al. Two fundamentally different drivers of dipolarizations at Saturn[J]. Journal of Geophysical Research:Space Physics,2017,122(4):4348 – 4356.

[82] 沈人杰,张宝昆. 天王星探测结果[J]. 国外空间动态,1986(7):17 – 18.

[83] GERSHMAN D J,CONNERNEY J E P,KOTSIAROS S,et al. Alfvénic fluctuations associated with jupiter's auroral emissions[J]. Geophysical Research Letters,2019,46 (13):7157 – 7165.

[84] 王存恩. 日本隼鸟-2 完成第二次着陆取样[J]. 国际太空,2019(8):32 – 36.

[85] 王存恩. 日本小行星探测器隼鸟-2 运行成果分析[J]. 国际太空,2019(4):9 – 16.

[86] 松堂."隼鸟 2 号"采样:"鸟枪"换"炮"[J]. 太空探索,2021(10):45 – 46.

[87] 于国斌,汪鹏飞,朱安文,等. 基于 10 kWe 核反应堆电源的海王星探测任务研究 [J]. 中国科学(技术科学),2021,51(6):711 – 721.

[88] LIU J,HU C,PANG F,et al. Strategy of deep space exploration[J]. Scientia Sinica Technologica,2020,50(9):1126 – 1139.

[89]《自然》撰文纪念卡西尼号 13 年土星之旅[J]. 世界科学,2017(10):66.

[90] 别了,"卡西尼号"土星探测器[J]. 军事文摘,2017(24):40-43.

[91] 李良. 现代天文谱新篇:IAU 投票界定太阳系行星[J]. 物理通报,2006(9):4-8.

[92] 王宇凯. 小行星探测轨道设计与优化技术研究[D]. 南京:南京航空航天大学,2016.

[93] NESS N F,ACUÑA M H,BURLAGA L F,et al. Magnetic fields at neptune[J].
Science,1989,246(4936):1473-1478.

[94] 胡亚超,韩德孝,谭志龙,等. 电磁场对 500kV 某变电站接地网电气完整性测试准确性
影响[J]. 电工技术,2021(21):154-156.

[95] KRIMIGIS S M,ARMSTRONG T P,AXFORD W I,et al. Hot plasma and energetic
particles in neptune's magnetosphere[J]. Science,1989,246(4936):1483-1489.

[96] 樊亚涵. 小行星自然资源探索、开发与利用法律问题研究[D]. 北京:北京理工大
学,2017.

[97] 王丽. 星载抛物面天线在轨热-结构耦合分析[D]. 哈尔滨:哈尔滨工业大学,2011.

[98] 袁运开. 沈括的自然科学成就与科学思想[J]. 自然杂志,1996(1):42-47.

[99] 马静. 浅谈地球磁场变化因素[J]. 新疆有色金属,2017,40(6):57-58.

[100] SMITH B A,SODERBLOM L A,BANFIELD D,et al. Voyager 2 at neptune:imaging science
results[J]. Science,1989,246(4936):1422-1449.

[101] SHEPPARD S S,TRUJILLO C A. A thick cloud of neptune trojans and their colors[J].
Science,2006,313(5786):511-514.

[102] 卢波. 国外行星探测进入器发展综述[J]. 国际太空,2015(8):25-36.

[103] 冯璐. 冥王星、矮行星、彗星 那些没能成为行星的太阳系天体[J]. 国家人文历史,
2021(7):128-136.

[104] BROWN M E,SCHALLER E L. The mass of dwarf planet eris[J]. Science,2007,
316(5831):1585.

[105] 府宇. 近地空间辐射环境与空间电导率研究[D]. 南京:南京航空航天大学,2012.

[106] 陈元植. 动生电动势和感生电动势的特殊相对论关系[J]. 大学物理,1983,1(7):3.

[107] 谢保成. 史学史学科建设理论与创新的思考[J]. 中国史研究动态,2017(2):50-53.

[108] 冯海强,张浩然,杨从宁,等. 天然气处理厂甲醇回收装置产品甲醇提纯优化探索[J].
石油化工应用,2015,34(5):113-116.

[109] 蓝俊. 海岛村镇饮用水膜处理技术的研究与应用[D]. 杭州:浙江大学,2012.

[110] 梁祎. 聚偏氟乙烯复合中空纤维膜的制备与表征[D]. 南京:南京理工大学,2002.

[111] 童靖宇,向树红. 临近空间环境及环境试验[J]. 装备环境工程,2012,9(3):1-4.

[112] 张泉滢. 基于 D-T 中子源的脉冲中子双谱密度测井方法研究[D]. 青岛:中国石油大
学(华东),2019.

[113] 皮塞卡. 空间环境及其对航天器的影响[M]. 张育林,陈小前,闫野,译. 北京:中国宇
航出版社,2011.

[114] 刘宇飞. 深空自主导航方法研究及在接近小天体中的应用[D]. 哈尔滨:哈尔滨工业大
学,2007.

[115] 方娜. 磁化分层原行星盘中不定期爆发的高吸积率的研究[D]. 长春:吉林大学,2011.

[116] 人造地球卫星环境手册编写组. 人造地球卫星环境手册[M]. 北京:科学出版社,1971.

[117] 赵驰盟. 磁探测模块设计及典型目标识别算法研究[D]. 西安:西安工业大学,2021.

[118] 聂宇宏,刘勇,陈海耿. 灰体空间内非灰气体辐射的段法模型[J]. 江苏科技大学学报（自然科学版）,2006,20(2):76-79.

[119] 戚启勋. 地球科学辞典[M]. 北京:地质出版社,1984.

[120] 王东方. CMOS 图像传感器温度噪声及去噪研究[D]. 哈尔滨:哈尔滨工业大学,2017.

[121] 宋乔,杨书红. 我们的恒星太阳:一个巨大的物理实验室[J]. 现代物理知识,2018,30(2):56-62.

[122] 陈丹. 太阳探索史画之四:赫歇尔·夫琅和费线·太阳黑子研究[J]. 太空探索,2005(8):43-45.

[123] 魏焕,王新波,胡天存,等. 航天器大功率微波部件微放电测试研究进展[J]. 空间电子技术,2021,18(1):41-46.

[124] 邢志忠. 中微子质量起源与宇宙的原初反物质消失之谜[J]. 科学通报,2021,66(33):4207-4211.

[125] AGENCT M. Department of defense world geodetic system 1984[J]. NIMA,2000:1-3.

[126] COOKE D J. Geomagnetic-cutoff distribution functions for use in estimating detector response to neutrinos of atmospheric origin[J]. Physical Review Letters,1983,51(4):320.

[127] ESSEN L,FROOME K D. The refractive indices and dielectric constants of air and its principal constituents at 24 000 Mc/s[J]. Proceedings of the Physical Society:Section B,1951,64(10):862-975.

[128] 袁杨辉. 地磁导航中地磁变化场的研究[D]. 武汉:华中科技大学,2012.

[129] 王向磊. 地磁匹配导航算法及其相关技术研究[D]. 郑州:解放军信息工程大学,2009.

[130] GOSLING J T. Magnetic reconnection in the solar wind[J]. Space Science Reviews,2011,172:1-4.

[131] 杜沛珩. 地球等离子体层顶位置统计研究[D]. 南京:南京信息工程大学,2017.

[132] PISACANE V L. The space environment and its effects on space systems[J]. Aeronautical Journal,2009,113(1142):272.

[133] 李雪璟. 沿子午链和纬圈电离层 TEC 的变化特征及其影响因素分析[D]. 武汉:武汉大学,2014.

[134] 赵倩. 低能电子与水分子弹性散射截面以及 Li_2,Na_2 分子激发态结构与势能函数[D]. 成都:四川大学,2006.

[135] 张彩云. 鲁米诺化学发光的理论研究[D]. 临汾:山西师范大学,2013.

[136] OLSEN L. Betavoltaic energy conversion[J]. Energy Conversion,1973,13(4):117-127.

[137] TRIBBLE A C. The space environment:implications for space craft design[D]. New Jersey:Princeton University,1995.

[138] 唐贤明. 空间环境[M]. 北京:中国宇航出版社,2009.

[139] CAMPBELL W A,SCIALDONE J J. Outgassing data for selecting spacecraft materials[J]. NASA Reference Publication,1993(3):1124.

[140] SCIALDONE J J. An estimate of the outgassing of space payloads and its gaseous influence on the environment[J]. Journal of Spacecraft,1986,4(23):373.

[141] SCIALDONE J J. Characterization of the outgassing of spacecraft materials,in society of photo optical instrumentation engineers[J]. Shuttle Optical Environment,1981 (287):2.

[142] MUSCARI J A,O'DONNELI T. Mass loss parameters for typical shuttle materials, in society of photo optical instrumentation engineers[J]. Shuttle Optical Environment,1981 (287):20.

[143] GLASSFORD A P. Outgassing behavior of multilayer insulation materials[J]. Journal of Spacecraft,1970,7(12):1464.

[144] SCIALDONE J J. Spacecraft thermal blanket cleaning:vacuum baking or gaseous flow purging[J]. Journal of Spacecraft,1993,30(2):208.

[145] ALAN K. Desorptive transfer:a mechanism of contamination transfer in spacecraft [J]. Journal of Spacecraft,1975,12(1):62.

[146] STEWART T B,ARNOLD G S,HALL D F,et al. Photochemical spacecraft self-contamination:laboratory results and systems impacts[J]. Journal of Space-craft,1989,26(5):358.

[147] STEWART T B,ARNOLD G S,HALL D F,et al. Absolute rates of vacuum ultraviolet photochemical deposition of organic films[J]. Journal of Physical Chemistry,1989 (93):2393.

[148] TRIBBLE A C,HAFFNER J W. Estimates of photo-chemically deposited contamination on the GPS satellites[J]. Journal of Spacecraft,1991,2(28):222.

[149] 徐文耀. 航天器工作的地磁环境[J]. 地球物理学进展,1994(1):1-16.

[150] PISACANE V L. Fundamentals of space systems,[M]. 2nd ed. Oxford:Oxford University Press,2005.

[151] NORMANW P. International geomagnetic reference field 1980[J]. Pure and Applied Geophysics,1982,120(1):197-201.

[152] KING J H. Solar proton fluences for 1977—1983 space missions[J]. Journal of Space and Rockets,1974(11):401.

[153] 黄楷. 实验室和空间等离子体中磁场重联的粒子模拟研究[D]. 合肥:中国科学技术大学,2020.

[154] 林瑞淋. 三维非对称磁层顶模型建模研究[D]. 北京:中国科学院研究生院(空间科学与应用研究中心),2009.

[155] 桑龙龙. 磁场重联及其相关等离子体波动的研究[D]. 合肥:中国科学技术大学,2021.